TRAITÉ

DE LA

CULTURE DES FORÊTS.

Imprimerie de L. Bouchard-Huzard, rue de l'Éperon, 7.

TRAITÉ

DE LA

CULTURE DES FORÊTS,

OU DE L'APPLICATION

DES SCIENCES AGRICOLES ET INDUSTRIELLES

A L'ÉCONOMIE FORESTIÈRE,

AVEC DES RECHERCHES

SUR LA VALEUR PROGRESSIVE DES BIENS-FONDS ET DES BOIS,

DEPUIS LE TREIZIÈME SIÈCLE JUSQU'A NOS JOURS.

PAR M. NOIROT,

MEMBRE DE PLUSIEURS SOCIÉTÉS D'AGRICULTURE.

DEUXIÈME ÉDITION.

A PARIS,

CHEZ L. BOUCHARD-HUZARD

SUCCESSEUR DE MADAME HUZARD, NÉE VALLAT-LA-CHAPELLE

LIBRAIRE, RUE DE L'ÉPERON, 7.

—

1839.

INTRODUCTION.

Dans la première partie de cet ouvrage, nous donnerons une description succincte des forêts de chaque climat; dans la seconde partie, nous les considérerons dans leurs rapports avec l'économie politique; l'exposition des diverses méthodes d'aménagement fera l'objet de la troisième partie; la quatrième comprendra tout ce qui est relatif aux semis et aux plantations; dans la cinquième, nous traiterons de l'exploitation et de l'estimation des bois. Ce travail sera terminé par des observations sur les droits d'usage et de pâturage.

On pourrait nous demander s'il est bien utile, pour administrer et pour améliorer une forêt située en France, de connaître ce qui se pratique dans les bois de Naples ou d'Espagne, de savoir s'il y a des futaies dans la Perse ou dans l'Inde; mais on doit considérer qu'en Europe, et qu'en France même, les méthodes d'administrer les forêts diffèrent beaucoup d'une province à l'autre, qu'elles varient dans des localités voisines; que la sévérité de nos lois forestières n'a point prévenu la destruction des forêts du Midi, surtout dans les Pyrénées et les Alpes; qu'elle n'a point empêché l'anéantissement d'une grande partie des forêts de la Bretagne, aujourd'hui remplacées par des bruyères : on est donc forcé de reconnaître que quelque chose de supérieur aux règlements et aux lois préside à la destinée des forêts, protége leur existence ou accomplit leur destruction; c'est cette action puissante qu'il faut étudier pour en diriger les effets.

Pourquoi les forêts du nord-est de la France sont-

elles dans un état prospère, tandis que celles des régions méridionales ont décliné rapidement? Pourquoi
l'application des mêmes lois et de la même méthode
légale produit-elle des effets si opposés?

La France et l'Allemagne possèdent des forêts magnifiques. En conclurait-on que l'on peut prendre in-
différemment pour modèle ce qui se pratique dans ces
forêts si dignes d'admiration? Mais on les traite dans
ces deux régions par des procédés essentiellement différents. On risquerait de se tromper dans l'application
de l'une ou de l'autre méthode, et presque toujours
l'imitation peu éclairée serait une déception.

On a remarqué que les forêts diminuent nécessairement à mesure que l'agriculture s'étend; mais comment se fait-il que les provinces de France les mieux
cultivées soient aussi mieux pourvues que les autres
des bois nécessaires à leurs habitants?

Une contrée abandonnée se couvre de belles forêts,
sans qu'il soit besoin d'art ni de lois pour les conserver. Les côtes orientales de la Méditerranée, les bords
de la mer Noire, habités aujourd'hui par des peuples
à demi barbares, sont garnis de futaies magnifiques,
ressource future pour la marine des nations mieux
civilisées; mais comment se fait-il que ces peuples qui
habitent dans le voisinage des forêts soient obligés de
brûler du fumier, faute d'autre combustible?

Ces questions, et un grand nombre d'autres qui
sont intimement liées à la science forestière, ne peuvent être résolues, si l'on reste dans le champ rétréci
d'une méthode locale.

Les théories forestières les plus savantes et les plus
vraies se trouvent développées dans les ouvrages de
Duhamel et dans les écrits des forestiers allemands,

mais elles ne sont pas pratiquées en France. J'ai examiné pendant longtemps les obstacles qui se sont opposés à leur adoption, et je me propose de montrer comment les méthodes enseignées par ces écrivains peuvent être appliquées dans chaque localité, comment on peut introduire dans chaque espèce de forêt privée le mode de conduite qui lui convient le mieux, et surtout d'indiquer les moyens de pratiquer à bon marché ce que l'on croyait ne pouvoir exécuter qu'à grands frais.

Quelques réflexions suffisent pour nous convaincre que nous sommes peu avancés dans la pratique de la science forestière, si on la compare avec l'état florissant de notre agriculture. On peut dire avec raison que toutes nos richesses agricoles sont le fruit du travail, et que nous mourrions de faim si nous ne savions proportionner les produits du sol aux besoins de notre immense population. Les forêts seules semblent avoir conservé le privilége de rester à peu près dans l'état de nature. Ne seraient-elles pas susceptibles de s'améliorer par nos soins? Si la substitution du blé, des prairies artificielles et des vignes aux plantes sauvages a décuplé le produit du sol, jadis inculte, est-il défendu d'espérer quelques améliorations dans les produits du sol boisé? Convient-il de laisser subsister les épines, les ronces, le buis ou le charme, dans les lieux où l'on pourrait faire prospérer le superbe mélèze, le chêne, l'orme ou le frêne? Quand on a parcouru des taillis, on sait que les buissons et les arbrisseaux occupent inutilement la moitié de l'espace, qu'ils absorbent en pure perte la nourriture des jeunes plants d'arbres, et finissent par en étouffer un grand nombre. Les dix-neuf vingtièmes des brins des meilleures espèces doivent périr avant l'exploitation des taillis. Tels sont les traits les plus apparents de l'état d'imperfection que présentent nos forêts.

Nous proposerons de substituer une culture raisonnée à un simple mode d'exploitation (1), de soumettre la tenue des bois à des procédés dont le succès se mesurera par l'augmentation des produits matériels et des revenus. C'est l'application des connaissances industrielles à la création et à la culture des forêts qui fera atteindre ce but. La nature sauvage doit faire place partout à la nature cultivée. On plantera des bois comme on plante une vigne, comme on bâtit une maison, comme on fonde un établissement industriel; et on ne manquera pas plus de chauffage et de bois à bâtir que de nourriture, de logement ou de vêtement.

Une foule d'erreurs à combattre, l'obstination de la routine à vaincre, des règles imparfaites à changer, telle est la tâche que l'industrie forestière est appelée à remplir. La théorie de l'art est créée et adoptée, mais il faut enlever les obstacles qui s'opposent à son application complète. Il faut que le travail développe enfin cette partie de notre richesse, non par des changements rapides, mais par des améliorations peu coûteuses et progressives. Dans les anciennes idées, abattre des arbres, c'était toujours faire une perte et souvent commettre une faute; et la science ne devait avoir d'autre objet que de régler les coupes avec une sage économie, de prévenir ou de réprimer les abus, et de repeupler quelques terrains déboisés. On com-

(1) Le mot *culture* doit être pris ici dans toute l'étendue de son acception ; les nettoiements, les élagages, tous les soins de l'art et du travail sont une culture.

mence à adopter généralement des idées plus étendues et plus fécondes. On sait que les bois ne sont profitables et véritablement utiles que lorsqu'on les abat, et que ce n'est que par le produit qu'on en retire qu'ils deviennent les agents et le gage d'une nouvelle production. C'est une vérité désormais incontestable, que, dans tous les lieux où les habitants trouveront du travail et un salaire, ils ne manqueront pas de chauffage, et que ce sont surtout les moyens d'achat qu'il faut leur procurer. Une production en fait naître une autre. Le génie industriel agissant librement, sans autre mobile que l'intérêt privé, peut créer des bois comme il a créé presque tout ce que nous possédons en usines, en fabriques, en manufactures. Ces machines, chefs-d'œuvre des arts, sont l'ouvrage de quelques particuliers qui, pour former leurs établissements, ont presque toujours été forcés de lutter longtemps contre de puissants obstacles. L'invention, le perfectionnement des machines à vapeur, des chemins en fer, des ponts suspendus, n'ont pu s'étendre que par les efforts constants de l'activité individuelle; c'est la même force créatrice qui nous a apporté et qui nous a appris à cultiver les arbres fruitiers, les prairies artificielles, les trois quarts de nos plantes alimentaires (1), et qui nous enseigne à créer des bois pour ainsi dire à volonté, suivant l'expression d'un

(1) Au nombre des plantes exotiques naturalisées en France, il faut compter la vigne, la pomme de terre, le maïs, le sarrasin, le chanvre, l'orge, le colza, le trèfle, la luzerne, le sainfoin, le figuier, l'oranger, le cerisier, le noyer, le pêcher, l'abricotier, l'olivier, l'orme, le platane, le robinier, le cèdre du Liban, le marronnier d'Inde ou hippocastane.

agronome qui en a planté lui-même de considérables.

Objecterait-on que l'industrie ne s'exercera jamais d'une manière durable sur des objets qui ne procurent que des rentrées éloignées quelquefois de plus d'un demi-siècle?

Nous pensons que cette opinion serait mal fondée : elle serait d'abord en contradiction avec les faits. Comment d'ailleurs peut-on imaginer que l'industrie soit inhabile à produire une denrée d'un besoin indispensable, qui n'exige que des avances ordinaires, qui n'est sujette à aucune détérioration, ni aux caprices des acheteurs, ni à l'encombrement; qui continue de prendre de l'accroissement lors même qu'on ne la vend pas, et qui ne peut jamais manquer d'acheteurs d'une année à l'autre?

Les frais de production des bois devant baisser graduellement comme ceux de la production de beaucoup d'objets manufacturés, que l'on fabrique aujourd'hui pour le dixième de ce qu'ils coûtaient autrefois, la culture des bois présentera des bénéfices assez considérables pour engager les propriétaires à s'en occuper sérieusement. Ils commenceront par l'amélioration des forêts existantes. Ils ne couperont pas leurs gros arbres prématurément, car ils auront peu de temps à attendre pour les vendre à un prix qui remboursera et les frais de la culture et les intérêts du capital.

Les bois cultivés croissent deux fois plus rapidement que ceux qui sont abandonnés à la nature dans le massif serré d'une forêt. Les profits de cette culture seront égaux aux bénéfices ordinaires des entreprises agricoles, et deviendront la cause d'une production qui sera toujours au niveau des besoins.

En général, un fonds de bois ne rend pas la moitié du revenu qu'il donnerait s'il était cultivé en céréales (1); mais, en y réfléchissant, on sera bientôt convaincu qu'il est possible de faire produire à une terre plantée de bois autant de revenus qui si on y semait du seigle ou toute autre plante appropriée au sol. Nier cette vérité, ce serait se mettre en contradiction avec l'opinion générale sur la rareté croissante des bois. Comment, en effet, ne serait-il pas profitable de donner aux forêts des soins qui doivent, en les améliorant, assurer la reproduction d'un objet dont la vente ne peut manquer d'être avantageuse? Nous croyons pouvoir dire avec confiance que la culture des bois donnera, dans un espace de terrain et dans un temps donnés, autant de profit qu'en rapporterait la culture des blés; et nous exposerons les moyens qui nous paraissent propres à obtenir ce résultat.

La culture des arbres, resserrée autrefois dans les bornes étroites d'un jardin ou d'un parc, s'étendra dans les forêts; elle présentera aux propriétaires assez d'intérêt, d'importance et d'attrait, pour les engager à y donner leur attention et à placer quelques portions de leurs revenus dans l'accroissement de leur capital forestier, en employant un grand nombre d'ouvriers à cultiver, nettoyer et améliorer les plants d'arbres de tout âge. Ce sera un placement de fonds

(1) Le revenu total des forêts est de cent vingt millions par an; soixante millions représentent l'intérêt du capital en futaies et en taillis qui existent dans les forêts. Il ne reste que soixante millions pour le revenu du sol nu, qui contient six millions cinq cent mille hectares, ce qui fait un peu moins de 10 fr. par hectare; or le revenu moyen des terres cultivées est de 36 francs par hectare.

à 7 ou 8 pour 100 par an. Quel spectacle magnifique que celui d'un vaste bois dont chaque partie sera soumise aux travaux de l'art, et dans lequel on aura introduit à peu de frais les plus belles espèces d'arbres étrangers ! Tout y sera grand, intéressant et utile.

Déjà un grand nombre de propriétaires ont senti le besoin de changer ou au moins de modifier l'économie de leurs forêts, par le nettoiement des taillis, par des élagages, des plantations et surtout par l'extirpation des arbrisseaux inutiles qu'un aménagement vicieux avait laissés pulluler ; ils ont reconnu la grande supériorité du produit des plantations de pins, de mélèzes, d'ypréaux, etc., sur les produits des forêts ordinaires.

Notre but est d'enseigner les moyens de tirer des bois le plus haut revenu pécuniaire possible, en comptant sur l'intérêt cumulé, et de perpétuer ce revenu ; c'est la conservation et l'amélioration des forêts mises sous la garantie de l'intérêt privé.

Nous espérons que le dépérissement des forêts cessera enfin, que la culture forestière augmentera d'une manière remarquable la richesse générale, que l'art de planter des bois deviendra si facile, que l'on reboisera sans peine ces montagnes et ces coteaux dont la nudité nous afflige, et ces grandes vallées des Alpes dépeuplées d'habitants depuis qu'elles ont perdu leurs forêts. C'est un service que l'on doit attendre de la science forestière appropriée à toutes les circonstances des lieux, des temps, des choses et des intérêts divers.

TRAITÉ

DE LA

CULTURE DES FORÈTS.

PREMIÈRE PARTIE.

ESSAI DESCRIPTIF DES FORÈTS.

Nous jetterons d'abord un coup d'œil sur ces plages désertes où la nature se montre aujourd'hui telle qu'elle fut jadis dans le climat même que nous habitons, sur ces forêts immenses que n'ont pu entamer les sauvages qui les parcourent ; nous tournerons ensuite nos regards vers les lieux où les hommes ont imprimé les traces de leur puissance, vers ces régions où l'agriculture a été introduite par des peuples déjà civilisés, dont le premier soin a été de détruire les forêts natives qui devaient faire place à des plantes propres à la nourriture des hommes, et où l'on fait, chaque année, périr plus d'arbres qu'une province entière d'Europe n'en possède.

Nous considérerons principalement les forêts dans les contrées où l'on prend soin de les conserver et de les perpétuer ; mais ces forêts ne forment pas la centième partie de celles qui sont abandonnées ailleurs à qui peut les dégrader ; et encore, dans cette faible partie, une très-petite fraction seulement est bien administrée. Il s'en faudrait de beaucoup que, dans l'état de nature, la terre fût entièrement couverte de bois. Les déserts de l'Afrique occupent, suivant M. de Humboldt, un espace presque trois fois égal à celui de la mer Méditerranée; il a calculé que la surface des sables déserts, depuis la côte occidentale d'Afrique jusqu'à l'Inde, occupe près de trois cent mille lieues carrées (la France n'a guère que quarante mille lieues carrées de superficie). En Asie, depuis la grande muraille de la Chine jusqu'au lac Oural, s'étendent, sur une longueur de plus de deux mille lieues, les steppes les plus vastes du monde; ils sont couverts de plantes la plupart salines et de bruyères. Les steppes d'Amérique occupent un espace immense; ils portent des graminées d'une végétation magnifique, mais ils sont privés d'arbres et inhabités. M. de Humboldt pense que ces steppes étaient des fonds de mer.

Amérique méridionale. Dans les immenses contrées de l'Amérique méridionale, où la chaleur du soleil, l'humidité et la fertilité du sol concourent à développer tous les ressorts de la végétation, les bois sont tellement embarrassés par les plantes qui croissent sous les arbres, qu'il est presque impossible d'y pénétrer, et que la surface du terrain y est cachée sous des couches épaisses d'arbrisseaux, de ronces et d'herbes, de mousses, de fougères, de liserons; les arbres sont souvent étouffés par la circonvolution des plantes grimpantes. Les plaines sont inondées par des débordements, et converties en marais : car la main de l'industrie n'a pas encore forcé les riviéres

à couler dans le canal qui leur est le plus convenable, et n'a pas encore ouvert des écoulements aux
eaux stagnantes ; l'air qu'on respire dans les forêts
est infecté des vapeurs qui s'élèvent du sein des marais remplis de tous les êtres venimeux que peut faire
éclore un soleil brûlant. Quelques peuplades préfèrent un séjour aérien à celui d'un sol meurtrier,
elles habitent les sommets des arbres.

Entre Mendoza et Buenos-Ayres, on fait plus de
cent lieues sans trouver une habitation, et plus de
deux cents avant de rencontrer une goutte d'eau. Le
climat y est d'une chaleur excessive, et il n'y a pas
un arbre où l'on puisse se mettre à l'abri des rayons
du soleil.

A Buenos-Ayres, le bois est si rare, que pour le
remplacer on emploie le cuir à une foule d'usages :
fenêtres, lits, petits canots. Des substances animales
servent de combustibles. On chauffe les fours de
brique avec des cadavres de moutons séchés au
soleil.

Les nombreuses rivières qui de la Guiane se précipitent dans l'Océan déposent sans cesse, sur leurs
bords et sur la côte entière, une multitude prodigieuse de graines qui germent dans la vase et
produisent des palétuviers dans l'espace de dix ans.
Ces grands végétaux, que de profondes racines attachent à leur base, occupent tout l'espace où le reflux
se fait sentir ; ils y forment des forêts couvertes, durant le flot, de quatre à cinq pieds d'eau, et ensuite
d'une vase molle et inaccessible. Dans les endroits où
les courants jettent et accumulent des sables, le pa-
létuvier périt très-rapidement, et les forêts, emportées
par les ondes, disparaissent.

La côte immense qui s'étend au sud de Panama est une des plus misérables régions du globe ; des marais en occupent une grande partie, le reste est inondé pendant plus de six mois par des pluies continuelles. Du sein de ces eaux croupissantes s'élèvent des forêts tellement embarrassées de lianes, que l'homme le plus intrépide ne saurait y pénétrer. Un épais brouillard en couvre la surface; on n'a pu encore y acclimater aucune des plantes de l'ancien monde.

Les chaleurs sont excessives à Porto-Bello, à quoi ne contribuent pas peu les hautes montagnes dont la ville est entourée ; les arbres épais dont ces montagnes sont couvertes ne permettent pas aux rayons du soleil de sécher la terre que leurs feuillages cachent : ce qui est cause qu'il en sort continuellement des vapeurs épaisses, d'où se forment de gros nuages qui se résolvent en pluies abondantes, après lesquelles le soleil commence à reparaître. Ces pluies sont accompagnées d'orages, de tonnerre, d'éclairs, avec un fracas épouvantable. Ces intempéries continuelles rendent le climat très-malsain.

Les Espagnols n'occupaient guère dans la province de Quito qu'une vallée de quatre-vingts lieues de longueur sur quinze de largeur, et formée par deux branches des Cordilières; le reste n'est que forêts, marais et déserts. Les arbres sont continuellement chargés de feuilles, de fleurs et de fruits, les uns verts, les autres mûrs ; les fougères de la zone torride sont souvent plus élevées que les arbres des forêts de l'Europe. Le froid est excessif dans les montagnes entre les tropiques, à cause de la violence des vents.

Les villes sont bâties en bois dans l'Amérique méridionale, à l'exception de celles qui ne sont pas exposées aux pluies, et qui sont construites en briques séchées au soleil.

Le terrain de la partie du Chili qui avoisine les monts Aucas jusqu'à la mer du Sud est d'une fertilité extraordinaire : les campagnes sont couvertes de troupeaux innombrables; mais, faute de consommateurs de la viande, on tue les animaux uniquement pour avoir les cuirs : aussi la difficulté des communications, augmentée surtout par les droits d'entrée et de sortie, rend cette richesse presque inutile. On fait peu de défrichements, mais il y a des arbres fruitiers de toute espèce.

On peut tracer en peu de mots le tableau de l'Amérique méridionale sous le point de vue qui nous intéresse : cette péninsule est partagée par des chaînes de montagnes en trois régions immenses : celle du nord nous offre les steppes; celle du sud, d'autres steppes nommés *Pampas*, qui séparent la Plata des terres magellaniques; celle du centre est couverte de forêts, ou plutôt d'une seule forêt marécageuse et malsaine, dont la surface est six fois plus grande que celle de la France entière.

Les fleuves d'Amérique charrient une multitude d'arbres déracinés, et en couvrent les côtes, où la plupart se déposent et forment des masses fermes et solides qui prolongent les continents; une autre partie de ces bois est portée par les courants dans différentes contrées. Un voyageur a remarqué que l'on aurait pu charger mille vaisseaux de ceux qu'il a vus flotter dans les environs du détroit de Magellan.

Guiane. Les premiers colons de la Guiane, effrayés de l'abondance des pluies et de l'état des terres basses presque toujours submergées, se décidèrent à cultiver de préférence les montagnes, où la beauté de la végétation, indice de la fertilité du sol, semblait appeler la culture. Les remières récoltes furent d'une extrême abondance; mais bientôt les pluies entraînèrent la surface du sol et les engrais accumulés depuis tant de siècles.

Les Hollandais, habiles dans l'art de maintenir les eaux par des digues, s'établirent dans les terres basses avec un succès bien dû à leur industrieuse entreprise; leurs récoltes furent excessivement riches dans ces terres vierges formées par les dépôts successifs de la mer et des fleuves. Voici le moyen qu'ils imaginèrent et que l'on emploie encore aujourd'hui. On choisit une certaine étendue de forêt sur le bord d'une rivière; on creuse sur le pourtour un canal qui verse ses eaux dans cette rivière; l'espace qui est ainsi entouré se dessèche, et l'on commence à procéder à l'abatis des arbres. On coupe à différentes hauteurs, dit un voyageur, ces arbres antiques qui seraient d'un prix inestimable en Europe, et à peine a-t-on quelquefois le soin d'en retirer les plus beaux bois de marqueterie. Trois ou quatre mois après, lorsque l'ardeur du soleil a desséché tous ces bois qui jonchent le sol, on n'attend plus qu'un vent un peu fort; on met le feu à l'une des extrémités, et bientôt les flammes consument les tiges, les branches, les arbustes et les herbages. Il reste un engrais précieux. On extirpe successivement les racines en semant les nouvelles productions qui remplacent ces magnifiques, mais inutiles forêts.

Cependant la plus grande partie de la Guiane n'est pas encore défrichée. Les racines de certains arbres de cette contrée sortent de terre de deux à trois mètres de hauteur, et forment autour de la tige des appuis ou arcs-boutants dont l'extrémité s'étend à une assez grande distance. Ces arbres ressemblent à ceux de la forêt Hercynienne, qui, suivant la description de Pline, avaient des racines élevées hors de terre, et formant des arcades.

L'île de Cayenne, autrefois très-malsaine, le devient beaucoup moins à mesure que les défrichements augmentent; on met le feu aux savanes, et l'herbe qui repousse est un excellent pâturage pour les moutons et pour les chèvres.

Suivant M. Noyer, qui a fait un mémoire sur la colonie française de la Guiane, les forêts présentent peu de ressources à raison de la difficulté d'en extraire les bois. Un arbre propre à la construction est entouré de cent arbres d'espèces différentes, et d'un bois mou qui n'est bon à rien. Dans les forêts d'arbres durs, les neuf dixièmes des tiges sont creuses ou viciées.

Antilles. A chaque pas que l'on fait dans les forêts des Antilles, on est arrêté par une prodigieuse quantité de plantes sarmenteuses, qui se traversent et qui grimpent d'arbre en arbre. Les moindres bruits résonnent dans ces épaisses forêts comme sous une voûte souterraine. Les cantons cultivés qui environnent les forêts sont beaucoup plus exposés que les autres aux vents et aux pluies; la chute des feuilles, la destruction des souches pourries par le temps, ont formé un riche engrais pour les plantations.

Les montagnes de la Jamaïque, ainsi que la plus grande partie de l'île, sont encore couvertes de bois toujours verts qui entretiennent un printemps perpétuel; mais le climat est malsain, parce qu'il est encore imparfaitement cultivé.

Dans les concessions de terrains à défricher qui se faisaient autrefois à Saint-Domingue, chaque concessionnaire était obligé d'entretenir en bois cent pas de terrain; mais les lois de cette espèce ne sont jamais efficaces.

États-Unis. Les provinces de l'Union présentent plus qu'aucun autre pays du monde le spectacle de ces magnifiques végétaux qui sont obligés de céder le terrain aux plantes frêles dont les hommes se nourrissent. Une grande partie du sol est encore couverte de vastes forêts contre lesquelles les laborieux habitants luttent avec persévérance; un arbre forestier est pour eux un ennemi. On ne voit pas sans étonnement que dans les États de l'est on brûle du charbon de terre importé d'Angleterre. Le port de Charlestown est rempli de bâtiments venant des autres ports de l'Union; les planches et les bois de charpente sont un article considérable d'importation; et quoique tous ces produits soient apportés de trois ou quatre cents lieues, ils sont moins chers et de meilleure qualité que ceux du pays. Cependant des forêts immenses commencent à six milles, et même à une moindre distance de la ville, et le transport en est fait par le moyen des rivières, au confluent des quelles la ville est située ; cette cherté tient à la main-d'œuvre et aux difficultés que l'on rencontre dans le trajet à travers des fondrières, où les troncs d'arbres pourrissent entassés les uns sur les autres, à moins qu'on ne prenne uniquement les arbres qui bordent les rivières. Les frais de transport d'un arbre, par terre, à une distance de trente milles, coûtent plus, en Amérique, que le voyage à travers l'Atlantique.

Les Américains ont une aversion insurmontable pour les arbres, et partout où ils forment un nouvel établissement, ils les abattent impitoyablement, pour les brûler et engraisser le sol. On est surpris que, dans un pays où l'action du soleil est si vive, on ne veuille pas conserver quelques abris contre les chaleurs brûlantes de l'été ; mais il serait dangereux de laisser des arbres trop près des maisons, parce que leurs racines sont trop faibles pour résister aux vents violents qui ne manquent jamais de les arracher. La vue d'un champ couvert de blé, d'un jardin planté de choux, paraît mille fois plus agréable à un Américain que celle des paysages les plus romantiques et les plus délicieux.

La grosseur des arbres dans les forêts de cette partie de l'Amérique est peu proportionnée à leur hauteur ; ce sont des baliveaux en comparaison de ceux d'Angleterre. L'arbre le plus gros que je vis dans ce pays, dit Isaac Veld, était un sycomore qui croissait sur un sol riche, et le diamètre de cet arbre n'était cependant que d'un mètre et demi ; mais dans les terres basses de Kentucky, et dans quelques-unes de celles du territoire occidental, les arbres, dit-on, ont communément 2 mètres à 2 mètres et demi de diamètre; ils croissent plus éloignés les uns des autres que les premiers.

On voit souvent dans la Floride des tiges de vigne d'un tiers de mètre de diamètre qui s'entrelacent autour des troncs, montent jusqu'au sommet, puis redescendent le long des branches, passent d'un arbre à l'autre, et s'étendent ainsi jusqu'à l'extrémité de la forêt; les lianes se suspendent à tous les arbres, les réunissent par des guirlandes, et garnissent de festons les intervalles de leurs branches; elles rendent l'ombre plus fraîche et plus épaisse. La grande mousse qu'on appelle *barbe espagnole* se trouve sur tous les arbres, sur toutes les branches, sur tous les rejetons, dans les forêts situées entre les 35° et 28° de latitude nord. Il n'est pas rare de voir les espaces que laissent entre elles les branches des grands arbres absolument remplis par cette plante, dont les masses figurent des voûtes, des pilastres, et mille autres formes bizarres.

On voit dans les environs de Nashéville, et à cinquante lieues à l'entour, des masses considérables de forêts remplies de cannes ou roseaux, qui croissent si près les uns des autres, qu'à 3 à 4 mètres de distance on n'apercevrait pas un homme qui y serait caché. A mesure qu'il se forme de nouvelles habitations dans le voisinage, ces roseaux servent de fourrage aux bestiaux, et ne se renouvellent pas. Ce canton passe ainsi de l'état de prairie à celui de forêt jusqu'au moment où le terrible incendie vient dévorer les arbres.

Les vastes prairies du Kentucky et du Tennessée doivent peut-être leur naissance à quelque grand incendie qui en aura consumé les forêts, et elles se seront entretenues dans l'état de prairie par la coutume que l'on a de les incendier tous les ans.

Lorsque le hasard préserve quelques portions des ravages de la flamme pendant quelques années, elles se repeuplent spontanément de bois qui subsistent jusqu'au moment où un nouvel incendie les atteint. On assure que le pin des marais (*pinus palustris*) n'est point endommagé par le feu qu'on met tous les ans dans les bois.

L'une des méthodes employées par les Américains pour découvrir la terre consiste simplement à arracher les jeunes arbres et les broussailles, à couper les plus gros arbres à 650 millimètres de terre, et à laisser les autres pourrir sur pied, ce qui ne manque jamais d'arriver dans l'espace de six à quatorze années, selon la qualité du bois et du sol. Jusque-là ils promènent la charrue entre les troncs. La méthode d'arracher les grosses souches est extrêmement coûteuse et bien rarement employée : les cendres des arbres, des buissons, des arbustes amoncelés et des herbages, forment le premier engrais.

Un propriétaire a-t-il un grand marais boisé qu'il voudrait nettoyer, il commence par élever une digue à son extrémité inférieure pour arrêter l'eau du ruisseau qui le traverse ; il tire ensuite de cette espèce d'étang deux partis très-utiles : il établit au bas d'un courant factice des scieries qui convertissent le bois en objets d'exportation, et le séjour de ces eaux, élevées d'un mètre et demi à deux mètres, pourrit, dans le cours de six années, tous les arbres qui ne sont pas amenés à l'usine ; après leur destruction, on renverse la digue, et bientôt le terrain présente, au lieu d'une forêt, des champs bien enclos, et des prairies bien desséchées par le moyen des fossés qui les traversent.

Dans quelques parties de la Virginie, les terres, que l'on abandonne après la culture du tabac, poussent en très-peu de temps des cèdres et des pins qui forment de nouveaux bois. L'ombre de ces arbres détournant l'influence des rayons du soleil, le terrain, au bout de quinze ou vingt ans, recouvre sa première fertilité. On remarque que le bois des jeunes arbres que l'on coupe pour recommencer la culture se décompose et se dissout quelque temps après qu'on les a coupés.

L'Américain s'oriente dans ses forêts comme un marin au milieu de l'Océan. C'est par l'attention avec laquelle les Indiens examinent la croissance des arbres qu'ils trouvent leur chemin. Ils savent qu'un arbre a généralement plus de mousse du côté du nord que du côté du midi, que l'écorce diffère également selon sa position, et que les branches tournées vers le sud sont ordinairement plus feuillées que les autres.

La plupart des habitations des Indiens sont construites avec de l'écorce de bouleau, qu'ils préfèrent à toute autre; mais, dans les lieux où elle est rare, ils ont recours à l'orme; ils sont si adroits à dépouiller un arbre, que souvent ils enlèvent toute l'écorce d'une seule pièce. Les maisons des Américains sont généralement construites de souches et de tiges d'arbres assez mal assemblées.

Les forêts sont très-malsaines en Amérique; les bûcherons y sont sujets à des fièvres mortelles. Des arbres tombés, pourris, dans tous les degrés de décomposition, et des monceaux de feuilles infectent l'air. On assure que la fermentation de ces substances produit une chaleur extraordinaire dans l'atmosphère.

La durée du bois d'Amérique est très-courte. Un bateau qui en est construit ne dure guère que deux à trois ans. Le bois des forêts d'Europe n'est plus compacte que par suite de l'assainissement du sol.

A Cincinnati et dans d'autres villes de l'Union, le bois est presque aussi cher qu'à Paris.

Louisiane. La Louisiane, vendue par la France aux États-Unis en 1803, est couverte de forêts épaisses coupées de rivières innombrables, d'eaux stagnantes, de vastes savanes remplies de roseaux. La variété, la beauté et la qualité des arbres auraient pu rendre la possession de cette colonie très-utile à la France si nous avions pu tirer parti de ses richesses; les Américains y ont fait exécuter des défrichements qui présentent déjà un tel état de prospérité, que bientôt cette contrée déserte sera traversée de routes et de canaux qui sont à la fois l'effet et la cause d'une civilisation perfectionnée.

Les États-Unis contiennent un milliard soixante-deux millions quatre cent soixante-trois mille acres de terrain, y compris les acquisitions faites sur la France et l'Espagne. Les forêts qui y subsistent encore occupent un espace quatre fois plus étendu que la France entière.

Canada. Les forêts chez les peuples chasseurs sont considérées, suivant la remarque de Robertson, comme la propriété d'une tribu qui a le droit d'en exclure toutes les tribus rivales; mais il n'y a point d'individu qui puisse s'arroger quelque portion particulière de propriété exclusivement à tous les autres membres de la société.

Les sauvages, à défaut de gibier, vivent de gland; et lorsque le gland manque, ils se nourrissent de l'écorce du tremble et du bouleau, dont ils rejettent l'épiderme.

Le froid violent et prolongé qu'on ressent dans le Canada doit être attribué aux bois, aux sources, aux montagnes, aux rivières sans nombre, aux lacs et aux marais qui coupent ce pays; à la direction des vents, qui viennent du nord au midi par des mers toujours glacées, et qui entretiennent une atmosphère rarement chargée de vapeurs.

Dans le bas Canada, les maisons sont presque toutes construites avec des troncs d'arbres équarris et posés les uns sur les autres; mais elles sont bâties avec plus de soin et plus solidement que dans les États-Unis. Au lieu d'être bruts et raboteux comme chez les Américains, ces arbres sont parfaitement unis et proprement assemblés, et au dedans ils sont communément doublés de planches de sapin.

L'honneur de découvrir et de défricher un terrain nouveau touche peu le Canadien. Le citoyen des États-Unis a-t-il une bonne maison, il cherche à la vendre pour aller défricher de nouvelles terres dans des contrées éloignées; il va partout explorant des terrains à bon marché et susceptibles de meilleure culture.

Un voyageur remarque que l'Angleterre ne prend pas de bois de marine dans le Canada, parce qu'elle préfère avec raison les bois plus éclaircis et par conséquent plus denses et plus durables de l'Europe.

La culture des forêts marécageuses du Canada ne peut manquer à la longue d'élever la froide température de ce climat, qui est situé à peu près à la même latitude que les régions tempérées de l'Europe.

Terre-Neuve. L'île de Terre-Neuve est remplie de bois, de rochers et de montagnes escarpées; la neige qui couvre les lacs, les marais et les rivières; les vents, et les amas monstrueux de ces glaces qui viennent du nord, y entretiennent sans cesse un froid très-rigoureux; on y voit des pins, des bouleaux et quelques arbrisseaux.

Suivant Forster, il y a à Terre-Neuve et au cap Breton des mines de charbon de terre si riches qu'elles pourraient fournir l'Amérique et l'Europe de ce fossile.

Nord. Au nord du continent de l'Amérique, le sol ne produit qu'un petit nombre d'arbres et d'arbrisseaux, tels que des pins, des aunes et des saules, des églantiers, des groseilliers, des bruyères, une herbe très-fine, et des mousses couvertes de glaces et de neiges; on n'aperçoit presque jamais une plante en fleur. Vers les 56° de latitude nord, tout annonce la stérilité; on voit de la neige depuis les sommets des collines les plus hautes jusqu'à peu de distance de la côte; quelques peuplades ont des habitations d'hiver creusées dans la terre, et des habitations d'été en plein air; des perches et des os en composent la charpente : mais, dans ces régions glaciales, les habitants trouvent sur les bords de la mer des bois flottants en si grande quantité, qu'ils n'en consomment pas la centième partie.

Islande. On ne voit guère en Islande que des bouleaux, des genévriers et des saules dont la grosseur n'excède pas celle du bras. Il n'y a point de bois de charpente; les habitants achètent celui qu'on leur envoie du continent; mais dans l'intérieur des terres, où il serait trop coûteux de le transporter, les maisons sont construites en petits soliveaux liés à quelques piliers de pierre, entrelacés de broussailles et garnis de terre. Les toits sont couverts de gazons : ces tristes habitations sont enfoncées en terre; par cette disposition, les chambres sont à l'abri du froid, et il est rare que l'on y fasse du feu.

Les habitants des côtes ont une ressource abondante dans les bois que la mer amène en grande quantité tous les ans sur le rivage; mais une partie de cette richesse est perdue; on ne consomme pas tout le bois dans les lieux où on peut le recueillir, et il est presque impossible de le conduire au loin dans l'intérieur du pays; il y en a même une grande quantité qui pourrit faute de bateaux pour le transporter en d'autres endroits où la mer n'en jette point.

Les arêtes de poissons servent aussi de chauffage aux pauvres. Des tourbières sont exploitées dans l'intérieur des terres; ainsi la superficie, les entrailles de la terre, les fleuves et les mers, offrent des ressources abondantes pour le chauffage; mais elles sont inutiles quand le travail et l'industrie ne les font pas servir à nos besoins.

Afrique. La côte d'Afrique, autrefois si peuplée, n'offre plus guère que des campagnes incultes, quelques villes habitées par des barbares, et des déserts demeure de bêtes féroces; mais elle a conservé ses forêts de lauriers, de térébinthes et de myrtes.

Les provinces de l'empire de Maroc, arrosées par les sources de l'Atlas, semblent former un jardin entrecoupé de bois, de belles eaux et de terres très-fécondes. On y brûle de temps en temps les buissons et les bois pour rendre les chemins praticables et en éloigner les lions.

On chauffe les fours et les bains de Tunis avec du mastic, du myrte, du romarin et d'autres plantes aromatiques, ce qui parfume l'air, et corrige l'influence des vapeurs qui s'élèvent des marais voisins. Les cours sont ornées d'orangers, de figuiers et de citronniers, qui, d'un bout de l'année à l'autre, fournissent des fruits et des fleurs. Les palmiers y abondent; les figuiers et les oliviers y sont en si grande abondance, que l'on s'en sert pour faire du charbon.

Les villes de Fez et d'Alger ont, à une certaine distance, des forêts remplies de bêtes féroces et de gibier.

Le Sénégal est garni sur la rive gauche de nombreux villages, et sur la rive droite on ne trouve que des forêts qui renferment un grand nombre d'arbres épineux entremêlés de cocotiers et de palmiers. Les fameuses forêts de gomme commencent près du Sénégal, et s'étendent de quinze à seize journées de traversée en tous sens.

La Guinée est remplie de bois, d'herbes à hauteur d'homme, de sables mouvants et brûlants, retraite de bêtes féroces et de gibier de toute espèce. On ne peut chasser que dans les lieux vides, à cause des grandes herbes qui croissent dans les terrains incultes. Tous les ans les nègres y mettent le feu, et ils cultivent dans ces plaines incendiées quelques portions de terrains pour y ensemencer du riz ou du maïs. Il n'y a jamais de dispute sur le choix, parce qu'il n'y a jamais la centième partie du terrain de cultivée. On trouve à chaque pas des eaux croupissantes; mais l'aspect général de ces contrées est admirable; les bois sont entremêlés de campagnes toujours couvertes de verdure; six mois d'interruption de culture suffiraient pour rendre toutes les ronces dont le sol était dépouillé.

Les rois du pays laisseraient enlever tous les grands arbres de charpente de leur royaume pour un baril d'eau-de-vie. Les montagnes sont couvertes de belles forêts remplies d'éléphants, de bêtes féroces, d'une foule de quadrupèdes de toute espèce, d'oiseaux, de reptiles et d'insectes hideux. Les nègres ne se servent pas de bois pour construire leurs cases; la terre et les roseaux sont les seuls matériaux de leurs constructions. Leurs villages sont environnés de plantations de bananiers, de citronniers et d'autres arbres qui les garantissent des ardeurs d'un soleil brûlant; les citronniers sont entremêlés de lianes qui forment un ombrage épais.

Entre les arbres, c'est le palmier qui est consacré au rang des fétiches. On voit quantité de ces arbres qui portent les marques de leur consécration. Les nègres massacrent les étrangers qui osent les couper.

Les sauvages n'épuisent jamais les palmiers dont ils tirent leur boisson; quand un arbre a donné du vin pendant un mois, ils lient le bout des branches coupées, et le couvrent de terre grasse, afin que le temps puisse réparer l'écoulement de la sève; mais ils n'ont nulle idée de l'art de la taille, qui leur apprendrait à améliorer la qualité, et à augmenter la production des fruits.

Malgré la fertilité du sol qu'ils habitent, ces peuples sont souvent désolés par la famine qu'occasionnent les ravages des sauterelles qui couvrent le pays et qui dévorent jusqu'à l'écorce des arbres ; les nègres n'ont alors que la ressource de manger ces insectes.

Si les productions spontanées de la terre pouvaient suffire à nourrir constamment des peuples entiers, ce serait dans la Guinée que l'homme aurait une subsistance assurée sans travailler.

Les arbres fruitiers sont innombrables dans les forêts de Sierra-Leone ; on y trouve des cantons très-étendus, couverts de limoniers. Le nombre et la variété des arbres sont prodigieux dans toute la côte occidentale de l'Afrique ; ils sont toujours verts et couverts de feuilles. Bosman a vu plusieurs de ces arbres énormes, dont un seul couvrirait de son ombre des bataillons entiers ; les nègres en font des canots d'une seule pièce.

Le royaume de Juida est une des plus délicieuses contrées de l'univers ; les arbres y sont cultivés et les campagnes divisées par des sentiers. Ce sont des groupes de bananiers, de figuiers, d'orangers, à travers lesquels on découvre un nombre infini de villages. Le sol produit deux fois l'année.

Il est rare de trouver des habitations ailleurs qu'au bord des rivières, des lacs et des fontaines. Il est quelques cantons souvent submergés où les nègres construisent des loges sur les arbres ; leurs canots entretiennent les communications d'un logement à l'autre.

Le sol de la pointe méridionale d'Afrique n'est pas

moins fécond que la côte occidentale, qui s'étend sur plus de dix-huit cents lieues de longueur.

On assure que dans toutes les possessions anglaises du Cap il n'y a plus de forêts; mais, en allant à douze journées au nord de la ville du Cap, on trouve des forêts d'arbres d'une grosseur et d'une hauteur prodigieuses. On parle, dans la *Bibliothèque britannique*, d'un chêne de vingt-quatre ans qui avait huit pieds de circonférence. Il faut cependant observer, dit l'auteur de cette citation, que la croissance de toutes les plantes du nord de l'Europe s'exécute dans cette partie de l'Afrique avec une rapidité nuisible, parce qu'elles ne jouissent pas du repos de l'hiver. Un mois ou six semaines après qu'elles ont perdu leurs feuilles, les boutons et les bourgeons repoussent; il arrive de là que quelques arbres n'y peuvent point réussir, comme le tilleul, l'orme, le hêtre et le frêne; que d'autres, tels que nos arbres des vergers, n'y portent que de mauvais fruits; que quelques arbres forestiers enfin, tels que le chêne et le sapin, quoique bien venants en apparence, donnent un bois fort inférieur à celui du climat qui leur est propre; l'aubier forme plus des neuf dixièmes du volume d'un chêne, et le sapin est si poreux et si faible, qu'il n'est presque d'aucun usage. Cependant on est parvenu, à force de soins, à obtenir un vin assez bon de la vigne de Bourgogne transplantée au Cap.

Les Hollandais ont toujours négligé l'entretien des forêts, il en résulte que le bois est très-rare et très cher dans la colonie. Les nègres esclaves vont quelquefois à la distance de dix milles couper des broussailles, arracher des souches et ramasser des bouses de vaches pour leur servir de combustible ; le bois des haies formées de myrtes et de lauriers qui entourent les habitations ne suffit pas au chauffage. La côte septentrionale du Cap présente de longues chaînes de rochers garnis d'arbustes et de quelques touffes d'arbres. On voit dans les plaines qui se trouvent à quelque distance du rivage des forêts à demi ensevelies dans le sable.

C'est dans les climats voisins du détroit de Bab-el-Mandeb que croissent les arbrisseaux qui portent le baume, la myrrhe, l'encens et le café : on en coupe le bois pour le brûler.

Nous ne parlerons pas de l'intérieur de l'Afrique. Les voyageurs qui ont pénétré le plus avant, comme le célèbre Mungo-Park, ont vu partout des pays boisés et quelque culture ; mais il reste au centre de cette immense presqu'île une contrée vingt fois grande comme la France, et qui nous est tout aussi inconnue que la lune.

La surface totale de l'Afrique embrasse plus de douze cent mille lieues carrées ; si les forêts en couvrent seulement la moitié, c'est six cent mille lieues carrées de bois, c'est-à-dire douze cents fois plus que la France n'en possède.

Abyssinie. Les forêts de la Nubie et de l'Abyssinie sont remplies de bêtes féroces. Si l'on en croit Bruce, les terres sont très-fertiles, et les montagnes même sont cultivées. Le miel est la principale nourriture des Abyssins ; les arbres sont chargés de grands paniers où les essaims vont déposer leur miel ; d'autres essaims suspendent leurs ruches aux branches; d'autres se logent dans le creux même des arbres.

Les pluies, qui durent six mois, inondent les plaines et les vallons; ce sont ces mêmes pluies qui causent les débordements du Nil.

Les villes et les villages sont placés sur le sommet des rochers et des plus hautes montagnes; les habitants ne se croiraient jamais en sûreté s'ils voyaient au-dessus d'eux quelques terrains d'où pourraient découler des torrents; ils se tiennent enfermés dans leurs habitations pendant toute la saison des pluies. Cette coutume règne en général entre les tropiques.

Les maisons des Abyssins sont construites de roseaux et d'argile, et couvertes de toits de paille en forme de cônes.

Le pied des montagnes est garni de citronniers, de pêchers, de figuiers, de jasmins, de grenadiers qui viennent sans culture, de bambous, de roseaux, de nopals, d'acacias hérissés d'épines, et d'une foule de plantes herbacées. Le sommet des montagnes planes est traversé par des ruisseaux et bien cultivé.

Tous les arbres et arbustes portent des fruits ou des graines propres à nourrir les hommes ou les oiseaux. La production est perpétuelle. Le côté de l'arbre qui fait face au couchant est le premier qui fleurit, et les fruits se développent graduellement, de manière que les uns sont à peine verts quand d'autres sont en pleine maturité. Le côté qui fait face au midi suit les mêmes progrès. La fécondité traverse directement l'arbre, et passe soudain au septentrion; le côté de l'orient est enfin le dernier qui fleurisse, et ses fruits durent jusqu'à la saison des pluies. À la fin d'avril, de nouvelles feuilles font tomber les anciennes, en sorte que l'arbre est toujours vert.

Il n'est point d'arbre ni de buisson qui ne produisent des fleurs magnifiques; le raisin sauvage est excellent; enfin la végétation est partout d'une beauté dont on n'a nulle idée en Europe.

Le pays bas de l'Abyssinie est presque désert; il est environné de montagnes d'où descendent de grandes rivières qui se précipitent dans la plaine avec une violence prodigieuse pendant les pluies des tropiques; elles entraînent les terres et les rochers dans de vastes bassins où elles demeurent stagnantes, et qui sont plantés de grands arbres; c'est le repaire des éléphants et des rhinocéros, qui ne vivent pas d'herbe, mais de bois; les nègres shangallas habitent cette horrible contrée, où ils n'ont d'autre abri que les arbres sur lesquels ils se logent.

A peine cessent les pluies du tropique que la terre se dessèche; l'herbe se flétrit; bientôt les Shangallas allument un terrible incendie; le feu parcourt avec une violence incroyable la largeur de l'Afrique, passant sous les arbres avec tant de vélocité qu'il brûle l'herbe qui croit dessous sans les faire périr; les ravins larges et profonds qu'ont creusés les torrents pendant le temps des pluies sont les derniers endroits où le feu prenne; mais à peine le lit est-il à sec, que les bergers, du haut des montagnes, allument l'herbe de ces ravins, et bientôt court dans toute l'étendue de leur lit un torrent de flammes qui ne s'éteint qu'au bord de la mer, après avoir parcouru un millier de lieues. Cet antique usage d'incendier les forêts et les savanes, pour renouveler l'herbe,

subsiste encore dans toutes les parties du globe; on le
retrouve même dans les Pyrénées.

Madagascar. La plus grande des îles du monde,
Madagascar est couverte de grands bois toujours
verts, et dont les arbres sont si durs, que la cognée
s'émousse au premier coup; ils sont propres à la construction et à tous les arts. Le palmier et tous les
arbres des tropiques croissent en abondance dans ce
vaste pays à peine connu. Les maisons des insulaires
sont bâties en bois et couvertes de feuillage; ils
évitent l'influence des lieux marécageux pour bâtir
leurs villages; ils se nourrissent de fruits et d'un
peu de riz qu'ils cultivent en petite quantité et fort
mal.

Égypte. On trouve en Égypte des bosquets de palmiers très-épais, qui ne perdent jamais leur verdure,
et au milieu desquels sont bâtis des villages; cependant le bois est rare dans cette contrée si célèbre; les
habitants de la haute Égypte sont obligés de brûler
des chaumes de blé d'Inde. On fait aussi des mottes
mêlées de paille et de fiente de chameau pour le même
usage : le petit peuple habite ordinairement des
chambres couvertes de briques séchées au soleil. Les
tiges de millet servent à chauffer le four.

Les villages bâtis au milieu des plantations ont
l'aspect le plus pittoresque. La nature a créé des
bocages de palmiers sous lesquels se marient l'o-
ranger, le sycomore, le bananier, l'acacia et le grenadier.

Les jardins de Rosette sont enchanteurs; ils ne sont
point divisés par des murailles, mais par des haies

odoriférantes qui renferment des bosquets encore plus odorants. Il ne faut pas y chercher de ces allées alignées ni de ces compartiments dessinés avec méthode. Tout y semble jeté au hasard. Les plantes potagères croissent sous des ombrages embaumés. Le dattier, en élevant sa cime au-dessus des autres arbres, écarte jusqu'aux plus légères apparences d'uniformité; aucun arbre, aucune plante n'a de place marquée; le soleil peut à peine introduire ses rayons à travers ces vergers touffus; de petits ruisseaux y amènent la fraîcheur; des sentiers tortueux conduisent dans ces lieux délicieux; la ville est cachée par des forêts de dattiers, de bananiers et de sycomores. Mais ce tableau est purement local. Non loin de là il y a des plaines sablonneuses et découvertes, des montagnes et des déserts.

Autour du Caire, le pays est si bien cultivé qu'il forme une plaine continue parsemée de villages et de bois d'orangers.

Suivant un voyageur qui a parcouru récemment l'Égypte, un grand changement s'est opéré dans l'état météorologique de ce pays. Le ciel est devenu moins pur, et les pluies, qui autrefois étaient presque inconnues, sont maintenant si fréquentes, que l'on compte, dans la partie inférieure de la basse Égypte, assez communément trente à quarante jours de pluie par an. On attribue ce phénomène à l'influence des plantations d'arbres qui ont été faites depuis quelques années. On évalue les arbres de toute espèce à vingt-un millions.

En comptant dix mètres carrés ou dix centiares pour chaque arbre, toutes ces plantations occupent un espace d'environ vingt-un mille hectares.

Le pacha s'est réservé le monopole du débit de la fiente séchée au soleil.

La plupart des arbres de la vallée d'Égypte ont beaucoup de peine à s'accoutumer à la quantité d'eau qui tous les ans inonde la terre cinq mois de suite. On ne peut jamais planter au hasard les végétaux exotiques, car ils ne peuvent croître que dans des terrains élevés au-dessus du sol ordinaire, dans des jardins où on les arrose par le secours de l'art, ou bien sur le bord des canaux, pourvu qu'ils se trouvent au-dessus du niveau où le fleuve a coutume de monter. Les anciens habitants de l'Égypte ont ainsi naturalisé quelques-uns des végétaux indigènes de ces plaines brûlantes qui se prolongent entre la mer Rouge et les montagnes de l'Abyssinie. Les Égyptiens plantent et cultivent des palmiers pour en recueillir les fruits; le bois entre dans la construction de l'intérieur des maisons. Tout le monde sait qu'on n'employait point de bois dans les grands édifices antiques dont les restes sont si imposants.

L'atlé, suivant Sonnini, est un arbre qui devient presque aussi gros que le chêne; c'est le seul bois un peu commun que l'on ait en Égypte, soit pour brûler, soit pour travailler; ces arbres environnent les villages et les cabanes des laboureurs.

On brûle à Rosette et au Caire du charbon qui vient de Syrie; c'est un article d'importation particulier à ces deux villes; des caravanes apportent ce charbon chargé sur des chameaux.

Les côtes de la mer Rouge n'offrent point de forêts. M. Denon parle d'une fontaine qui avait fait croître sept à huit palmiers qui forment le seul bocage qu'il y ait à cinquante lieues à la ronde sur les confins de la haute Égypte. Le commerce de Syène se réduit au séné et aux dattes ; ces dernières sont si abondantes, qu'elles font la nourriture principale des habitants, et qu'il en descend tous les jours des bateaux chargés pour la basse Égypte.

Les déserts de la Libye ont des restes de forêts enfoncés dans les sables. On aperçoit, dit Frédéric Hormann, des troncs d'arbres de quatre mètres de circonférence et plus, dont l'intérieur est tout à fait noirci, et qui couvrent des espaces considérables de terrain. Le sable les a couverts et découverts tour à tour. M. Denon a vu aussi des bois pétrifiés dans le désert, là où il n'y a plus de végétation.

Asie-Mineure. La côte d'Anatolie, peu habitée et encore moins cultivée, voit chaque année sa population dépérir de plus en plus ; ses villes présentent partout des maisons abandonnées. Les bois y sont très-étendus, mais le transport en est difficile ; on en exporte pour le chauffage de Constantinople, et on en construit quelques bâtiments marchands.

La plupart des villes de l'Asie-Mineure n'ont conservé de leur ancienne splendeur que les murailles de leur enceinte, des vergers et des bosquets qui leur donnent de loin l'air d'une forêt.

Dans les environs de Nicomédie, il y a de grandes forêts conservées par des gardes, et dont les arbres sont employés dans des forges et des scieries. On est surpris de trouver quelque chose des arts et de la police d'Europe dans des régions ravagées depuis dix siècles par des barbares.

Les forêts des montagnes de Nisibe, qui fournirent à Trajan des bois de construction pour les navires par lesquels il fit descendre son armée sur le Tigre et l'Euphrate, ne sont aujourd'hui que des broussailles où l'on trouve çà et là quelques petits chênes, de l'anagyris ou bois puant, et du laurier-rose.

On ne connait point, en Anatolie, de culture plus utile et plus riche que celle des mûriers; ils viennent de bouture; on taille la cime de l'arbre afin de lui faire jeter des rameaux et des feuilles tout autour du tronc.

On remarque, sur le mont Olympe, les mêmes gradations de végétation que sur les montagnes d'Europe; les pentes inférieures sont couvertes de châtaigniers, de noyers, de hêtres, de charmes; au-dessus règnent les forêts de sapins; plus haut dominent des buissons, des genièvres; et des neiges perpétuelles couronnent les sommités.

La plupart des arbres pourrissent sur pied, quoique ces montagnes soient habitées, et que les maisons des Turcs soient construites en bois. On en fait un peu de charbon pour la consommation de la ville de Bursa. Les grands bois de mûriers et de noyers qui couvrent les plaines des environs de cette ville donnent à l'air une qualité nuisible.

Chevalier, dans son voyage de la Troade, cite une des villes célèbres de l'antiquité, dont l'enceinte, encore flanquée de tours, ne renferme qu'une forêt de vallonniers (c'est le *quercus ægilops* de Linnée). Les bords du Simoïs, dans les montagnes de l'Ida, sont peuplés de saules, de peupliers, d'amandiers et de platanes; les coteaux supérieurs sont couverts de forêts de pins. Le figuier sauvage est un arbuste très-commun dans la Troade.

Le bois est fort cher à Smyrne, quoique le figuier,

l'olivier, le grenadier, le peuplier et le cyprès se trouvent en assez grande abondance dans les environs; les orangers y sont si communs, que l'on daigne à peine en cueillir les fruits.

Dans les environs de Bassora, les bords de l'Euphrate sont couverts de dattiers; les pêches, les pommes, les poires, y sont en profusion. On n'emploie point de bois pour les charpentes; les maisons sont voûtées et construites en briques.

Il y a en Chypre de grandes forêts de chênes, et des pins dont on tire du goudron. Les oliviers sont rabougris par le défaut de culture. Pline assure que la charpente du temple de Diane à Éphèse était construite de vigne de Chypre.

Syrie. Tous les arbres d'Europe croissent en Syrie; le laurier, le buis, le myrte, y sont surtout très-communs; les plus belles vallées, arrosées par les rivières qui tombent du mont Liban, sont plantées de cotonniers et de mûriers; et cette double production fait la richesse du pays. Le nombre des arbres fruitiers est prodigieux dans les vergers des villes.

Le Liban est garni de pins et de cèdres; le cyprès y croît presque jusque sur le sommet au milieu des neiges; mais ces dons de la nature servent peu aux habitants, faute de moyens de transport. On brûle à Damas de la réglisse; cette plante croît dans les plaines de Phénicie et de Syrie. Les pauvres ne brûlent que du fumier.

Dans la Judée, il y a quelques vallées remplies d'oliviers; dans les environs d'Acre et de Nazareth, on voit de grands bois de chênes d'Orient entremêlés de quelques hêtres. La forêt enchantée du Tasse est connue aujourd'hui sous le nom de forêt de Saron : on y voit partout l'image du désordre ; des branches d'arbres qui jonchent le sol, des chênes renversés, des rochers éboulés : tel est le spectacle qu'offre cette forêt, qui a sept lieues de longueur sur deux à trois de largeur : les habitants du voisinage y coupent le bois dont ils ont besoin ; mais on n'en retire aucun autre produit, vu la difficulté de transporter des tiges d'arbres dans un pays où les voitures ne sont pas en usage, et où tout se porte à dos de chameau. Du reste, on fait une si petite consommation de bois à brûler dans les climats chauds, que cette forêt n'a pas une grande utilité sous ce rapport.

Le nord de la Syrie avait autrefois des bois célèbres. Daphné était distant de quarante stades d'Antioche ; Strabon fait mention de ses temples d'Apollon et de Diane, qui étaient entourés d'une forêt sacrée de quatre-vingts stades de circuit (trois lieues). Séleucus fit planter le bois de Daphné, et y fit pratiquer de belles avenues de cyprès. On ne voit plus de lauriers dans les lieux où l'on supposait qu'était Daphné. Il a pu fort bien se faire que les premiers chrétiens aient détruit ces arbres pour lesquels les idolâtres avaient tant de vénération.

Volney, dans son voyage en Syrie, cite une plantation de sapins, ouvrage d'un émir, et qui subsiste encore sur les montagnes à une lieue de Bayrout. Des religieux qui habitent un couvent voisin assurent que, depuis que les sommets se sont couverts de sapins, les eaux des sources sont devenues plus abondantes et plus saines.

ARABIE. Les Arabes occupent une des contrées les plus arides du globe; dans l'Arabie Pétrée, on ne découvre que des plaines stériles et des montagnes escarpées que la verdure ne couvre jamais. Le froid et la chaleur y sont excessifs, parce qu'ils ne sont tempérés ni par des eaux, ni par des forêts. Pour se garantir du froid, les Arabes errants ramassent des branches sèches et des racines de buissons, et font constamment du feu jour et nuit; les riches s'enveloppent de longues robes dont ils augmentent le nombre suivant l'intensité du froid; ils en mettent quelquefois jusqu'à douze l'une sur l'autre. La chaleur est également insupportable. Rien n'arrête l'action du soleil, qui brûle tous les végétaux, et réduit à la longue les terres en sable. La sécheresse est si grande dans ces plaines, qu'il n'y pleut pas pendant des années entières. Mais on trouve des oasis dans les déserts. Sur les confins de l'Arabie et de la Syrie, il y a un bois d'orangers de quatre à cinq mille d'étendue, dans lequel on a bâti des villages; de loin en loin on découvre aussi des bosquets de palmiers qui produisent des dattes dont se nourrissent les Arabes.

On voit dans ces vastes contrées, d'un côté des déserts affreux, de l'autre des vallées fertiles et délicieuses où la verdure est à peu près continuelle; l'intervalle entre la chute et la renaissance des feuilles est si court, qu'on ne s'aperçoit presque pas de ce changement.

Les cabanes des Arabes sont, pour la plupart, d'une contexture légère et peu solide. Toutes les maisons de la côte d'Arabie, du côté de l'Abyssinie, sont couvertes en joncs.

Dans les parties des montagnes qui ne sont pas

entièrement pelées, les forêts contiennent des arbres différents de ceux d'Europe; cependant les Arabes cultivent plusieurs de nos arbres fruitiers; ils ont des grenadiers, des amandiers, des abricotiers, des poiriers et des pommiers. Le tamarin, par son ombre, garantit les maisons. Les Arabes possèdent les arbres d'où découlent l'encens, le baume et d'autres aromates précieux.

PERSE. La Perse est, en général, privée d'eau; on n'y trouve pas une seule rivière navigable, les ruisseaux même sont peu nombreux, il n'y pleut jamais depuis la fin de mai jusqu'à la fin de novembre : aussi n'y en a-t-il qu'une faible partie qui soit cultivée; le reste est nu, et ne produit que des arbustes, des épices et des plantes cotonneuses; on n'y voit d'autres arbres que ceux qui sont plantés et arrosés de main d'homme. Cependant, dans quelques parties où il y a de l'eau, le territoire est fertile, agréable et bien peuplé.

La population de la Perse n'est pas le vingtième de ce qu'elle pourrait être, si ce vaste empire était arrosé dans toute son étendue.

Les maisons d'Ispahan sont bâties de terre et de torchis; on n'y fait point de charpentes ni de constructions en bois. La plupart des habitations ont un jardin rempli de grands arbres, ce qui donne à la ville l'aspect d'une forêt.

Entre Ispahan et Schiras, on rencontre partout des vergers délicieux, des bois d'orangers et de dattiers. On profite du moindre filet d'eau pour les arroser. Le peuple a en Perse une sorte de vénération pour les vieux arbres; il croit que le platane a une vertu naturelle contre la peste, et qu'il purifie l'air. Cet arbre croît spontanément dans tout l'Orient; les Persans n'en emploient point d'autre pour leurs meubles, leurs portes et leurs fenêtres, tandis qu'en Europe on connaît à peine l'usage de cet excellent bois.

Le peuple ne fait point de cuisine, surtout dans les provinces où le bois est très-rare. Il y a des cuisines publiques dont les fourneaux sont entretenus d'une espèce de tourbe, de feuilles sèches, de bruyères et de fumier.

Les plateaux élevés de la Perse sont très-froids en hiver, très-chauds en été; il n'y a, dans cette dernière saison, aucune rosée sur les plantes, aucune vapeur dans l'atmosphère, aucun brouillard sur les montagnes, aucun nuage dans les airs.

Les provinces situées entre le Pont-Euxin et la mer Caspienne, qui sont presque toutes aujourd'hui sous la dépendance de la Russie, ne ressemblent point au reste de la Perse. Le voisinage des mers et des hautes montagnes rend ces contrées bien plus humides et bien plus tempérées. Ici la terre est partout couverte de végétaux. Les montagnes sont presque toutes couronnées de chênes, hêtres et autres arbres d'Europe.

Vers les bords de la mer Caspienne, on trouve le jujubier, l'olivier et l'oranger; le platane couvre de son ombre les bords de toutes les rivières; la vigne croît sans culture, elle enveloppe les arbres de ses rameaux et s'élève jusqu'à leur sommet.

La soie est l'une des principales marchandises de la Perse; le mûrier est, par conséquent, le fondement de sa richesse.

La Géorgie est couverte de bois; cependant, suivant Tournefort, on ne brûle guère à Tiflis, capitale de cette province, que de la paille et du fumier; ce qui tient à la difficulté des moyens de transport, qui sont à peu près nuls dans cette contrée encore à demi barbare. On ne peut imaginer, dit ce célèbre voyageur, quel affreux parfum rend cette bouse dans les maisons, qu'on ne peut comparer qu'à des renardières; tout ce qui s'y mange en est imprégné. A peu de distance de ces horribles lieux, les arbres pourrissent sur pied.

Arménie. L'hiver dure longtemps en Arménie, quoique cette contrée soit située sous le 40ᵉ degré de latitude ; on n'y voit d'autres bois que les arbres plantés autour des villages.

Pour voyager dans les montagnes des environs d'Érivan, il faut porter des vivres et du bois ; cependant, au pied de ces montagnes, on trouve des sources, des forêts, des mines de fer et des forges.

Mingrelie, Circassie. La côte nord-est de la mer Noire présente une immense surface de montagnes couvertes de bois. Le ministère français a fait explorer cette côte pour y rechercher des arbres de marine ; mais l'extraction en serait trop difficile dans l'état actuel de cette contrée. Le chêne, l'orme, le frêne, pourrissent sur le sol qui les a vus naître. Les mahométans ne coupent que les arbres qui sont voisins de la mer; ils n'emploient que du bois vert pour leurs constructions. Ce pays est actuellement soumis aux Russes.

Les montagnes du Caucase sont couvertes de sapins. La Colchide ou Mingrelie, qui du temps des Romains était couverte de villes où le commerce appelait toutes les nations du monde, est aujourd'hui une vaste forêt

entrecoupée de quelques terres labourées; les arbres se
multiplient et végètent avec tant de force, que, si l'on
n'extirpait les racines qui s'étendent dans les champs
labourés et dans les grands chemins, le pays serait
bientôt rempli de bois et impénétrable; l'humidité de
l'air y est extrême; il y pleut presque continuellement.
Toutes les maisons sont en bois. Les Mingréliens foulent le raisin dans des troncs d'arbres qu'ils creusent
en forme de cuves.

TIBET. Le Tibet est un vaste pays très-élevé et
très-froid; la végétation y est faible, on y voit très-
peu d'arbres. Les plaines, que l'on peut appeler des
déserts, car on n'y voit d'autres marques de végétation
que quelques chardons, un peu de mousse et des tiges
d'une herbe rare et flétrie, sont en proie à un vent
très-violent et très-froid qui y règne continuellement,
quoiqu'elles soient situées sous la même latitude que
Gibraltar, Alger et Malte. Le froid qui y règne ne
peut être attribué qu'à la hauteur de ces plateaux. Le
pic le plus élevé du Tibet est à sept mille quatre cent
mètres au-dessus du niveau de la mer, tandis que le
Mont-Blanc n'est qu'à quatre mille sept cent soixante-
quinze mètres de ce niveau. Ces hautes plaines d'Asie,
presque entièrement stériles, sont entrecoupées de
vallées cultivées; les habitants sont obligés d'aller
chercher des abris derrière les rochers, dans les re-
traites les plus profondes, où le vent pénètre le moins;
ils possèdent de riches troupeaux et des mines inépuisables.

Les forêts que l'on planterait dans ces plaines suc-
comberaient sous l'effort des vents. Cependant elles
étaient autrefois couvertes d'arbres; on en trouve qui

sont pétrifiés sur les montagnes. Ce phénomène semble annoncer, dit un voyageur, que la terre couvrait autrefois ces montagnes, et qu'un bouleversement terrible les en dépouilla, et ne respecta que les rochers qui s'opposaient à ses efforts.

Chine. Dans le nord de la Tartarie chinoise, des forêts presque impénétrables couvrent la majeure partie des terres : les Tartares en coupent le bois, et l'envoient en Chine par les rivières.

Il n'y a point d'expédient que le peuple n'imagine pour faire cuire ses aliments à peu de frais ; pour se chauffer pendant l'hiver, qui est très-rude, il emploie de petites branches mêlées avec de la paille et des feuilles d'arbres. Les riches ont des fourneaux souterrains d'où la chaleur se distribue par des tuyaux dans les appartements ; on les chauffe avec du charbon de bois amené dans les villes sur des dromadaires.

Sur le bord des fleuves, et dans les endroits où l'on a établi des ports, les habitants se livrent à un grand commerce de bois et de charbon de terre qu'ils font venir des montagnes. Il y a beaucoup de canaux qui établissent une communication peu chère ; les denrées s'y transportent à des distances considérables.

La houille s'exploite en abondance dans le nord de la Chine ; la poussière même du charbon n'est point perdue ; on la mêle avec de la terre molle prise dans les marais, et l'on en fabrique des morceaux que l'on fait sécher au soleil pour les brûler pendant l'hiver.

Dans le midi de la Chine, les maisons du peuple sont construites en terre ou en bois, et couvertes de feuilles et de bambous ; on voit aussi des villages bâtis en briques ; ils sont ombragés par des bambous et autres arbres. Les routes, les rivières, sont bordées de peupliers, de trembles et de saules d'une grosseur prodigieuse.

Les Chinois cultivent le mûrier avec le plus grand soin ; on en voit des plantations très-étendues, et semblables à des forêts. On sème du riz dans l'espace qui reste entre les arbres, pour ne pas perdre de terrain. Il n'y a presque point de maison qui n'ait dans son voisinage quelque arbre à suif.

Le mélèse et le pin croissent sur les montagnes, qui sont trop froides ou trop escarpées pour admettre un autre genre de culture ; les riches font planter des bois où ils ont coutume de nourrir beaucoup de sangliers et de daims. Pour faire réussir un semis de chêne, disent les cultivateurs chinois, il faut y passer le feu à la fin de la première ou de la seconde année. Ils entendent très-bien la culture des arbres. Ils emploient le bambou à un grand nombre d'usages ; nonseulement ils s'en servent pour bâtir, soit à terre, soit sur l'eau, et pour faire toutes sortes de meubles, mais ils en tirent même une substance alimentaire. Ils savent aussi réduire les grands arbres des forêts aux plus petites dimensions des arbres nains, et leur donner les formes les plus bizarres pour en décorer leurs habitations.

Il paraît que la vigne a essuyé bien des révolutions en Chine ; elle n'a jamais été épargnée toutes les fois qu'il y a eu ordre d'arracher les arbres qui embarrassaient les champs destinés aux moissons.

On ne voit, dans les parties bien cultivées de cet empire, ni haies, ni friches, tant on craint de perdre la moindre portion de terrain ; les Chinois cultivent même le fond des lacs, des étangs, des marais, des fossés ; ils y mettent les plantes aquatiques qui entrent dans la nourriture des hommes et des bestiaux.

Les arrosements sont très-fréquents ; on fait monter l'eau, à l'aide de machines, sur les montagnes ; la science agricole s'étend sur les arbres : on ne les abandonne pas comme en Europe ; on a des plantations cultivées et parfaitement soignées ; les coutumes et les préceptes règlent même en cela les actions des Chinois.

La propriété des terres est héréditaire en Chine ; les domaines sont subdivisés en petites parties par les partages successifs des possessions que le père laisse également à tous ses enfants ; beaucoup de paysans sont propriétaires des terres qu'ils cultivent ; on ne voit point parmi eux de fermiers spéculateurs, mais la propriété est exposée aux confiscations. Tout est subordonné à la volonté du souverain et de ceux qui gouvernent sous ses ordres. Les terres dont la culture est négligée ou abandonnée sont confisquées et remises à des cultivateurs soigneux.

JAPON et SIAM. La plus grande partie des montagnes du Japon est couverte de bois ; on cultive celles qui ne sont pas trop escarpées. Les hommes conduisent la charrue dans les lieux inaccessibles aux bœufs ; quelquefois la nécessité réduit le peuple à se nourrir de glands.

On se chauffe de charbon de bois ; cet usage est répandu dans toutes les contrées qui ne sont pas percées de chemins commodes pour les voitures, parce que le transport du charbon est cinq à six fois moins dispendieux que celui du bois ; on voit cependant au Japon de belles routes bordées de grands arbres.

Le bambou y abonde, et y est d'un aussi grand usage qu'en Chine. Chaque maison a une petite cour avec une éminence couverte d'arbres, d'arbustes et de pots de fleurs. Les temples sont situés au milieu d'agréables bocages. Les maisons sont bâties en bois à cause des tremblements de terre.

Il y a beaucoup de forêts dans le royaume de Siam; elles sont remplies de bêtes sauvages, de tigres, de lions, d'éléphants; les montagnes sont couvertes de bois dont on pourrait construire des milliers de vaisseaux; on en conduit dans les chantiers de Batavia; les arbres sont si gros et si droits, qu'un seul suffit pour faire un bateau.

Les philosophes siamois mettent le bois au nombre des éléments qu'ils reconnaissent dans la nature.

INDE. Le Bengale est une vaste région dont la surface, d'une pente insensible, est couverte d'une éternelle verdure, ombragée de bosquets et de beaux arbres qui produisent des fleurs et des fruits dans toutes les saisons de l'année. Il est impossible, dit un écrivain, de faire une description assez vive ou assez juste pour rendre sensible, aux yeux de l'Européen étranger au climat de l'Inde, le luxe d'une végétation dont rien n'offre le modèle en Occident.

L'arbre banyan paraît présenter un diamètre de 100 à 130 mètres; c'est une agrégation de troncs d'arbres au nombre de cinquante à soixante, qui poussent des racines ou filets de certaines parties de leurs grosses branches, lesquels s'enfoncent dans la terre, et deviennent de nouvelles souches : un seul arbre peut couvrir en peu d'années plusieurs hectares de terre.

Les canaux que forme la mer pour recevoir les eaux du Gange entrecoupent un vaste territoire marécageux, couvert de bois immenses remplis de tigres et de bêtes fauves. On a défriché une grande partie de ces forêts depuis un demi-siècle; les avantages que l'on en retire sont prodigieux.

On ne trouvait pas autrefois dans cette contrée un seul endroit qui fût propre à la demeure de l'homme; quelques habitants des bords de la mer se livraient à l'opération lucrative, mais périlleuse, de couper du bois pour l'approvisionnement de Calcutta. Quoiqu'on en coupât continuellement une très-grande quantité, il semblait que la hache n'y fût jamais entrée.

Le Bengale est l'un des pays les plus peuplés de l'Asie, cependant il y a encore des déserts au milieu de cette contrée. Autrefois un tiers en était abandonné et couvert de bois, un autre tiers rempli de marais et de rivières; le reste produisait des récoltes de riz. Les parties cultivées se sont étendues surtout dans ces dernières années.

Les arbres de l'Inde produisent, sans culture, des fruits excellents; ils donnent un ombrage sous lequel les habitants peuvent passer leur vie à fabriquer leurs étoffes. Le bananier et le cocotier suffisent à une grande partie de leurs besoins. Dans tous les pays de la zone torride, dit M. de Humboldt, on en trouve la culture établie depuis les temps les plus anciens dont parlent la tradition et l'histoire.

Les maisons des Indiens, bornées à un seul étage, sont presque toutes bâties de terre et de briques : ainsi les grandes forêts sont inutiles pour la charpente des maisons, parce qu'il n'y a aucun moyen de transport dans les terres pour charrier les arbres.

Les forêts de l'Inde sont exploitées par une classe particulière d'hommes qui y sont nés, et qui néanmoins ressentent souvent les pernicieux effets de l'air qu'ils respirent.

Dans l'Indostan, il y a des contrées fort étendues où, à part les palmiers, on ne voit que quelques buissons; mais, comme les cuisines indiennes exigent peu de combustibles, quelques broussailles, ou de la fiente de vache séchée au soleil, suffisent pour les besoins. Il y a deux sortes de forêts : les unes très-petites et qui ne couvrent que quelques arpents de terre; elles sont plantées à la main, et se trouvent ordinairement dans le voisinage des habitations; les autres, plus grandes que des provinces d'Europe, seraient la demeure éternelle du silence si elles n'étaient troublées par le cri des bêtes féroces et le sifflement des serpents. Ces forêts redoutables, habitées par de nombreux troupeaux d'éléphants, sont éloignées des demeures des hommes, ce qui les rend encore plus sauvages. La plus grande que je connaisse, dit M. Perrin, est entre Savenour et Goa : elle a près de cinquante lieues d'étendue; les exhalaisons putrides, les précipices, les gouffres, en éloignent les hommes. La plupart des arbres, par leur difformité, ajoutent des traits hideux au deuil que la nature porte dans ces lieux solitaires.

Dès les temps les plus reculés, l'agriculture avait été florissante dans l'Inde; il paraît qu'elle y avait dégénéré depuis les conquêtes des Mongols; mais elle a pris, depuis l'affermissement de la puissance anglaise, un essor que des Européens pouvaient seuls lui donner; ces grandes forêts sont déjà attaquées; peut-être un jour seront-elles anéanties pour faire place à d'autres productions.

On ne trouve nulle part des cocotiers en aussi grand nombre que dans le Malabar; ce pays est coupé de bois, de golfes et de marais. Les montagnes sont couvertes de beau bois de teck, excellent pour construire des vaisseaux; on fait traîner ces arbres par des éléphants jusqu'au bord des rivières, d'où ils descendent à la côte. Les habitants du Malabar adorent une espèce de figuier.

Les arbres fruitiers autres que le cocotier et le bananier sont relégués presque exclusivement sur les côtes habitées par les Européens, et la culture en est négligée. Les montagnes qui séparent le Boutan du Bengale sont couvertes de gros arbres et de taillis épais, mais le défaut de chemins les rend inutiles; les intervalles de ces forêts sont défrichés et assez bien cultivés; il y a des villages, des vergers, des plantations. Ce pays présente à la fois l'aspect le plus sauvage et les efforts de l'art le plus laborieux.

Le pays des Mahrates est couvert de forêts, mais leur éloignement de la mer les rend à peu près inutiles. Il n'en est pas de même des contrées qui se rapprochent du golfe de Cambaye : la construction des vaisseaux fait un objet considérable de commerce pour les habitants de Surate. La plupart des maisons y sont construites en bambous et couvertes de feuilles de palmier.

Plusieurs contrées de l'Inde sont presque entièrement couvertes de bambous et de rotins qui forment des massifs impénétrables.

Iles et terres de l'océan indien. Les îles de

l'océan indien offrent quelques tableaux qui ne sont pas sans intérêt.

Le cocotier est naturel dans presque toutes les régions de l'Inde. Dans les îles, les maisons sont bâties de bois et de roseaux.

Bougainville assure que la compagnie hollandaise, pour faire mourir les arbres d'épicerie des Moluques, dont les produits surabondants gênaient son commerce, achetait annuellement les feuilles des arbres encore vertes, sachant bien qu'après trois ans de dépouillement les arbres périraient, ce qu'ignoraient sans doute les Indiens. La destruction de ces arbres a rendu déserte une de ces îles qui était autrefois habitée.

Une punition qu'on infligeait souvent aux habitants des îles Marianes consistait à couper leurs arbres.

Les Philippines offrent beaucoup de traces de volcans; l'humidité que le voisinage de l'Océan, les hautes montagnes et les forêts entretiennent habituellement dans ces régions est vraisemblablement la cause de la fécondité presque incroyable de ces îles. Les mêmes causes, lorsqu'elles se trouvent réunies, produisent les mêmes effets dans toutes les régions tropicales.

Williams Marsden a fait sur l'île de Sumatra des observations intéressantes, dont la plupart sont communes à toutes les îles voisines. Nous rapporterons celles qui sont relatives à notre objet.

Entre les chaînes de montagnes sont de vastes plaines fort élevées au-dessus des terres maritimes, où l'air est très-frais, ce qui les fait regarder comme les parties les plus délicieuses de l'île; elles sont conséquemment les plus peuplées et les moins embarrassées de bois ; on y trouve de grands lacs, des marais immenses ; à chaque pas, on rencontre des sources, des rivières.

Les villages sont entourés d'un grand nombre d'arbres fruitiers. Le feu n'est nécessaire aux habitants que pour faire cuire leurs aliments. Quand le riz, le sagou, le gibier, manquent, ils ont recours aux feuilles des arbres, que la simplicité habituelle de leur régime ne leur fait pas regarder comme un aliment extraordinairement mauvais.

La rapidité de la végétation des arbres ne permet pas d'essarter absolument un pays dont la population est encore très-faible. Les champs où le riz a été planté offrent toujours, un seul mois après la récolte, un abri pour les tigres, au milieu des plantes et des broussailles qui ont cru dans ce court espace de temps.

Voici comment la culture se fait dans les montagnes : vers le mois d'avril, l'Indien fait choix d'un terrain ; il abat les arbres, à l'aide du feu, à trois ou quatre mètres au-dessus du sol ; le bois abattu et desséché pendant plusieurs mois, il y met le feu, de sorte que toute la contrée est en flammes pendant environ un mois ; les cendres de l'arbre fertilisent le sol.

Dans la partie méridionale de l'île, l'agriculture a déjà fait quelques progrès ; les anciens bois sont en partie épuisés, et par là les habitants sont privés d'une nourriture qui était autrefois très-abondante : il faut donc ou qu'ils meurent de faim, ou qu'ils changent de demeure, ou qu'ils cultivent la terre. Leur attachement pour le sol natal est si grand, qu'il surmonte leur répugnance naturelle pour le travail ;

leurs champs cultivés rendent trente pour un, et les essarts communément soixante à quatre-vingts. Cette fertilité est extraordinaire, comparée au produit des champs en Europe, qui excède rarement quinze pour un. Une telle disproportion doit être attribuée à l'influence d'un climat plus chaud, qui conserve encore beaucoup d'humidité. L'île de Sumatra a toujours été funeste par la chaleur de son atmosphère et par ses brouillards pendant la nuit.

Le poivrier est naturel dans cette île; mais abandonné à lui-même, il produit peu : il faudrait le tailler et le provigner.

L'île de Java est extraordinairement fertile; les habitants sont un peu plus agriculteurs que les autres Malais; leurs montagnes sont garnies de superbes forêts qui s'élèvent en amphithéâtre sur des plaines couvertes de verdure et de marais.

A Bornéo, les maisons sont construites en bois et élevées sur des poutres; les habitants les transportent souvent, ce qui se fait aussi dans les îles voisines. Dans l'île Célèbes, elles sont bâties de bois de différentes couleurs.

La presqu'île de Malacca est couverte de forêts impénétrables et de marais; c'est un repaire de reptiles et de bêtes féroces; les naturels y vivent de fruits et de gibier. Les bois sont odoriférants; on y respire un air embaumé par une multitude de fleurs qui se succèdent toute l'année.

L'île de Ceylan est remplie de vastes forêts encore vierges. Les arbres sont environnés de buissons qui n'ont, pour la plupart, aucune ressemblance avec ceux de nos climats. Les rois du pays avaient autrefois défendu de pratiquer dans ces bois un sentier où il pût passer plus d'une personne à la fois; mais les Hollandais y ont tracé de larges chemins. Les côtes sont couvertes de cocotiers; on ne brûlait autrefois, dans cette île que du bois de cannelle.

Iles Marianes. L'île de Tinian, si connue par le voyage d'Anson, a été fort peuplée autrefois; mais les Espagnols en avaient transporté les habitants dans une autre île, cinquante ans avant que ce navigateur y abordât; il y trouva un gazon plus uni et plus fin qu'on ne le trouve ordinairement dans les climats chauds; les bois sont terminés aussi nettement, dans les endroits où ils touchent aux plaines, que si la disposition des arbres avait été l'ouvrage de l'art. Les animaux sont les seuls maîtres de ce paisible séjour. Les bois y sont pleins de cocotiers, de limons et d'orangers, exhalant une odeur admirable; ce tableau ne nous représente pas la nature vierge, mais la nature abandonnée par les hommes.

Australie. La terre de Van Diemen est bien boisée. Les naturels habitent sous de misérables charpentes recouvertes d'écorce, qui méritent à peine le nom de huttes; les plus habiles d'entre eux se logent dans l'intérieur des arbres. Nous rencontrâmes, dit le rédacteur du journal de Cook, une multitude de gros arbres creusés, où ils avaient pratiqué, à l'aide du feu, un espace de six à sept pieds de hauteur, et nous y vîmes des foyers d'argile autour desquels quatre ou cinq personnes pouvaient s'asseoir. Ces habitations sont très-durables, car les sauvages ont toujours soin de laisser entier l'un des côtés de l'arbre, ce qui suffit pour y entretenir une séve aussi abondante que dans les autres.

Dans le continent de la Nouvelle-Hollande, qui n'est guère moins vaste que l'Europe, la plupart des savanes sont semées de rochers stériles; mais on y trouve une foule d'arbres inconnus dans les autres parties du monde.

La Nouvelle-Zélande est couverte de forêts, de grands arbres toujours verts qui croissent avec une vigueur qu'on ne peut imaginer, et qui offrent les plus majestueuses perspectives.

Iles de la mer du Sud. Dans les iles de la mer du Sud, dont le capitaine Cook a donné la description, les plantes parasites, qui remplissent les intervalles des arbres, rendent les bois impénétrables; la mousse, la fougère, le liseron, embarrassent les pas; les arbres, rongés par le temps, y tombent de vieillesse, et autour deux de jeunes plants croissent vigoureusement dans un terreau noir qui enfonce sous les pieds; les liserons et les lianes qui s'entrelacent aux arbres les plus élevés y forment des guirlandes bleues et pourpres; les fleurs embellissent les forêts et les bocages; il y a une espèce de liane qui peut couvrir des hectares entiers, et dont les rameaux entrelacés soutiennent des troncs d'arbres qui tombent de vieillesse; d'autres grands arbres, couverts d'une mousse grisâtre qui descend de la cime jusqu'à terre, bordent les savanes. On voit des pics chargés d'arbres jusqu'au sommet; on les prendrait pour des pyramides parées de guirlandes de fleurs, de feuillages et de fruits.

Dans les iles Malouines, l'horizon est bordé par des

montagnes chauves; il n'y a point de bois, mais il y croît des joncs fort élevés qui peuvent servir de combustible, et dont les débris jonchent la terre.

Les îles Sandwich et les îles voisines sont bien cultivées; les montagnes sont couvertes de forêts; des murailles séparent les champs cultivés, qui n'ont en général d'autre sol qu'une espèce d'engrais d'au moins un demi-mètre de profondeur, formé du détritus des mousses et des arbres.

Les arbres à pain abondent dans les îles découvertes par M. de Bougainville. Les habitants de Taïti, loin d'être obligés de se procurer leur pain à la sueur de leur front, sont forcés, dit-on, d'arrêter les largesses de la nature, qui leur en offre en abondance; ils extirpent quelquefois les arbres à pain, pour planter à leurs places des cocotiers, des bananiers, et mettre ainsi de la variété dans leur nourriture; ils vivent sans travaux pénibles, ils n'ont qu'à planter des arbres et à récolter les fruits de ceux qui viennent naturellement. Quoique les montagnes de cette île soient d'une grande hauteur, le rocher n'y montre nulle part son aride nudité; elles sont couvertes de bois toujours fleuris; le pied de ces montagnes est entrecoupé de prairies et de bosquets.

Quelques-unes des îles voisines, encore inhabitées, sont entièrement couvertes de cocotiers.

Les arbres de ces régions sont peu propres aux usages ordinaires; il y en a plusieurs espèces, dont le bois, lorsqu'il est scié, acquiert un tel degré de fragilité, que les planches s'éclatent et se divisent en petites esquilles.

Turquie d'Europe. Les villages et les montagnes

qui bordent le canal de Constantinople sont ornés d'arbres. Les côtes de la mer Noire pourraient en fournir assez pour rebâtir tous les ans Constantinople, s'il en était besoin, quoique cette ville soit presque entièrement construite en bois.

Les prairies des environs sont bordées de tilleuls, de platanes, de charmes, de frênes et de peupliers; il n'est pas permis de couper du bois dans les forêts où vont chasser les sultans; on met le feu dans les autres forêts pour en cultiver quelques parties. Il y a tout autour de Péra des métairies et des châteaux dans les bois de haute futaie.

On ne brûle du bois que dans les maisons des grands; le reste de la population se chauffe ordinairement autour d'un brasier de charbon.

Les Turcs ont beaucoup de bienveillance pour les arbres voisins de leurs habitations; ils les arrosent et les cultivent par charité; ce serait un crime énorme de les couper, et tout le voisinage ne manquerait pas d'en murmurer; ils n'osent pas même les émonder, et sont prêts à faire tous les sacrifices nécessaires pour conserver leur ombre hospitalière; tous les arbres restent, de quelque manière qu'ils soient plantés, près des habitations; et on abattrait plutôt une partie de la maison que d'arracher ou d'ébranler l'arbre qui s'est trop étendu.

Le respect superstitieux que les arbres inspirent aux Turcs n'empêche pas que leurs forêts ne soient abandonnées aux incendies, aux pâturages, aux dévastations de toute espèce; ils ignorent l'art de couper et de conserver les bois, et les laissent ou dépérir de vieillesse, ou tomber sous la hache d'un fermier avide.

La Macédoine abonde en grains, en bois et en bestiaux. Dans la Livadie, les forêts sont formées de pins amoncelés qui présentent un aspect antique et désert.

Les environs du golfe de l'Arta ont beaucoup de bois de chênes blancs et d'ormes. Une compagnie de négociants français, pour avoir la permission de les couper, payait une somme considérable au pacha ; elle en exportait annuellement cent mille pieds cubes qui lui coûtaient, rendus au bâtiment, 1 fr. 57 c. le pied cube (34 millim.), ou 30 paras.

On trouve, dans la Servie et les contrées voisines, de magnifiques forêts de chêne qui servent de pâturage.

Le territoire de la Valachie est très-fécond, mais la plus grande partie en est inculte ; les terres appartiennent, moyennant un tribut, au premier qui veut les labourer. Le revenu principal provient des pâturages dans lesquels on élève un bétail nombreux qui s'exporte. Cette province est, en quelques endroits, traversée d'épaisses forêts, et dans d'autres elle manque absolument de bois ; dans les campagnes, les maisons sont bâties en terre grasse et couvertes de roseaux. Les monts Crapacks ou Balkans sont chargés de superbes forêts. Les bords du Danube sont remplis de forêts marécageuses dans lesquelles il n'existe point de routes.

DALMATIE. Autrefois riche et cultivée, la Dalmatie est aujourd'hui pauvre et malsaine ; on y trouve des bois de genièvres, de bruyères et de chênes verts. Il y a beaucoup de lentisques dans certaines contrées, mais les habitants les coupent prématurément ; les montagnes y sont couvertes de sapins et de chênes.

Dans les environs de Zara, le frêne donne de la manne en abondance et de la meilleure qualité; mais, quelque simple que soit l'opération nécessaire pour la tirer des branches de l'arbre, les Morlaques ne veulent pas la pratiquer. Leurs maisons ne sont que des cabanes couvertes de paille et de bardeaux.

Les montagnes qui bordent la Cettina abondent en chênes dont on pourrait transporter les tiges à peu de frais jusqu'à la mer; mais les plus légers travaux effraient les habitants.

Les vallons et les plaines sont noyés par des sources et par les eaux qui descendent des montagnes; le sol est détérioré, les rivages sont couverts de sable; plusieurs contrées abondent en tourbes qui ne sont point exploitées.

Quelques propriétaires soigneux ont de belles possessions au milieu de cette barbarie; leurs bois se distinguent des forêts abandonnées; ils ménagent les jeunes frênes en les débarrassant des ronces et des jets qui les entourent; cette attention accélère leur crue et le temps où ils seront en état de souffrir l'incision et de donner la manne.

Les montagnes sont, en général, dépouillées d'arbres; tel est l'état de celle qui est voisine de Spalatro, retraite de Dioclétien; cette montagne, jadis si belle, est horrible aujourd'hui. Cette province pourra redevenir ce qu'elle fut autrefois, quand la propriété particulière y sera établie et protégée.

Morée et iles voisines. L'île de Zante n'est plus couverte de bois comme du temps d'Homère; on en a défriché le sol, et le bois est presque la seule chose dont manquent aujourd'hui ses habitants

L'île de Corfou est riche du revenu de ses oliviers; il y a de grandes forêts d'une espèce de chêne dont la cupule donnait un revenu autrefois affermé aux Vénitiens, qui en retiraient des sommes considérables.

L'intérieur de la Morée a des bois de chênes, de sapins, de mélèses, de pins et de cyprès d'une hauteur prodigieuse; mais ces arbres s'affaissent et pourrissent sur le sol. Le seul objet de commerce que l'on en tire est le gland, que l'on exporte en Italie. Le bois de construction ainsi que le bois de chauffage viennent du dehors, ce qui est occasionné par la difficulté des communications dans l'intérieur de cette péninsule.

ARCHIPEL. Les montagnes de l'île de Nicaria sont couvertes de bois. Les habitants ne vivent que du commerce des planches de sapin, des chênes et des bois à bâtir qu'ils transportent à Scio ou à Sala-Nova; ils sont d'ailleurs très-misérables, parce qu'ils ne cultivent pas leur île.

L'île de Samos exporte des chênes verts et des pins.

L'île de Naxie est bien boisée; mais, si l'on en excepte les contrées que nous venons de citer, les îles de l'Archipel sont dépourvues de bois. A Milo, on ne brûle que des broussailles qui sont très-chères. A Mycone, on fait venir le bois de chauffage de Délos. Dans l'île de Nancio, je ne crois pas, dit un voyageur, qu'il y ait assez de bois pour faire cuire les perdrix que l'on pourrait y tuer.

Dans l'île de Santorin, on fait venir des îles voisines des broussailles de lentisques et de kermès; la rareté du combustible y est telle, que le peuple ne fait du pain que trois ou quatre fois l'année : la viande est exposée au soleil; on la mange toute sèche ou bouillie.

La culture du lentisque consiste plutôt à nettoyer le sol tout à l'entour qu'à donner des labours. Les lentisques cultivés, qui produisent le mastic par incision, sont la plus précieuse production de l'île de Scio.

L'armée vénitienne brûla tous les oliviers de Paros pendant les huit ou dix années qu'elle y séjourna. L'incurie des Turcs a encore été bien plus funeste aux arbres de toute espèce.

Les petites îles de l'Archipel ne sont habitées que par des troupeaux de chèvres et de brebis qui ont détruit les forêts abandonnées à leur voracité. Les Cyclades sont pierreuses, sèches, pelées; il y croît du tithymale en arbrisseau, que l'on brûle faute de meilleur bois.

CANDIE. Les maisons de l'île de Candie sont bâties en pierre et en marbre blanc.

Les forêts du mont Ida fournissaient autrefois des arbres pour la marine des Crétois. Aujourd'hui les deux tiers de l'île ne sont que montagnes presque toutes pelées, désagréables, taillées à pic, et dont les flancs sont garnis de cyprès; mais le pied de ces montagnes est couvert de forêts d'oliviers entrecoupées de champs, de vignes, de jardins et de ruisseaux bordés de myrtes, de chênes, d'oliviers et de lauriers-roses;

les campagnes présentent des bois entiers d'abricotiers, d'orangers, de citronniers, de figuiers, d'amandiers, d'oliviers, de pommiers et de poiriers.

Ces montagnes, si sèches aujourd'hui, étaient couvertes de forêts dans la haute antiquité. On raconte
qu'ayant été embrasées par le feu du ciel, elles fon-
dirent les mines de fer, et que c'est cet événement
qui apprit aux habitants à connaître ce métal.

Russie. Toutes les villes de Russie, à l'exception
de Saint-Pétersbourg, sont bâties en bois; on vend
au marché des maisons toutes construites. Ce vaste
empire est couvert de marais, de forêts et de montagnes; les pâturages y sont excellents, et la terre
très-féconde.

« Un écureuil », dit Bernardin de Saint-Pierre »,
pourrait parcourir une grande partie de la Russie sans
mettre le pied à terre, en sautant de branche en
branche. » Mais de grands défrichements se sont
opérés depuis l'époque où il écrivait.

Tout l'espace qui s'étend entre les deux capitales
de l'empire, et qui d'un autre côté confine à la Pologne méridionale, toute la Finlande, l'Ingrie, l'Es-
tonie, ne forment qu'une vaste forêt de pins et de
sapins parsemée de rochers et coupée par des lacs.
En Finlande, on fait quelquefois vingt lieues dans
les forêts sans trouver un seul village.

La Russie sera dans quelques siècles moins froide
qu'elle ne l'est actuellement, lorsque les marais seront
desséchés, les forêts cultivées et les eaux dirigées
dans des canaux; c'est ainsi que la froide Germanie
est devenue l'Allemagne tempérée et si fertile aujourd'hui.

La méthode dont les habitants se servent pour faire périr un gros sapin est d'enlever une bande d'écorce de la longueur d'un pied; bientôt l'arbre se dessèche; le moyen habituel de l'incendie découvre et fume le sol.

Les routes et les rues sont formées de tiges d'arbres rangées parallèlement et attachées ensemble dans le milieu et à chaque extrémité par de grosses solives que l'on fait tenir à la terre au moyen de chevilles qu'on y enfonce; ces troncs sont recouverts d'un lit de branches sur lesquelles on met une couche de sable ou de terre. On lit dans un voyage de Coxe un calcul assez curieux fait par M. Hanvay sur le nombre d'arbres qui entrent dans la construction d'un chemin de cette espèce. On peut les évaluer à treize mille sept cent dix par lieue, ce qui fait quatre cent onze mille trois cents pieds cubes, en comptant chaque arbre pour trente pieds de longueur et un pied d'équarrissage.

La méthode de pontonner ainsi les plaines marécageuses consomme de beaux arbres et rend les chemins très-fatigants; après une dizaine d'années, ces arbres pourrissent et s'enterrent; les routes deviennent alors impraticables : on éviterait tous ces inconvénients en élevant de bonnes digues avec des fascines et de la terre, en creusant des deux côtés des canaux pour l'écoulement des eaux, et en coupant les arbres qui bordent le chemin pour en éloigner l'humidité; mais de tels travaux appartiennent à un état de civilisation et d'industrie plus avancé que celui de la Russie, où les arts et l'agriculture font cependant des progrès continuels.

Les forêts de la Russie orientale sont généralement

peuplées de pins, de sapins, de mélèses, de bouleaux, de chênes, peupliers, trembles, genièvres, noisetiers, et pommiers sauvages. Elles sont toutes en hautes futaies, à l'exception de celles qui environnent les villages et les usines; mais l'entretien des unes et des autres est négligé.

On ne peut pas dire que les forêts soient soumises, en Russie, à un aménagement quelconque; toutefois les progrès que l'on a faits dans la science forestière ont amené, dans quelques contrées, à exploiter par bandes, de manière que les réensemencements s'effectuent par les coupes voisines de la coupe exploitée.

La culture des arbres fruitiers est encore dans l'enfance; cependant les cerisiers prospèrent bien à la latitude de Moscou et de Volodimir; les habitants de cette dernière ville vivent en grande partie du produit des fruits qu'ils envoient à Moscou.

Les forêts occupent la plus grande partie des contrées où coule l'Oka, de sorte qu'il y a fort peu de terre en culture. Lorsqu'on veut défricher un bois, on y met le feu malgré les ordonnances, et sans s'embarrasser s'il s'étendra au loin. Ces arbres, brûlés à moitié, laissent dans les champs des souches qui ont deux à trois mètres de haut, et qu'on ne songe jamais à déraciner. On coupe encore beaucoup de bois tant pour le chauffage et la bâtisse que pour faire le goudron, et pour d'autres usages. On ne voit guère de vieux mélèses, parce que cet arbre, très-susceptible de s'enflammer, est ordinairement brûlé lorsque les habitants incendient les pâturages au printemps pour renouveler l'herbe.

Tantôt on traverse des forêts humides et sauvages

où il n'y a point de routes frayées; tantôt on ne voit que des bois éparpillés de pins et de bouleaux; plus loin, ce sont des landes, des bourbiers remplis de joncs; les forêts sont humides, même dans les montagnes formées d'un roc recouvert d'une très-mince couche de terre.

En creusant un peu la terre sur les rivages des fleuves, on trouve un mélange de branches pourries et de grands arbres. C'est sur ce sol que l'on bâtit des villes et des villages.

Lorsqu'il tombe une grande quantité de neige à la fois sur les arbres qui n'ont pas encore perdu leurs feuilles, les branches se courbent, et il est rare qu'elles se redressent : ces neiges prématurées causent le plus grand dommage aux forêts.

Nous rapporterons quelques traits intéressants d'une description des forêts de la Finlande.

La température est infiniment plus douce dans l'intérieur des forêts qu'à l'extérieur; un silence formidable y règne; le seul bruit que l'on entende pendant l'hiver est produit par les arbres que la gelée fait éclater; ce bruit est sourd, et semblable à des coups de canon éloignés. Les chemins sont obstrués par des buissons, des branches de pin et de sapin, et par une espèce de mousse très-roide et très-épaisse qui croît jusqu'à la hauteur de deux pieds. Les fondrières, les arbres pourris, opposent des obstacles presque invincibles au passage. C'est pendant l'hiver que les habitants coupent et transportent le bois, les fagots, taillent du merrain et du bois de charpente; ils traînent sur les champs de glace et de neige des arbres énormes qu'il leur serait impossible de déplacer pendant l'été.

De vastes incendies, des ouragans terribles, font de grands ravages dans le cœur des forêts; ces incendies, dont la mousse sèche est le conducteur le plus dangereux, consument les meules de blé, les ruchers et les cabanes.

Les forêts de la couronne sont plus exposées que les autres aux ravages du feu; dans plusieurs districts, les paysans tirent leurs bois des forêts royales, et payent pour cela une certaine taxe; mais ils ont encore le droit d'abattre et d'emporter les arbres atteints par les incendies; dès lors, si la quantité de bois qui leur est assignée ne suffit pas à leur besoin, leur intérêt les porte à mettre le feu dans le voisinage. Mais les graines de pin ne tardent pas à donner des semis abondants dans les endroits incendiés.

L'Ukraine a de belles forêts dont les arbres pourrissent sur pied.

Le pays de Kasan est parsemé de chênes qui tantôt forment des massifs, tantôt sont clair-semés; ils offrent de grandes ressources pour la marine russe, et suffiraient aux marines de tout l'univers.

Sibérie. Le sol de la Sibérie serait extrêmement fertile s'il était cultivé; des milliers de lieues carrées de forêts de pins embellissent ce pays, qui un jour sera peut-être moins inhospitalier. Cette triste contrée est arrosée par les plus belles rivières du monde, dont les rives sont tellement garnies d'arbres qu'on n'y saurait voir le soleil en plein midi.

Le paysan de Sibérie a une répugnance invincible à défricher la terre; il se ferait un scrupule d'abattre des bois pour y former des prairies ou des terres labourables; il ne s'établit que dans des lieux éloignés des forêts; il dit que les bois ne sont faits que pour la chasse.

Le docteur Pallas remarque que les arbres résineux qui ont été brûlés sont ordinairement remplacés par de jeunes bouleaux, et qu'on ne trouve point de chênes en Sibérie. Il y a beaucoup de fonds salins qui coupent les forêts et où l'on ne trouve que les plantes propres aux terrains de cette espèce. La province de Tobolsk n'a point de forêts dans ses plaines, qui sont très-bien cultivées; on ne voit dans cette province que quelques bois de bouleaux clair-semés, qui suffisent cependant au chauffage et aux autres besoins. On devrait toutefois les épargner davantage, et abolir la pernicieuse coutume de mettre le feu aux landes : cet usage existe encore sans nécessité, malgré les défenses que l'on en a faites. Des contrées entières sont quelquefois ravagées par de furieux ouragans.

On ne prend nul soin de la reproduction des forêts employées aux usines et aux fabriques; on laisse des souches d'un à deux mètres au-dessus du sol.

De nouveaux villages sont remplis d'exilés à qui le souverain a rendu la liberté et les prérogatives qu'ils avaient perdues; le sol qu'ils cultivent est excellent ; mais on ne ménage pas assez les bois; quelques-uns de ces villages en sont déjà dépourvus.

On peut conjecturer que dans les plus belles contrées de l'Europe la pente des montagnes était autrefois couverte de fontaines et de marais, les prairies très-humides, et les vallons couverts d'eau; les forêts sont pleines de sources en Sibérie : aussi les pluies y sont-elles très-abondantes.

Il paraît qu'une partie des forêts de la Sibérie est

divisée par districts affectés aux mines en exploitation. L'érable, l'orme, le tilleul sont les seules espèces d'arbres qui n'existent point dans la partie orientale de la Sibérie; dans la partie du nord, les forêts ne sont composées que d'arbres peu élevés; en s'avançant tout à fait au delà du 62ᵉ degré, on ne rencontre que des saules de la plus petite espèce, des bouleaux nains et des buissons d'arbousiers des Alpes. Ces plantes n'ont pas deux mètres de hauteur.

Les bois pétrifiés abondent dans les mines ouvertes jusqu'à présent.

TARTARIE. La grande Boukharie serait très-fertile si elle était cultivée; et le bois, si rare dans le reste de la Tartarie, y est assez commun. Les Tartares d'Oufa possèdent beaucoup de ruches dans les forêts; plusieurs en ont jusqu'à quatre cents. La charpente de leurs tentes consiste en claies d'osier et en perches de saule, seuls bois qui croissent de loin en loin dans les steppes de l'Orient.

Les Bashkirs, qui sont aussi des peuples nomades, habitent pendant l'hiver des cabanes construites en bois. Ils brûlent les herbes sèches au commencement du printemps; ils auraient détruit par leurs incendies les belles forêts de l'Oural, si le gouvernement russe n'avait introduit parmi ces barbares un commencement d'agriculture et d'industrie. Les Russes ont établi des fonderies de cuivre et de fer dans les pays montueux couverts de saules et de peupliers; les Bashkirs qui habitent le voisinage des forges y mettent beaucoup de terrains en culture; ils vendent des grains aux forgerons, et ils se réservent un certain nombre d'arbres pour y placer leurs ruches; ils se prévalent aussi du droit de chasse; ils ont grand soin de vendre pour leur compte le houblon sauvage qui croit dans les forêts.

On pense que les steppes ou contrées basses de la Crimée, du Kouman, du Volga, de l'Iaïk et le plateau de la grande Tartarie, y compris le lac Aral jusqu'à la mer Caspienne, ne formaient qu'une mer qui avait deux golfes énormes : l'un dans la mer Caspienne, l'autre dans la mer Noire. La nature saline du sol se refuse à la production des bois; et, quoique depuis bien des siècles les eaux soient écoulées de ces contrées, les plaines ne sont pas encore recouvertes de terre végétale ni de gazon, et n'ont encore produit ni arbres ni buissons; presque partout elles n'admettent aucune espèce de culture.

En Crimée, beaucoup d'arbres enfouis attestent l'existence de forêts à une époque reculée. Il est difficile de les rétablir à cause des vents alizés qui soufflent du nord pendant six mois de l'année.

Les peuples tartares mangent de la viande crue, uniquement parce qu'ils manquent de bois pour la faire cuire. Ils ne cultivent pas la terre, parce qu'il leur faudrait du bois pour fabriquer des instruments de culture.

Steppes de la mer Noire. Les bords de la mer Noire et de la mer d'Azof jusqu'au Volga ne sont pas peuplés à cause de la rigueur de leur climat, quoique la latitude y soit la même que dans le midi de la France. En hiver, le froid est si vif dans quelques endroits de ce désert, que les animaux et les hommes ne peuvent y vivre; en été, l'extrême chaleur rend ce pays insupportable. On n'y trouve point de bois ; les nomades vivent sous des tentes, et brûlent pour leur chauffage le fumier de leurs troupeaux. Ainsi la température devient meurtrière dans les pays découverts par la destruction des forêts.

Les colonies allemandes établies sur les bords du Volga ont des bois de chauffage, mais elles manquent de bois de construction. Dans les parties basses qui sont voisines du fleuve, il y a de belles forêts de peupliers.

Il existe des mines de houille sur les bords du Volga. On ne saurait trouver une position plus favorable, et il faut espérer qu'on en profitera un jour pour augmenter à la fois la population dans les lieux où l'on exploitera le charbon minéral et dans ceux où on l'enverra.

SUÈDE. La Suède est un pays très-montueux, arrosé d'une multitude de rivières et entrecoupé de grands lacs, qui, avec les marais et les bruyères, occupent plus de la moitié de la surface du royaume.

Dans quelques provinces, la terre est si fertile qu'elle donne en trois mois ce qu'en d'autres endroits elle ne peut produire que dans le long espace de neuf mois.

La Sudermanie est une contrée aride, montueuse, couverte de bois, de sable et d'une bruyère noirâtre d'un aspect lugubre. Dans une vaste étendue semée de rochers pelés et hideux, on ne voit que des sapins qui s'élèvent à une hauteur prodigieuse. Cette monotonie est coupée de temps à autre par l'aspect de quelques petits défrichements, où le travail le plus infatigable, aidé par l'engrais des cendres provenant des bois incendiés, peut à peine faire produire une pauvre moisson.

Le gouvernement a souvent défendu ces défrichements, surtout par le motif que les incendies s'étendent presque toujours au delà de l'espace que l'on veut labourer, ce qui prive d'autres champs de l'abri que leur procuraient les bois incendiés.

Dans la Bothnie, les forêts, les fleuves et les lacs couvrent presque la totalité du sol; l'exploitation du goudron est l'une des branches de commerce les plus considérables dans ces forêts presque sans bornes qui se confondent avec celles de la Laponie.

Les Bothniens vivent d'un peu de lait et des pousses tendres qui se trouvent au sommet des branches de pins. Dans d'autres parties du royaume que la nature a mieux traitées, les habitants mangent un pain d'écorce de bouleau et de sapin, de paille et de racines, en y ajoutant un peu de seigle; mais la chasse et la pêche produisent de quoi nourrir des contrées entières.

Dans plusieurs provinces, l'agriculture a fait des progrès remarquables. Dans l'île d'Aland, on se sert de la chaux pour engrais. Cette île exporte beaucoup de bois et de charbon.

Parmi les insectes de ces contrées, il y a une espèce de dermeste qui ronge les arbres, et même les maisons nouvellement bâties, au point qu'elles tombent en ruine en très-peu de temps.

Les villages de Suède, et même les villes, sont bâtis en bois, à l'exception de Stockholm, où l'on a construit depuis un demi-siècle beaucoup de maisons en pierre.

La Suède a peu de prairies; les chevaux vivent dans les bois.

Tout le monde connaît l'importance des mines de fer de ce royaume. On assure que les grandes forêts diminuent tous les jours par l'extrême consommation qu'entraînent la fabrication du charbon, celle de la potasse et de la poix qu'on exporte; mais cette opinion paraît aussi peu fondée que celle des voyageurs qui pensent que la Suède était deux fois plus peuplée dans le XVIᵉ siècle qu'elle ne l'est aujourd'hui.

Les forêts reprennent à la longue les terrains abandonnés; il suffit de quelques pouces de terre pour la végétation dans un climat où l'évaporation est si peu considérable. Des sapins, des bouleaux, des sorbiers, végètent sur des rochers où ils trouvent à peine assez de terre pour enfoncer leurs racines. Les sapins croissent même dans les grands chemins qui sont peu fréquentés.

La population n'a pas diminué, car l'agriculture et le commerce ont fait des progrès.

Norwége. Les collines qui bordent la mer Baltique sont entremêlées de superbes forêts et de belles prairies.

Le chêne croît dans certains districts du midi de la Norwége; on y trouve aussi en très-petite quantité des forêts de hêtres; mais en montant dans une région plus élevée, ces deux espèces d'arbres disparaissent successivement. Près de Christiania, il n'y a déjà plus que des sapins et des bouleaux; en allant plus au nord, les forêts de sapins disparaissent à leur tour; enfin on ne trouve plus que des bouleaux nains et quelques buissons.

Les Norwégiens se nourrissent principalement de poisson et de gibier; ils ont défriché plusieurs forêts, mais la nature de la terre et les rochers n'admettent guère de culture. Les maisons des villes et des villages sont construites en bois.

Les scieries et les usines sont très-multipliées en Norwége; les rivières, qui sont en grand nombre, flottent beaucoup de bois; les vaisseaux du port de Christiania chargent des planches et de la charpente pour l'Angleterre, la France et la Hollande. On trouve que ce commerce a l'inconvénient de dégarnir le pays de bois; mais dans l'intérieur les forêts sont encore intactes; il y a beaucoup de Norwégiens à qui la ressource de détruire leurs bois est devenue nécessaire. Il ne s'agirait que d'en soigner un peu la reproduction pour que la richesse que produit ce commerce restât constamment dans le pays.

Tout abonde à Christiania et à Friedrichs-Hall; tout y est payé avec des planches et du fer; une production sert à solder toutes les autres.

Les hautes montagnes de la Norwége sont devenues inhabitables, à raison de l'élévation de la température, depuis qu'on les a dépouillées de leurs bois. Mais deux obstacles s'opposent en Norwége au défrichement des forêts; ce sont : 1º les longs baux des coupes; 2º la difficulté d'obtenir du propriétaire et du magistrat l'autorisation d'opérer ce défrichement, autorisation qui ne doit être accordée que pour les lieux qui ne sont pas propres à la production des bois de construction.

Laponie. La Laponie a de vastes étendues de landes couvertes de mousses, des montagnes couvertes de neiges, et des marais qui occupent la plus grande partie des plaines. La multitude des lacs et des rivières rend la terre très-mouvante, ce qui empêche de la cultiver; mais il y a beaucoup de prairies.

On ne voit en Laponie ni arbres fruitiers, ni chênes, ni hêtres, ni tilleuls; mais des sapins, des bouleaux, des peupliers, des genièvres et des saules. Tous les arbres sont couverts de mousses épaisses qui s'enflamment à la moindre étincelle. La terre elle-même en est tapissée, surtout dans les bois, à la hauteur d'un ou deux pieds; les forêts sont souvent brûlées; mais cela ne fait de tort à personne, et les incendiaires ne sont pas punis : il vient à la place des plantes incendiées une mousse fraiche, qui sert à la nourriture des rennes. Les bois de ce pays offrent presque un aussi grand nombre d'arbres à terre que sur pied; la plupart tombent au moindre vent. La forêt que les académiciens eurent à traverser pour arriver à la montagne de Niémi ne leur parut qu'un affreux amas de ruines et de débris; ils étaient obligés de se faire jour avec la hache.

Les Lapons n'ont aucune demeure fixe; leurs cabanes sont faites de branches d'arbres, de gazon et de mousses.

On a remarqué que les racines des saules, en s'étendant au loin et se divisant en ramifications nombreuses, donnent de la solidité aux bords des ruisseaux et des rivières, qui, sans cela, s'ébouleraient à chaque fonte de neige et à chaque crue d'eau.

Danemarck. On trouve sur la côte orientale du Jutland beaucoup de forêts de hêtres et de chênes, entremêlées dans les champs, les prairies et les lacs;

la partie opposée est moins riche en bois; on y brûle de la tourbe et des bruyères.

Ce qui annonce qu'une partie du Danemarck n'est pas abondamment pourvue de bois, c'est que dans les campagnes les maisons sont bâties en terre, et que la plus grande partie des chênes qui entrent dans la construction des vaisseaux viennent des États du roi de Prusse et du Holstein.

On regrette la richesse que la chasse fournissait avant la destruction des forêts; cependant c'est un bien triste produit en comparaison des riches revenus de l'agriculture.

Les tableaux statistiques, qui ne portent l'étendue des forêts du Danemarck qu'au vingtième de la surface totale du royaume, sont nécessairement inexacts, si l'on comprend sous le nom de forêts tous les espaces couverts de bois disséminés dans les pâturages.

Pologne. Le sol de la Pologne est une grande forêt entremêlée de cultures; les arbres les plus communs sont les pins, les sapins, les hêtres, les bouleaux et de petits chênes; quelques pâturages se trouvent çà et là disséminés dans ces bois, qui nourrissent d'excellents chevaux, et où l'on recueille du miel en abondance. On trouve au milieu des forêts des vestiges d'anciennes clôtures et même des rues pavées.

On ne voit dans les campagnes que des chaumières. Les villes sont bâties en bois, à l'exception des maisons des grands.

L'air est malsain en Pologne; c'est l'effet de l'immense étendue des forêts toutes marécageuses.

Le sol de la Lithuanie est presque entièrement couvert de bois; il y avait partout des forêts sacrées que Ladislas Jagellon fit abattre. Les chemins sont absolument négligés dans ces contrées. Ce ne sont presque que des sentiers tortueux tracés au hasard à travers les forêts. Ils sont souvent si étroits et tellement embarrassés d'arbres et de ronces, qu'à peine une voiture peut y passer.

Une des forêts de la Lithuanie (forêt de Blalowisk) a cinq cent deux milles carrés; les pins y attestent un âge de trois cents ans; les sapins de deux cents; les hêtres de deux cent vingt; les bouleaux de cent vingt; les érables de deux cent cinquante; les chênes de six cents; on y trouve des troncs de tilleul dont les cercles annoncent cinq cent quinze années : un pin de cent ans a 42 mètres de hauteur; un bouleau de cent vingt ans est haut de 30 à 35 mètres.

Quelques voyageurs ont remarqué que les forêts y sont sujettes à s'enflammer. Les paysans mettent le feu aux pins pendant qu'ils sont sur pied, et recueillent la térébenthine lorsqu'elle découle de la tige de l'arbre. On ne voit guère d'arbres de cette espèce qui ne portent les traces du feu; quelques-uns sont tout noirs et presque réduits en cendre; d'autres à demi brûlés, et d'autres, quoique entamés par le feu, ne laissent pas de continuer à végéter.

Les Lithuaniens ont une manière de labourer qui leur est commune avec les habitants de la Russie Blanche. Ils coupent dans l'été des rameaux d'arbres et des buissons; ils étendent ces bois à terre; l'été suivant, ils y mettent le feu; ils sèment sur la cendre, et recommencent tous les sept ou huit ans; un usage semblable se retrouve dans les Ardennes ; nous en parlerons plus loin.

La province de Wilna est beaucoup mieux cultivée qu'autrefois ; des marais y ont été défrichés et des forêts extirpées.

Hongrie. La Hongrie, quoique située à une latitude plus favorable que celle de la Pologne, lui ressemble par la grande quantité de ses forêts. Il y a beaucoup de pâturages, où se nourrissent une grande quantité de chevaux. On en exporte aussi beaucoup de bœufs.

Les forêts qui couvrent toutes les montagnes de ce royaume pourraient être de quelque utilité si l'on établissait des usines pour en consommer les produits, si l'on ouvrait des chemins et des canaux dans les parties qui en sont dépourvues ; les arbres pourrissent sur les montagnes, tandis que dans les plaines le combustible est très-cher. On pourrait même, avec un peu de soin, parvenir à livrer quelques bois à la marine ; mais on n'a pas encore trouvé de meilleur moyen d'utiliser le bois que de le brûler pour retirer ensuite de la potasse de ses cendres ; aussi les forêts des montagnes sont perdues pour l'État ; celles des parties basses qui se trouvent à la proximité des villes, des routes et des établissements, sont souvent dilapidées d'une manière horrible par la mauvaise organisation des coupes ; plusieurs établissements sont menacés d'une ruine totale par la destruction des bois qui les avoisinent ; les forêts de chênes qui s'étendent des montagnes aux plaines fournissent des glands à des milliers de porcs presque sauvages que l'on rencontre par bandes nombreuses, surtout dans la partie occidentale du pays. On en retire aussi une grande quantité de galles qui sont principalement employées dans la teinture.

Espagne. En Espagne, les forêts sont généralement livrées au pâturage et mal entretenues. Nous puiserons dans l'itinéraire de M. de Laborde pour donner le tableau des bois de cette contrée aujourd'hui si dégarnie d'arbres dans toutes ses provinces du centre.

Le père Gil, Espagnol, a publié un plan d'administration des forêts ; son ouvrage atteste qu'elles étaient délabrées il y a plus de trois cents ans, puisque Charles-Quint, dans une cédule de l'an 1518, gémit de voir l'Espagne manquer de bois à brûler et à bâtir. Philippe II fit, en 1582, quelques règlements en conséquence ; mais ces ordonnances allaient directement contre leur but ; le premier soin que l'on devait prendre, et celui auquel on songeait le moins, était de rendre les forêts productives, en procurant le débit de leurs produits.

Le défaut de communication des provinces entre elles, la difficulté extrême de transporter des arbres dans un pays où il n'y a point de chemins pour les voitures, rendent la valeur des forêts à peu près nulle, si l'on en excepte les produits qui se transportent aisément, comme la résine, l'écorce et le liége.

La plus grande partie des terres du royaume sont subdivisées, ou appartiennent à des communautés religieuses et à des communes. Une telle distribution empêche bien que l'on ne fasse des coupes extraordinaires ; mais elle favorise l'abandon et l'incurie qui entraînent la ruine des bois.

Les forêts des Asturies et de la Galice renferment

encore des bois de construction suffisants pour plusieurs flottes considérables. On voit dans les montagnes de ces provinces quelques sommets nus; mais les pentes sont couvertes de beaux chênes, de châtaigniers, de frênes, de noyers et de noisetiers dont on exporte, tous les ans, les fruits en Angleterre. Il y a en Espagne beaucoup d'arbres et d'arbustes odorants; les routes sont embaumées dans la saison des fleurs.

Les montagnes de la Biscaye et de la Navarre sont couvertes d'arbres, de bois taillis et de pâturages excellents. Beaucoup d'arbres et d'arbustes y viennent sans culture, tels que les chênes, les arbousiers, les groseilliers; d'autres sont le produit des soins industrieux des Biscayens, ce sont les rouvres blancs et les châtaigniers entés.

Les montagnes de l'Alava et du Guipuzcoa, autrefois garnies de bois épais, en sont presque entièrement dépourvues; ils ont été exploités pour les forges. On compte dans les trois cantons de la Biscaye douze martinets et cent soixante-onze forges : le tout peut fournir cent vingt-quatre mille quintaux de fer, ce qui fait à peu près la même production qu'une forge d'Angleterre. L'abandon dans lequel on laisse les forêts après leur exploitation tient à ce que l'on n'espère pas les exploiter encore une fois, et à la difficulté de faire de longs baux avec sécurité.

La Biscaye exporte du fer et des châtaignes. Les arbres les plus communs sont les chênes et les hêtres. Il y a aussi des chênes à glands doux, des frênes et quelques noyers. Les chênes s'émondent tous les huit ou dix ans; le bois sert à faire du charbon pour les forges.

La Catalogne est très-bien cultivée; une des principales attentions des Catalans se porte sur les plantations; ils multiplient les arbres et veillent à leur conservation avec beaucoup d'intelligence.

Cette province a des forêts de pins, de chênes verts et de liéges; elle fournit de liége presque toute l'Europe : on en évalue l'exportation à six millions de francs environ. Comme il ne faut que vingt ans pour qu'une plantation de chênes-liége soit en pleine production, on ne doit pas craindre d'en manquer.

La plaine de Valence est couverte d'arbres qui l'embellissent et l'enrichissent; il y a beaucoup d'avenues plantées d'aunes; les peupliers, les mûriers, les caroubiers, les orangers, les grenadiers, les limoniers, y forment des forêts. Les habitants d'une contrée de cette province s'appliquent à planter et à cultiver des palmiers qu'ils arrosent deux fois par semaine. La culture des oliviers produit, dans le royaume de Valence, plus de quatre millions de francs par an; les mûriers sont si nombreux, que la soie qui est produite chaque année rapporte près de dix-huit millions de francs. L'amandier produit aussi beaucoup.

Les montagnes portent beaucoup de chênes, de térébinthes, de lentisques, de genièvres et de pins à basse tige.

Dans les villages, on voit beaucoup de baraques construites avec des cannes et de la terre, et couvertes en paille.

Les montagnes de la Vieille-Castille, d'Arragon et de Léon sont couvertes de bois de chênes et de pins, mais les plaines sont généralement nues; les habitants s'imaginent que les arbres attirent les oiseaux destructeurs des récoltes : c'est la contrée où l'on néglige le plus les plantations et le soin des arbres; les environs des villages en sont même dépourvus; la disette du bois y est si grande, qu'on ne fait du feu qu'avec des herbes desséchées, de la paille et quelques arbustes. Il y a beaucoup de troupeaux et de pâturages. Ces provinces, balayées par des vents impétueux qui ne trouvent point d'obstacles, sont exposées à des sécheresses qui rendent leur sol très-aride.

La Nouvelle-Castille et la Manche forment un plateau entrecoupé de quelques montagnes boisées, dans lesquelles on trouve beaucoup de chênes verts et de romarins. On parcourt des plaines immenses sans rencontrer un seul arbre. Le terrain serait bon et fertile s'il n'était consumé par la sécheresse que produit un soleil brûlant dont rien ne tempère la chaleur. Quelques parties de cette province, où il y a des arbres, présentent la culture la plus brillante.

Les environs de Madrid, si l'on en excepte un bois de chênes qui se trouve à deux lieues au nord de cette ville, sont peut-être la partie de l'Europe la plus aride et la plus dépourvue d'arbres; on croit que les bois en ont été détruits par les Maures.

Le genêt, la fougère et le genièvre sont les seules plantes qui servent pour le chauffage.

L'Estramadure est la province d'Espagne la moins peuplée et la moins bien cultivée; le terrain, souvent en friche, y est presque entièrement dégarni de bois.

En parcourant de vastes pâturages où croissent quelques chênes, on trouve de distance en distance des puits et des mares qui servent à abreuver les troupeaux; on voit ailleurs des campagnes désertes couvertes de bruyères; de loin en loin se montrent des bois de chênes verts.

On attribue assez généralement la dépopulation de cette province à l'usage qu'on a de recevoir en hiver les troupeaux de moutons voyageurs de quelques provinces de l'Espagne, et d'envoyer les troupeaux de l'Estramadure voyager ailleurs en été. On évalue le nombre des bêtes à laine à quatre ou cinq millions, et celui des hommes qui sont employés à les soigner à quarante mille. On voit ces troupeaux, en été, dans les vallées de Léon, de la Vieille-Castille et d'Arragon; et, en hiver, dans l'Estramadure, la Manche et l'Andalousie. Il est permis aux bergers de couper des branches pour construire des huttes et pour faire du feu, ce qui dégrade tous les arbres qui avoisinent les routes où passent les troupeaux. Ces chemins ont quarante toises de largeur.

Les propriétaires de l'Estramadure trouvent plus commode d'affermer leurs pâturages que de bâtir des fermes et de faire défricher des terres; cette province est presque entièrement privée de culture. Les bois sont soumis au parcours comme les pâtures.

Les châtaigniers, qui sont assez nombreux, fournissent une partie de la subsistance des habitants des campagnes.

Autour de quelques monastères, les montagnes et les vallées sont couvertes d'arbres, mais ce sont des oasis dans le désert.

La Véga de Grenade est la plaine la plus belle et la plus riche de l'Andalousie; les chênes y sont de la plus grande beauté, et y forment, avec les orangers et les citronniers, des massifs souvent impénétrables aux rayons du soleil. Mais beaucoup d'autres plaines n'ont que des champs et des pâturages sans arbres. Le chemin de Cordoue à Séville parcourt un désert entrecoupé de bosquets de cistes et de lentisques. Les montagnes sont revêtues de forêts de chênes à liége immenses et impénétrables.

Dans le royaume de Murcie, on fait quelquefois plusieurs lieues sans apercevoir d'arbres. On rencontre ailleurs des chênes, de petits bois de caroubiers et d'oliviers, et surtout des mûriers. Le produit de la soie s'élève par an à plusieurs millions de francs. La ville d'Elcha est bâtie au milieu d'une forêt de palmiers.

Les montagnes de la Sierra-Morena sont couvertes de buissons touffus d'arbousiers, de pistachiers et surtout de nombreuses espéces de cistes ; on rencontre çà et là des bosquets de pins d'une assez belle venue, que l'indifférence des Espagnols abandonne à une prochaine destruction.

Les arbres sont aussi rares dans les provinces de l'intérieur de l'Espagne qu'ils sont abondants dans la Biscaye, la Catalogne, les Asturies et le royaume de Valence, où les arbres sont bien soignés parce qu'ils rapportent beaucoup.

Quoique les froids soient souvent très-vifs et les nuits très-fraiches en Espagne, on se chauffe très-peu et très-mal. On supplée aux cheminées par des brasiers portatifs dans lesquels on met du charbon avec quelques graines odoriférantes ; il serait, en effet, impossible de transporter du bois à de grandes distances dans un pays où il n'y a point de chemins pour les voitures ; le charbon peut seul supporter les frais du voyage.

On ne connait point les échalas en Espagne; les ceps de vigne forment des souches basses, très-grosses et très-fortes. On est dispensé de conserver des bois taillis pour fournir des appuis à la vigne.

Le triste état des forêts a été l'objet de la sollicitude d'une société économique établie à Madrid, qui, dans uu excellent mémoire traduit par M. de Laborde, indiquait les moyens de perfectionner l'agriculture et de restaurer les forêts. Le premier de ces moyens consiste à affranchir les propriétaires de ce pâturage exploité sur le sol du royaume au profit de l'association à laquelle appartiennent les troupeaux transhumants.

Il est vrai, dit la société, qu'il ne faudrait pas se borner à rendre à la propriété le droit de faire des enclos, mais qu'il est indispensable d'abroger les ordonnances des forêts et les édits municipaux de plusieurs communes, et d'ôter toute entrave au libre exercice de la propriété.

Ces ordonnances ont arrêté l'essor que des propriétaires intelligents auraient pu prendre pour améliorer les bois. « Obligés de soumettre leurs arbres à l'em-
» preinte d'un esclavage qui les livre à la disposition
» d'un étranger, à solliciter et à payer un permis s'ils
» veulent en couper un, à les tailler et à les émonder
» dans un temps prescrit, et en s'assujettissant à des
» règles déterminées, à vendre malgré eux et sans
» excéder la taxe, à souffrir les reconnaissances et les
» visites officielles, à donner des renseignements sur
» l'état et le nombre de leurs plants, comment veut-
» on que ces propriétaires leur consacrent leurs soins?
» Par quel bouleversement d'idées a-t-on pu substi-
» tuer à l'intérêt personnel la crainte des châtiments?

« Faites, au contraire, que les propriétaires tirent de
» leurs forêts des avantages exclusifs. »

Les résultats d'un régime aussi absurde sont que le
bois à brûler et à bâtir est devenu très-rare (excepté
dans les montagnes) depuis les Pyrénées jusqu'au cap
Finistère d'un côté, et au cap Creus d'un autre côté.

La Société avait observé que les arrosements sont
nécessaires pour la prospérité des plantes, parce que
la plupart des terres ne produisent, sans ce secours,
qu'un maigre pâturage. Si l'on excepte les provinces
septentrionales situées aux pieds des Pyrénées, et les
vallées qui dérivent de ces montagnes, et qui s'étendent dans l'intérieur de l'Espagne, à peine trouverait-
on une contrée où, à l'aide d'irrigations bien entendues, on ne pût tripler les fruits de la terre, et faire
croître de beaux arbres.

Portugal. L'auteur de la statistique du Portugal,
à qui nous allons emprunter quelques descriptions,
pense que l'état de misère de ce royaume, dont les
deux tiers sont en friche, tient à ce qu'il achète les
produits de l'industrie des étrangers, et qu'il néglige
son agriculture et ses manufactures. S'il avait des
forges et des verreries dont les travaux fussent encou-
ragés par d'assez grands bénéfices, les forêts mérite-
raient la peine d'être bien conservées et bien exploitées ; mais loin de là, le Danemarck et Dantzick
envoient au Portugal des bois de construction, et le
sol de ce dernier pays est couvert de forêts réduites
en broussailles.

La forêt de Leiria fut plantée, dit-on, à la fin du
XIIIe siècle ; elle consiste surtout en pins maritimes.
Depuis qu'elle existe, on n'a rien fait pour sa conser-

vation, et elle sera bientôt épuisée, à moins que l'on ne s'occupe de la régénérer. Le bolet vivace y cause de grands ravages ; il s'attache surtout aux insertions des branches et des bourgeons, et il occasionne, lorsque ses racines pénètrent à travers l'écorce, un écoulement de séve qui détruit l'arbre.

Il y a beaucoup de chênes-liége disséminés dans des bruyères sans bornes. Des chemins difficiles traversent d'épaisses forêts où la vigne sauvage rampe le long des arbres. On exporte du liége, mais on n'extrait point de goudron dans les forêts de pins.

On ne voit en Portugal ni sapins ni hêtres ; sur les sommités les plus élevées, croissent, dans les endroits arrosés, des forêts de bouleaux et des cormiers sur les rochers ; en descendant vers le nord, on trouve des forêts de chênes où les arbres sont assez clair-semés : ensuite paraît la région des châtaigniers, les véritables forêts du pays, dont les arbres rapprochés se touchent par leur feuillage.

La campagne des environs de Lisbonne offre de tous côtés des forêts de citronniers et d'orangers entrecoupées de vignes et de plantations d'oliviers. Les mûriers croissent avec force dans cet heureux sol. Les chemins sont bordés de haies de grenadiers, de romarins, de jasmins, d'aloès, de lauriers et de myrtes. Les chênes sont couronnés de lierres ; une mousse épaisse et verdoyante couvre le tronc des arbres ; les ruisseaux sont cachés sous les broussailles.

La chaleur moyenne du Portugal est de 20 à 23 degrés, mais le froid est quelquefois très-rigoureux à Lisbonne ; cependant on ne construit de cheminées que dans les cuisines ; l'usage des brasiers est même assez rare ; on se sert de manteaux pour se préserver de l'influence d'un refroidissement subit de l'atmosphère.

Les oliviers sauvages ou greffés occupent au moins le tiers de la surface de l'île de Majorque ; on en exporte beaucoup d'huile. Les montagnes sont garnies de chênes verts d'une grosseur étonnante et de sapins qui servent aux constructions navales. Il y a de beaux bois d'orangers ; les feuilles de l'amandier nourrissent les bestiaux ; les figues entrent pour beaucoup dans la nourriture des habitants peu aisés.

Il n'y a point de chemins roulants à Majorque pour voiturer le bois : on ne se chauffe qu'avec du charbon.

Le mont Sainte-Agathe, dans l'île Minorque, domine de hautes montagnes autrefois couvertes de plantes et d'arbres ; le temps, les pluies et la culture les ont entraînés, et n'ont plus laissé que des rochers pelés.

Les terres de l'île d'Iviça sont en friche, mais les oliviers donnent leurs fruits sans aucun travail de la part des habitants.

L'île de Madère, découverte en 1420 par les Portugais, était alors hérissée de bois ; on dit qu'ils y mirent le feu, et que les cendres rendirent la terre si fertile, qu'elle produisit soixante pour un. Le feu dura plusieurs années. Les parties hautes sont cependant couvertes de forêts, soit qu'elles se soient reproduites, soit qu'elles n'aient pas été incendiées.

Le bois est ce qui manque le plus dans les îles Canaries ; les arbres fruitiers y portent deux fois l'année.

On lit, dans les mémoires de l'Institut de France, qu'au nord de l'île de Ténériffe il y a des montagnes où l'on va journellement couper du bois. Il paraît qu'il n'y a point d'ordre dans l'exploitation, et qu'il arrive de fréquents incendies occasionnés par les charbonniers; on ajoute qu'il est à craindre que, dans trente ans, l'île ne possède plus de bois.

Il est certain que si les forêts étaient dans ce pays des propriétés privées, et qu'elles donnassent un certain produit, la crainte de les voir se détruire serait chimérique.

Les tonneaux et tous les ustensiles sont faits de bois de pins; ces arbres sont si gros, que l'on assure communément qu'un seul peut suffire pour la charpente d'un grand bâtiment, ce qui est, sans doute, une exagération. L'arbre connu sous le nom de *dragonnier de Ténériffe* a quarante-cinq pieds de circonférence, et les habitants croient qu'il a un millier d'années.

Le sol des collines de Ténériffe n'a point de consistance; il faut en attribuer la décomposition à l'action perpétuelle du soleil, qui en calcine la surface, et aux pluies qui en entraînent des parties détachées.

Italie. Les revers des Apennins sont hérissés de bois depuis la côte de Gênes jusqu'à l'extrémité méridionale du royaume de Naples. Les hêtres forment une zone presque horizontale d'un mille de largeur au plus, sur toute la longueur de la chaîne. Les Liguriens, dit Strabon, ont l'avantage de la mer pour les transports, et celui des grandes forêts, où ils trouvent des bois de construction pour leurs navires.

Il n'y a plus de forêts dans le voisinage de la ville de Gênes. Les montagnes sont couvertes de châtaigniers; les fruits de cet arbre font, pendant presque toute l'année, l'aliment principal des habitants du haut Piémont, de la Savoie, du comté de Nice et des états de Parme.

Dans le Montferrat, on cultive le roseau, qui sert d'échalas pour la vigne. La culture des oliviers y est moins florissante qu'autrefois; on coupe ces arbres au pied pour les rajeunir.

Dans les environs de Modène et de Reggio, les arbres qui soutiennent la vigne ressemblent à une forêt.

On n'a besoin que de très-peu de bois en Lombardie : on bâtit en pierre, le chauffage ne demande presque rien, les bois taillis et les mûriers que l'on coupe suffisent aux besoins de la cuisine. Dans les campagnes, les métayers et leurs familles se retirent dans les écuries entre deux rangées de bœufs et de vaches, pour se garantir du froid.

Il y a un bois de pins et cinq ou six autres forêts dans le Milanais. Ronconi, auteur d'un dictionnaire d'agriculture, se plaint de ce qu'en détruisant les forêts on y substitue des cultures qui seront peut-être promptement improductives. Cependant l'usage d'enclore chaque pièce de champ ou de pré d'un fossé plein d'eau et d'une haie vive entremêlée de grands arbres, tels que des mûriers, des ormes, des peupliers, est devenu général dans toute la plaine de Lombardie : cette méthode de cultiver assainit les terres, les met à l'abri des sécheresses, et fait que chacun trouve autour de son héritage les bois dont il a besoin. Les saules et les peupliers sont mis en coupes réglées.

Il n'y a rien de si remarquable dans le Véronèse que l'aridité apparente du pays et le nombre des mûriers qui y croissent.

A Venise, dans les maisons les plus considérables, à peine voit-on une ou deux cheminées ; on se sert de chaufferettes ou brasiers. Dans un pays où l'on consomme très-peu de bois pour le chauffage, peu ou même point du tout pour les usines, il ne faut guère que des arbres de construction : il y en a de beaux dans les montagnes du Frioul.

Dans toute l'Italie, les habitants des campagnes ont beaucoup de droits d'usage et de pâturage dans les bois. Les revenus de la propriété forestière sont trop peu importants pour que l'on ait imaginé de recourir au cantonnement tel que nous le connaissons en France.

La république romaine s'était réservé les grandes forêts de l'Italie ; des préposés publics en percevaient les revenus, qui ne consistaient guère que dans le pâturage, les glands, les fruits sauvages et la chasse. Les personnages riches qui possédaient des bois et des pâturages y mettaient leurs bestiaux ; et, s'ils n'avaient pas de troupeaux, ils louaient leurs domaines à quiconque avait besoin de pâturages. L'hiver, on menait les troupeaux dans une province, et, l'été, dans une autre. Les bergers portaient avec eux des claies et des filets propres à faire des parcs au milieu des bois.

Un bois taillis rapportait beaucoup plus qu'une futaie. Ceux qui ne pouvaient vendre ni leurs arbres ni leurs branches, et qui n'avaient dans leur voisinage aucune pierre à chaux, faisaient du charbon, et réduisaient le menu bois en cendres qui servaient d'engrais. On lit dans l'ouvrage de Palladius un passage qui prouve que non-seulement les branches et les arbrisseaux, mais les arbres mêmes, étaient réduits en cendres pour fournir de l'engrais aux terres.

Cet usage s'est perpétué. Cresienzio, qui vivait dans le XIIIe siècle, nous apprend que, dans les forêts des Alpes, on dépouillait les arbres de toutes leurs petites branches, qu'on les faisait sécher pour les brûler ensuite, et que l'on enterrait les cendres par un labour.

Il faut que l'agriculture ait étrangement décliné depuis le temps de Varron à celui de Columelle, puisque les terres à blé ne rapportaient plus, en général, que la moitié de ce qu'elles rendaient précédemment.

Les terres à grains étaient communément plantées en oliviers; on y mettait aussi des ormes, des figuiers et de la vigne; les arbres étaient espacés de quarante à soixante pieds.

On peut voir dans Varron et dans Columelle la distribution d'une ferme; on destinait chaque partie du sol à l'espèce de production qui lui convenait le mieux : une forêt occupait-elle un emplacement propre à une vigne, on la détruisait, et on plantait un bois ailleurs. Le coudrier, le frêne, les chênes, les châtaigniers, étaient cultivés. Le châtaignier se greffait, dit-on, sur le hêtre.

Caton veut qu'avant d'acheter un fonds de terre on voie s'il y a des vignes, un jardin arrosé, une saussaie, un plant d'oliviers, une prairie, des champs, des bois de charpente, un verger, et un bois de haute futaie pour le pâturage. Il enseigne ce qu'il faut faire suivant les rits du paganisme avant d'élaguer un bois consacré aux dieux.

L'Italie avait partout des forêts sous lesquelles les

troupeaux paissaient. Les empereurs, qui voulaient que la nourriture du peuple fût à bas prix, faisaient venir du blé d'Égypte, de Sicile, d'Afrique, d'Espagne, etc., pour le distribuer à bon marché, ce qui fit tomber la culture du blé en Italie. On y renonça pour se livrer à celle de la vigne, des oliviers, du jardinage et des prairies. Les prés, les pacages, les bois taillis, rapportaient cent sesterces par *jugerum* (de trente-quatre ares), ce qui revient à 18 fr. de notre monnaie.

Aujourd'hui, comme sous les empereurs, le principal produit des forêts des environs de Rome est le pacage.

Du temps de Pline, les collines voisines de Rome étaient couvertes de bois; maintenant encore, il y a des espèces de forêts appelées *macchies*, entourées de haies de bois sec. Ces macchies présentent l'image du désordre : ce sont des arbres, des arbrisseaux, des buissons coupés, taillés, brisés à toutes les hauteurs; la hache du charbonnier y est toujours en guerre avec la nature la plus féconde. Rien de plus affreux que cette vaste étendue de broussailles et de beaux arbres mutilés sur un sol infect et marécageux.

Les montagnes sont dégarnies de bois; les plaines, jadis cultivées, en sont couvertes aujourd'hui. Le sol de la maison de campagne de Pline, dont il nous a laissé une si belle description, est, avec tous ses alentours, garni d'arbres et de buissons; c'est la forêt d'Ostie, qui fournit du bois à la ville de Rome.

Les lieux occupés autrefois par les palais et les bains d'Adrien, par les maisons de plaisance des grands, n'offrent plus que des bruyères mélangées de chênes verts, d'arbres à liége, de genêts et de genièvres.

Les montagnes des environs de Viterbe sont couvertes de grands arbres entre lesquels on trouve des chênes verts d'une grosseur extraordinaire. Le défaut de culture est, dans ces contrées, une des causes des fièvres putrides qui durent jusqu'à la saison des pluies. On est encore aujourd'hui dans l'usage de brûler le chaume dans les champs, au risque d'incendier les forêts. La paille, qui est très-forte, est employée dans quelques provinces pour le chauffage, au lieu de bois. Cet usage existait du temps de Pline dans la Campanie.

Dans les environs de Rome, on brûle du charbon chez les familles riches; les pauvres, vivant de pain, de salade, de viandes salées, sont presque toute l'année sans feu plutôt par nécessité que faute de besoin.

Au delà des marais de *Lauro* commencent les forêts de Borghèse, où l'on fait, tous les neuf ans, des coupes réglées. Ces bois, taillés sur pied, repoussent avec une vigueur inconnue dans nos climats du nord. Le chêne vert, le liége, le figuier, le laurier, l'olivier, entremêlés de pommiers et de poiriers, de rosiers, de myrtes, entourés de vignes et de chèvrefeuilles, forment des massifs magnifiques, mais à peu près inutiles, faute de moyens de transport.

Près de Baies est le marais de Licosa (le lac d'Averne, où les anciens avaient placé l'entrée des enfers); les rochers qui environnent ce lac étaient couverts d'un bois impénétrable, qu'Agrippa fit détrure; il fit écouler les eaux au moyen d'un canal. Les anciens Romains avaient beaucoup de forêts sacrées; la plupart de leurs temples en étaient entourés.

Toscane. L'aspect général de la Toscane présente des vignes en contr'espaliers autour de chaque champ, et des peupliers qui leur prêtent l'appui de leurs troncs, des mûriers plantés en ligne au milieu des campagnes, des érables, des ormeaux, des arbres fruitiers, et surtout des pommiers et des poiriers servant à soutenir la vigne. La plupart des coteaux sont ombragés d'oliviers ; la culture de ces arbres donne du prix aux plus mauvais terrains, mais on les émonde trop souvent pour le chauffage. Le figuier croît presque partout spontanément, et s'élève très-haut.

La plupart des montagnards sont propriétaires de leurs forêts ; tous les produits leur appartiennent, et ils ne paient de rente à personne. Autour de leurs villages, ils ont défriché le terrain suivant le système des collines (en élevant des terrasses), et ils ont substitué aux châtaigniers la vigne, l'olivier et le mûrier, autour desquels ils sèment tour à tour du blé et des haricots.

Tandis que les meilleures expositions paraissent trop bonnes pour les châtaigniers, et que ces arbres sont arrachés, on néglige souvent de les remplacer, et des forêts d'arbres d'espèce inférieure croissent à leur place : malgré les encouragements donnés à ceux qui plantent des châtaigniers, il s'en faut de beaucoup que ces arbres occupent toutes les hauteurs où ils réussiraient bien ; en général, ils deviennent moins nombreux, tandis que la culture des plantes annuelles et les plantations d'arbres autour des habitations augmentent sans encouragement, ce qui est plus favorable aux progrès de la population et de l'industrie que la culture des châtaigniers.

Dans les montagnes, à une certaine distance des villages, ces derniers arbres forment des forêts qui couvrent les hauteurs et s'étendent à des distances indéfinies. Ces montagnes sont peu fréquentées, et le bois y est sans utilité; car les chemins de communication sont impraticables à toute espèce de voiture.

Les châtaigniers forment la nourriture et le revenu des habitants dans une partie des Apennins; ces arbres sont entretenus par l'industrie; toutes les fois que le terrain est entraîné par les eaux, on élève une petite muraille sèche pour le soutenir; aussitôt que quelque vieux châtaignier a péri, ou qu'il se présente quelque place vague dans laquelle on peut en planter un nouveau, on commence par former une terrasse soutenue par des gazons, pour que le jeune arbre ne soit pas déraciné par la violence des pluies : on ne sème ni on ne laboure jamais le sol au-dessous des châtaigniers; il se couvre d'un gazon qui le soutient en même temps qu'il donne du fourrage.

La Toscane étant divisée en petites fermes entièrement isolées, cette distribution est favorable à la culture et aux plantations; c'est à peu près la même culture qui était pratiquée sous les Romains; toutes les terres étant en masses, il est facile de les entremêler de bois, de haies, de bosquets, qui fournissent au chauffage des propriétaires et des fermiers.

On assure qu'à la mort de Côme Ier, les trois quarts de la Toscane étaient encore couverts de bois, et qu'aujourd'hui il y en a plus des deux tiers de cultivés.

Le pin silvestre forme dans le centre des Apennins des forêts magnifiques dont on ne tire aucun parti, faute de routes. Dans une région inférieure, les montagnes sont couvertes de forêts de chênes de différentes espèces; le rouvre, l'yeuse, le liége et le frêne s'y mêlent au chêne ordinaire.

Dans les environs de Florence, le sol est maigre et montueux; les bois y sont rabougris. Les pluies d'Italie sont si violentes, qu'elles entraînent la terre qui couvre les montagnes. Les lits des rivières, quoique contenus entre des digues fort élevées, ne peuvent arrêter des inondations qui rendent stériles et marécageuses des plaines que la richesse de leur sol semblait destiner à la plus grande fertilité.

Le bois n'est rare à Florence que par les difficultés des frais de transport; les habitants n'ont aucune provision de chauffage, et souffrent beaucoup dans les hivers rigoureux; la plupart n'ont point de cheminées, et ne se chauffent qu'à l'aide d'un pot de terre appelé *focone*, dans lequel il y a un peu de charbon et des cendres.

Les forêts de l'Apennin de Pistoie, qui, dans l'antiquité et dans le moyen âge, étaient les plus belles de l'Italie, sont maintenant détruites; on n'en voit d'autres vestiges que quelques arbrisseaux épars et de misérables troncs.

Les forêts de l'Apennin ne produisent que du pâturage et de la faîne, qui sert à engraisser les porcs; les feuilles du hêtre servent de litière pour les écuries; le bois est sans emploi. Le fer et le feu ont été employés à défricher une partie de ces forêts; les pluies ont balayé la terre et mis à nu les rochers; et la Maremme, cette plaine autrefois si fertile, n'est plus maintenant qu'un marais.

Royaume de Naples. Dans le royaume de Naples, on met plus d'attention à conserver les bois que dans les autres parties de l'Italie; on les renouvelle même quand il en est besoin.

On voit sur la côte de Naples des montagnes et des îles autrefois célèbres par leur fertilité, qui ne sont plus que des déserts stériles, des montagnes abaissées, des plaines devenues des collines, des lacs desséchés par les volcans, et des volcans éteints qui ont formé des lacs.

Dans le golfe de Naples, les figuiers, les peupliers, les oliviers et quelques autres arbres clair-semés dans les champs, présentent l'aspect d'une forêt peu épaisse; leurs tiges servent à soutenir les vignes; sous le feuillage de ces arbres croissent les moissons et les légumes; et, suivant la remarque de Spallanzani, ces plantes seraient bientôt dévorées par les feux d'un soleil trop ardent, sans ce dôme de verdure qui les tient à l'ombre.

Non loin du lac d'Agnano, est Astruno, cratère plein d'arbres grands et majestueux. Ce parc des rois de Naples est le seul lieu de l'Italie qui rappelle nos forêts du nord.

La portion de la Calabre connue autrefois sous le nom de Grande-Grèce était regardée comme une des contrées les plus fertiles de l'Italie. Ses collines et ses belles montagnes, couvertes jusqu'au sommet d'arbres et d'arbrisseaux, paraissent être à peu près dans le même état que quelques-uns des déserts de l'Amérique que l'on commence à défricher; les petites clairières où les bois ont été coupés pour y introduire quelque culture font connaître la fertilité du sol; mais il est à peu près dans l'état où le laissèrent les nations barbares : car, après l'invasion de ces peuples, la Grande-Grèce, qui était parvenue au dernier degré de la culture et de la civilisation, redevint un désert rempli de buissons et de forêts, qui recèlent sans doute plusieurs monuments de l'ancienne illustration de cette contrée.

Les montagnes de la Calabre sont garnies de forêts de châtaigniers, de sapins, de bouleaux, de tamaris; mais à peine sont-elles percées de chemins horriblement mauvais. Les côtés des montagnes qui portent le nom de *Sila* sont couverts de pins qui fournissent de la térébenthine, de la poix, de la résine; on fait réparer les dégradations des ravins qui sillonnent la côte, de sorte que les rivières qui descendent de ces montagnes n'entraînent ni terres ni pierres. Les plantes du sommet de ces montagnes sont en état de culture réglée, ce qui annonce que les flancs des montagnes seraient cultivés si leur pente escarpée n'y mettait obstacle. C'est dans ces forêts qu'on voit à la fois une force de végétation inconnue dans nos climats, la plus grande pompe et les plus belles horreurs de la nature.

Les oliviers sont une des richesses de la Calabre. On plante beaucoup de frênes pour en retirer la manne. On cultive aussi le chèvrefeuille (*hedysarum foliis pinnatis leguminibus*); aussitôt que les blés sont coupés, on sème les graines de cet arbuste sur les chaumes, qui, étant brûlés, forment un engrais excellent : la plante paraît en novembre; elle entre en fleur en mai ou en juin; on la coupe dans ce dernier mois; c'est une excellente espèce de fourrage; mais cette culture ne réussit pas dans le nord de la Calabre.

Spallanzani a remarqué que la décomposition de la roche produite par l'insertion des racines contribue à fertiliser un pays naturellement stérile, en formant une terre végétale du mélange de ces racines et des débris des rochers.

Les hivers sont si doux à Naples, qu'on y brûle très-peu de bois de chauffage; on ne construit des cheminées que dans les grandes maisons, et depuis peu de temps. Les mines de fer et d'argent ne sont pas exploitées.

En général, le climat du royaume de Naples est différent de celui du reste de toute l'Europe. Sur les coteaux on voit des orangers, des citronniers, des myrtes, des lauriers, des figuiers d'Inde, des genêts odorants, des mûriers, des oliviers, des cyprès, des platanes, des chênes verts, des liéges, etc., et quelques palmiers dispersés çà et là, mais qui ne portent point de fruits. Les vignes sont entrelacées dans les arbres. L'ardeur du soleil grillerait bientôt les feuilles de nos arbres ordinaires, et leur ferait perdre ce vert tendre, si agréable à la vue, qui se soutient pendant six mois avec plus ou moins d'éclat; mais on ne voit guère dans les plaines de Naples que des chênes verts et d'autres arbres aux feuilles d'un vert noir et foncé. Le chêne ordinaire, le hêtre, le châtaignier, se trouvent sur les montagnes ou dans les marais.

Sicile. Il y a en Sicile beaucoup de forêts de frênes qui produisent la manne; ces arbres y viennent spontanément; les habitants font un grand commerce d'amandes, de suc de réglisse, de caroubes, de noisettes, d'oranges, de citrons; les mûriers y sont très-nombreux.

L'inépuisable forêt qui couvre les montagnes de l'Etna fournit du bois à brûler pour tout le voisinage;

elle s'étend sur un espace de huit à neuf milles en hauteur, et forme tout autour de la montagne une zone ou ceinture entrecoupée de collines. La base de l'Etna a plus de soixante lieues de circonférence; la forêt, qui croît en entier sur des terres formées de débris volcaniques, était déjà célèbre du temps des rois de Syracuse; elle est arrosée de ruisseaux et tapissée de verdure; on y voit paître de nombreux troupeaux de vaches et de chèvres; l'inégalité du terrain présente à chaque pas des scènes diverses, des groupes d'arbres, des éclaircies, des dômes de verdure et de fleurs. On y trouve beaucoup d'arbres renversés par les éruptions du volcan. Les sapins, les hêtres, les pins, les chênes verts et les coudriers y dominent; ces arbres sont entremêlés de clairières; dans ces hautes futaies qui se repeuplent d'elles-mêmes sans aucune espèce de soins, la force de la végétation lutte avec succès contre les ravages des troupeaux.

Dans aucune partie de la Sicile il n'y a de chemins entretenus; tout s'y transporte à dos de mulet, de la manière la plus pénible; c'est ce qui rend à peu près inutiles les richesses que la nature a répandues avec profusion dans les montagnes.

Il y a près de Messine une mine de charbon de terre qui n'est point exploitée, parce que le charbon de bois coûte moins cher. Les mines de métaux sont abandonnées. Le bois est tellement rare dans certains districts, que l'on trouve des gens qui entreprennent de détacher l'amande de sa capsule pour cette capsule seulement.

Tous les voyageurs qui ont visité la forêt de l'Etna ont parlé du châtaignier si célèbre, connu sous le nom de *castagno di centi cavalli*, le plus gros des arbres de cette forêt, et peut-être de l'Europe. Sa circonférence, qui a été mesurée par MM. Denon, Brydone, Spallanzani et Simonds, est environ de cent quatre-vingts pieds. Comme il a crû dans un sol volcanique, nécessairement très-fertile, il est possible que ce géant des arbres d'Europe n'ait pas plus de cinq à six cents ans.

Suisse. Dans le moyen âge, la Suisse n'était couverte que de forêts, de marécages, de plantes aquatiques, de bruyères, d'arbustes et de pâturages; l'agriculture et l'horticulture y étaient presque entièrement ignorées; la chasse, la pêche et le produit des troupeaux étaient la seule ressource des habitants; le climat n'a été adouci que par le défrichement des forêts et le desséchement des marais.

Les voyageurs qui ont visité les Alpes les ont divisées en plusieurs régions distinctes; les vallées, d'où la végétation forestière est bannie par les défrichements, les pâturages, dans la moyenne région; au-dessus, d'immenses forêts de mélèses, de pins, de sapins, etc.; plus haut, des arbres rabougris et des bruyères; la mousse termine ensuite le règne végétal. Au sommet on n'aperçoit plus que des rochers, des neiges et des glaces. Le terme moyen de la hauteur à laquelle cesse la végétation à cette latitude paraît être de deux mille deux cents à deux mille quatre cents mètres au-dessus du niveau de la mer.

Le sapin et le mélèse sont les bois que l'on emploie dans les bâtiments des montagnes, et dont on use pour le chauffage. En quelques endroits, ils croissent sur un roc où il ne reste aucun vestige de terre végétale. Ils sortent des fentes des rochers, et les remplissent exactement ; leurs racines couvertes de mousses croissent sur le roc et s'y attachent par leur chevelu ; quelquefois elles embrassent le roc et en suivent les contours jusqu'au sol, où elles s'enfoncent, de manière que la tige est appuyée solidement contre la violence des vents.

Les noyers sont d'une grande ressource dans les vallées où on les cultive ; leur bois, converti en planches, descend par le Rhin jusqu'en Hollande, où on en fait de belles boiseries. Les tilleuls croissent dans les pentes inférieures des montagnes. Tout le monde a entendu parler du tilleul de Schaffhouse, dont les branches, s'étendant horizontalement et reprenant ensuite une direction verticale, forment une salle spacieuse.

Les forêts ne sont pas réparties également dans la chaîne des Alpes. Il faut souvent apporter du bois de très-loin pour faire cuire les fromages. On occupe pendant quatre mois de l'année au monastère du grand Saint-Bernard une trentaine de chevaux au transport des bois nécessaires au chauffage, que l'on va prendre à six lieues de là.

Il y a, dans les environs de Berne, beaucoup de forêts de sapins mélangés de hêtres et de quelques chênes. Quelques massifs d'épicias sont exploités à blanc par bandes, d'autres sont jardinés.

Des forêts mélangées d'épicias, de hêtres et de chênes s'exploitent à blanc avec une réserve d'environ deux cents baliveaux par hectare ; dans d'autres, la réserve n'est que d'une cinquantaine de baliveaux.

Dans les coupes exploitées de cette dernière manière, il repousse beaucoup de bois blancs, tels que marseaux, trembles, etc., et des jets de hêtre qui étouffent les jeunes plants d'épicias. Le maraudage enlève le bois blanc, et il ne reste guère qu'une forêt de hêtres. En général, les forêts sont fortement éclaircies ; on remarque beaucoup de coteaux déboisés.

M. Kasthofer a fait dans le canton de Berne de belles plantations de mélèses. Cet arbre croît très-bien dans les débris des rochers calcaires.

Les hêtres occupent surtout les hauteurs méridionales du canton de Vaud, et les sapins, le nord des vallons ; ces bois forment des massifs si épais, que le sol y est toujours humide et bourbeux dans les saisons les plus sèches de l'année.

On voit dans le Val-Travers de belles forêts d'épicias dans des sols où il n'y a que trois pouces de terre végétale reposant sur un roc plat imperméable aux racines.

D'autres forêts mélangées de sapins et de hêtres paraissent irrégulièrement exploitées ; le hêtre chassera le sapin si l'on continue de traiter ces forêts comme des taillis. Sur quelques coteaux, on a eu l'imprudence de faire des défrichements ; les terres descendent, et il faut aujourd'hui les retenir par des espèces de terrasses.

Dans ces montagnes, s'il y a une petite éminence que des pierres rendent inaccessible au bétail, elle se couvre de sapins.

Le sol du haut Jura se partage entre les pâturages et les sapins ; ceux-ci ne tardent pas à envahir tous les espaces libres, lorsque le pâturage ne les détruit pas.

Dans plusieurs districts, on voit très-peu de bois.

Par exemple, depuis Morat à Avanches, à Payerne et jusqu'à Moudon, la campagne est bien peuplée et bien cultivée ; cependant le bois n'y est pas plus cher qu'ailleurs, parce qu'on bâtit en pierre, et que l'on plante des arbres de différentes espèces dans les haies vives, des mélèses dans les terrains arides, des peupliers dans les lieux humides ; on a aussi naturalisé des arbres étrangers ; et il y a dans ce pays une prodigieuse quantité d'arbres fruitiers.

Sur le penchant de quelques montagnes de l'Oberland, le sol est si fertile, que le fusain, suivant M. Kasthofer, acquiert quelquefois un pied de diamètre, et que l'on a vu des coudriers de six pieds de circonférence.

Le Valais présente partout des montagnes, des rochers, des forêts et des pâturages.

Les montagnes du Val-Ursère sont nues, arides, et ne produisent aucune espèce de bois ; les habitants se chauffent avec une espèce de bruyère.

Souvent les montagnes éboulent avec leurs forêts ; il y a beaucoup de petits bois auxquels il est défendu de toucher, comme devant servir de boulevards contre les avalanches, les éboulements de terres, la chute des rochers ; plus d'une fois, au fond des vallons, en creusant à de grandes profondeurs, on a retrouvé des vestiges de forêts anciennement ensevelies par de grands accidents ; les rivières charrient beaucoup d'arbres dans les lacs.

L'exploitation des forêts ne se fait ordinairement que durant l'hiver ; les ravins, les fondrières, les inégalités du terrain, sont alors comblés d'une neige durcie, sur laquelle on traîne les arbres vers le penchant des montagnes, d'où ils descendent rapidement au fond des vallées. Souvent, tant par l'abondance ou l'inutilité des bois que par la difficulté de les extraire, on les abat, on enlève l'écorce, et on les abandonne pour toujours.

Voici les causes auxquelles l'auteur d'un ouvrage estimé attribue la cherté des bois qui se fait sentir dans plusieurs parties de la Suisse.

1° On construit en bois les maisons, granges, hangars, toits, chemins et digues; 2° on fait des coupes prématurées, et on laisse des troncs qui tirent le meilleur suc de la terre; 3° les bêtes à cornes et le menu bétail broutent les jeunes plants sans obstacle, et y font de grands ravages; 4° on laisse pourrir une grande quantité de bois sur le sol. On pourrait ajouter que les pâtres détruisent beaucoup de forêts par le feu.

Nous pensons que la cause principale de la dépopulation des forêts est dans la difficulté des moyens de transport; que, si l'on construit en bois les bâtiments, c'est qu'il y a encore beaucoup d'arbres; et que, si les forêts produisaient un revenu de quelque importance par la vente de leurs produits, on ne les abandonnerait pas aux bestiaux, qui viennent, après les abatis, détruire les rejetons; on commence, en effet, à soigner les forêts dont les arbres s'exportent pour la marine de Venise, de Gênes et de la Hollande, par de nouvelles routes, sans lesquelles des sapins et des mélèses propres à la mâture pourriraient sur pied.

La plupart des antiques forêts ne sont aujourd'hui que des pâturages; dans l'Oberland, les forêts de l'État sont parcourues depuis des siècles par des troupeaux de chèvres, qui y trouvent une nourriture abondante qu'on ne leur refusa jamais; mais le nombre de ces animaux est devenu excessif : les particuliers ne les souffrent plus dans leurs possessions. On a la précaution, dans le canton de Glaris, d'interdire le pacage pendant dix ans dans les bois récemment coupés.

Les régions forestières du canton d'Uri sont une propriété commune où tout habitant a le droit de couper, excepté dans les forêts interdites par une mesure de sûreté, des arbres pour son chauffage, et, en outre, le bois de charpente dont il a besoin; des gardes sont préposés par les communes pour faire observer ce règlement. C'est, dit M. Kasthofer, dont nous empruntons ces détails, l'unique disposition qui existe dans ce canton en faveur de l'économie forestière.

Les montagnes des Grisons sont couvertes d'arbres innombrables qui fournissent des planches pour la haute Italie.

En général, le pâturage a détruit une grande partie des forêts ; les bois communaux des environs de Genève ne sont plus que des broussailles.

ALLEMAGNE. Nous aurons souvent occasion de citer les auteurs allemands qui ont traité des différentes parties de la science forestière. En attendant, nous ne parlerons que de l'aspect général des forêts de cette région.

Ce qui les distingue de toutes les autres forêts de l'Europe, c'est qu'elles sont généralement élevées en hautes futaies qui ne s'exploitent qu'à un âge avancé, et qui sont soumises à des éclaircies périodiques; c'est que chaque espèce d'arbre est placée

sur le terrain qui lui convient le mieux, et que les
forêts se sèment, s'arrachent ou se reproduisent d'a-
près des calculs raisonnés. Il y a cependant de nombreuses exceptions.

Le bois est rare dans le Holstein et dans la West-
phalie, non parce que les forêts manquent, mais par
le défaut de chemins praticables. On brûle de la
tourbe et des bruyères desséchées ; et l'on élève dans
les forêts des chevaux, des cochons, et des bestiaux
de toute espèce.

Il n'y a pas un demi-siècle que la Prusse orientale
était surchargée de bois, dont l'agriculture a successivement restreint l'étendue au quart ou au cinquième de la superficie de cette contrée. Les rois
ont établi des verreries, des forges et des fourneaux
qui protégeront l'existence des forêts encore sub-
sistantes ; mais leurs règlements ont été nuisibles d'un
autre côté.

On flotte les arbres en partie à Hambourg et en
partie à Stettin. Ceux du pays de Magdebourg, de la
Silésie, et même de quelques districts de la Bohème,
se confondent dans ces exportations.

Les montagnes de la Bohème sont hérissées de forêts
entrecoupées de paysages magnifiques. Les verreries
donnent une certaine valeur au bois.

La Silésie a de grandes forêts de pins et d'autres
arbres résineux ; on exporte une partie de leurs produits, le reste alimente quelques fabriques, et, il y a
peu de temps, une partie de ces bois pourrissaient
sur place.

Dans la Poméranie, le bois est très-abondant et on
en tire beaucoup de goudron. La Moravie est un pays
montueux, dont les forêts sont remplies de ruches

d'abeilles, qui y trouvent facilement leur nourriture.

Le bois n'est pas commun dans une bonne partie de la Saxe ; les lieux qui en manquent sont trop éloignés de ceux où il abonde pour en tirer ; et, dans ces derniers, on cherche à l'employer pour les fabriques.

La Bavière a le tiers de son sol en bois et en lacs, le reste est en terres labourables et en prairies.

Le pays de Juliers et de Berg a beaucoup de bois mal entretenus ; la plupart sont dégénérés en buissons. Comme les habitants peuvent se procurer de la houille à très-bas prix, les propriétaires de bois ne se soucient pas de faire les frais nécessaires pour les tenir en bon état.

Il n'en est pas de même dans la Styrie, où les forêts entretiennent les forges, et deviennent par là même la source d'un revenu assez considérable. La Carniole a des bois propres à la construction des vaisseaux, mais elle manque encore de routes pour les extraire.

Dans le Vorarlberg, les habitants savent tirer parti de leurs belles forêts : ils construisent des bâtiments, des maisons entières, dont les pièces, détaillées et numérotées, sont transportées par des traîneaux, dans le temps des neiges, jusqu'à Brignez, et de là, par eau, jusqu'à l'autre extrémité du lac de Constance.

Les montagnes du Tyrol ont, en général, beaucoup de forêts de mélèses, dans lesquelles les pâtres mettent souvent le feu pour accroître leurs pâturages : on en exporte le bois pour Venise.

Hollande. La Hollande, dans les temps reculés, était un pays de bois ; mais, si l'on en croit une ancienne tradition, une tempête ayant fermé l'embouchure du Rhin, par la quantité de sable qu'elle y amoncela, ce fleuve, dont les eaux étaient refoulées, inonda toute la contrée ; les eaux engloutirent les villages, minèrent les forêts ; et, comme il leur fallait un passage, elles se mêlèrent avec celles de la Meuse. On trouve encore des troncs d'arbres et des chênes entiers ensevelis dans la tourbe, qui restent comme les témoins de cette grande catastrophe.

Le peu de forêts qui se trouvent dans le pays reconquis sur les eaux ne sont guère peuplées que d'arbres verts. La Hollande reçoit de l'étranger ses bois de construction, elle n'importe qu'une petite quantité de bois de chauffage ; la tourbe, qui est très-abondante dans ses marais, le remplace ; après l'avoir exposée au soleil, on la place dans des greniers, pour servir aux besoins des riches et des pauvres. Quelques provinces tirent de la houille d'Angleterre.

ANGLETERRE. Les vastes espaces qui conservent le nom de forêts n'offraient à la vue, dans le siècle dernier, que quelques arbres épars, beaucoup de bruyères, un désert froid et sans aucun ornement.

Plusieurs écrivains ont parlé d'une forêt de trente milles de tour, nommée New-Forest, située à l'occident de la baie de Southampton ; ils assurent qu'avant la conquête de Guillaume cette contrée était habitée, mais que le conquérant la changea en forêt ; qu'il détruisit dans cette vue trente-six paroisses qui s'y trouvaient, sans épargner ni bourgs, ni églises, ni monastères, et qu'il expulsa par la force tous les habitants. Quoi qu'il en soit, il est certain que les parties de cet espace qui avaient été cultivées ont pu, comme le reste, être bientôt couvertes de forêts crues naturellement.

8

Le revenu de ces terrains qu'on appelle forêts en Angleterre ne consistait guère, avant leur défrichement, qu'en des amendes pour la chasse : aussi les lois forestières étaient-elles relatives principalement à ce dernier objet. Guillaume le Conquérant, suivant une chronique rapportée par le docteur Lingard, fit des lois portant que quiconque tuerait un cerf, une biche ou un sanglier, serait puni par la perte des yeux.

Suivant le même historien, Henri II fit revivre les châtiments sanguinaires des premiers règnes. En même temps, il divisa les forêts royales en plusieurs districts, dans chacun desquels il nomma, comme juges, deux ecclésiastiques et deux chevaliers, avec les titres de gardiens et de verdiers. Ces officiers étaient tenus par serment, non pas de prendre des amendes des délinquants, mais d'infliger des peines corporelles sans aucun adoucissement, d'empêcher que les propriétaires de haute futaie n'éclaircissent les forêts en abattant leurs arbres, et de ne souffrir qu'aucun habitant eût des arcs ou des lévriers sans la permission du roi. D'après cela, si le lecteur considère le nombre et l'étendue des forêts, tous les hameaux et seigneuries compris dans leur enceinte, il pourra se former une idée des procédures vexatoires et des mutilations barbares qu'engendrèrent les lois forestières (1).

Ainsi des lois sévères et même atroces n'ont pu empêcher la destruction presque totale des forêts. Le sol forestier ne forme que la vingt-quatrième partie

______

(1) Traduction de l'histoire d'Angleterre du D. Lingard, par M. Roujoux.

de l'étendue totale du territoire du royaume.

Il est encore quelques contrées de l'Angleterre qui ne sont pas déboisées. La partie sud de l'île, et surtout le comté de Montgomery, ont de beaux bois bien aménagés; les établissements religieux y possédaient de beaux massifs de haute futaie; mais, dans le nord, on a longtemps méconnu les règles d'une bonne exploitation : les marchands abattaient tout le bois sur pied sans choix et sans réserve; il ne restait à la place des arbres qu'un mauvais taillis ou un pâturage.

Des écrivains ont remarqué que sans la ressource du charbon de terre, qui est l'aliment du chauffage dans les maisons des particuliers, qui entretient les usines et les manufactures, les Anglais regretteraient les forêts détruites par leur négligence; il serait plus exact de dire que sans la ressource du charbon de terre, les forêts seraient aménagées, puisqu'elles seraient nécessaires aux besoins des habitants. On s'étonne aussi que l'Angleterre néglige de planter ses grandes routes; il serait peut-être plus surprenant qu'elle cherchât à se procurer, par des voies dispendieuses, des bois qu'elle peut faire venir de l'étranger à peu de frais.

Au surplus, le gouvernement ne fait guère de plantations, il laisse ce soin aux particuliers. Les chemins, qui sont entretenus par les propriétaires, sont bordés de haies plantées d'arbres; le chêne, l'orme, le frêne, sont les espèces les plus répandues en Angleterre. On les ébranche périodiquement.

On voit avec regret, dit l'auteur d'un ouvrage sur l'Angleterre, abattre les plus beaux arbres qui croissent dans les champs; et cependant, s'ils n'eussent pas dû tomber sous la hache, ils n'auraient jamais été plantés. Ce peu de mots renferme l'explication du double phénomène de la consommation et de la reproduction des bois.

Les Anglais font venir des bois du nord de l'Europe et du Canada. Les importations s'élèvent à 40 millions de francs par an. Cependant il y a encore plusieurs millions d'acres de terres incultes qui sont d'un très-petit produit comme pâturage. Cruickshank fait observer que, si on les plantait en bois, la création d'une telle richesse pourrait fournir à la subsistance de 300,000 individus.

Depuis que le parlement anglais a permis de mettre les harengs dans des barils de bois indigène, le bouleau et quelques autres bois sont cultivés pour cet usage. On élève aussi les saules nécessaires pour fabriquer les cercles de ces barils.

La destruction des forêts, en Angleterre, n'est pas aussi désavantageuse qu'elle le serait sur un continent. Il reste dans ce royaume assez de bosquets et de haies pour entretenir la fraîcheur nécessaire à la végétation ; l'air y est humide, le chauffage à la houille est abondant, les bois de construction y sont importés de toutes les parties du monde. Les anciennes forêts ont conservé ce nom et sont encore protégées par les lois, mais ce ne sont plus que des landes où s'exercent des droits de pâturage ; à peine y reste-t-il quelques arbres épars et défectueux.

Écosse. La partie méridionale de l'Écosse a souffert autrefois une grande dévastation dans ses forêts. Un écrivain faisait observer qu'il n'y avait pas un seul arbre dans l'espace qui est entre Édimbourg et l'Angleterre ; mais depuis la fin des troubles, et surtout depuis trente ans, il s'est opéré à cet égard de grands changements.

On lit dans un voyage de M. de Saussure que sous le règne de Jacques Ier, roi d'Angleterre, le parlement ordonna de couper toutes les forêts qui couvraient le pays et servaient de refuge aux chefs des tribus des frontières. C'est à l'exécution de cet acte que l'on attribue l'absence totale de bois que l'on remarque encore aujourd'hui dans les parties de l'Écosse qui touchent à l'Angleterre. Mais, dans tout le reste de l'Écosse, on trouve des forêts peuplées de sapins, de mélèses, de chênes. On y voit aussi des ormeaux, des noyers, des marronniers d'Inde qui ornent partout le paysage.

L'étendue des terrains incultes est bien diminuée par les progrès de l'agriculture ; les habitants du centre de l'Écosse, qui est la partie la plus fertile et la plus opulente du pays, ont beaucoup de charbon de terre dont l'exploitation et l'emploi favorisent au plus haut degré l'industrie et la richesse locales.

« Autant, » dit M. de Saussure, « la végétation est riche dans les Alpes, autant elle est uniforme dans les montagnes d'Écosse. Un manteau de bruyères en arbustes couvre toute la haute Écosse et les landes stériles des parties orientales de la basse Écosse, tandis que des masses de genêts épineux, à fleurs jaunes et odorantes, enveloppent les terrains arides des côtes occidentales ; cependant il y a encore de grandes forêts dans cette partie de l'île. »

Le même voyageur a reconnu les traces des forêts qui jadis ont couvert toutes ces montagnes. Il faut aujourd'hui chercher les arbres au fond des tourbières, qui en contiennent des dépôts d'une épaisseur prodigieuse. La tourbe forme presque le seul chauffage des habitants des montagnes.

Les plantations de sapins et de mélèses faites depuis trente ans autour des habitations sont innombrables. Il n'y a que les particuliers qui plantent. On lit, dans les Annales européennes, qu'un seul propriétaire a fait planter cinquante millions d'arbres ; et que, pour garantir de l'impétuosité des vents les nouvelles plantations, on les entoure d'une ceinture de cent mètres d'épaisseur, formée de cytises des Alpes : ces arbres demandent des soins particuliers dans le choix des plants et dans la culture du sol qui les nourrit.

Les plantations sont devenues nécessaires depuis que les forêts sont réduites au dixième de l'étendue qu'elles avaient autrefois ; elles augmenteront jusqu'au point où elles seront assez nombreuses pour les besoins du pays.

On a ouvert de nouvelles routes ; mais, en général, il y a très-peu de chemins praticables en Écosse , ce qui rend les forêts de l'intérieur peu productives, ou, ce qui est la même chose, peu utiles.

Les maisons sont presque toutes en pierre ; les chaumières sont couvertes de bruyères.

Les villes tirent du dehors beaucoup de bois de charpente. On assure que, dans la construction de la nouvelle ville d'Édimbourg , il n'y a peut-être pas un seul morceau de bois qui n'ait été importé d'un pays étranger. Il en est à peu près de même à Inverness.

La chaux est un engrais généralement employé, et dont la fabrication donne une certaine valeur aux taillis et aux broussailles.

Si l'on veut défricher un terrain couvert de bruyères, on l'enclôt, puis on répand sur le sol de la chaux dans la proportion d'environ cent charges de chevaux par acre : elle est amoncelée en petits tas, et, à la première pluie, elle s'étend également de tous côtés ; dès la première année, les bruyères commencent à diminuer, et l'herbe croît à leur place ; au bout de cinq à six ans, elles sont mortes sur le sol. Quelquefois on commence par les brûler.

Il n'y a point de bois dans les îles Hébrides et les Orcades. La tourbe sert au chauffage ; le sol n'est qu'un pâturage. On trouve fréquemment dans les tourbières des amas d'arbres presque entiers. Il est très-difficile de faire croître des arbres dans ces tristes régions, battues presque continuellement par d'effroyables tempêtes et par des pluies qui durent les trois quarts de l'année. Cependant le principal habitant de l'île d'Ulva, M. Macdonald, est parvenu à faire réussir un grand nombre de sapins et de mélèses au pied des rochers qui défendent sa maison contre les vents. Ce sera la première plantation qui aura réussi dans ces îles.

Les mines de houille ont produit plus de la moitié de la richesse de l'Angleterre ; elles fournissent aux travaux de l'industrie, au chauffage des habitants et des étrangers, aux approvisionnements des vaisseaux, et à la consommation des colonies ; elles produisent cent fois plus que ne rendraient toutes les forêts que l'on a détruites depuis trois siècles.

Irlande. Cette grande île, hérissée de forêts il y a quelques siècles, ne présente plus qu'une surface nue, froide, affreuse. Les forêts brûlées ou ruinées ont produit beaucoup de marais au fond desquels on découvre encore, en creusant, des arbres et des racines d'une grosseur énorme; les tiges entières sont couchées horizontalement à quelques pieds de profondeur, mais sans être pétrifiées; elles sont brûlées par le gros bout, ce qui annonce qu'on a employé le feu pour les faire tomber. Leurs amas ont arrêté le cours des eaux, et formé des marais remplis d'herbes et de bruyères.

Les bois qui existent encore sont ce qu'on pourrait appeler des taillis; on en laisse venir quelques-uns jusqu'à quarante ans; on les abandonne ordinairement aux bestiaux après l'exploitation.

Le sapin de la Baltique est employé dans tout le littoral, et aussi avant dans les terres que les moyens de communication peuvent le permettre.

On se chauffe de tourbe; les pauvres brûlent aussi des genêts et des joncs épineux. On importe du charbon d'Angleterre.

La culture est misérable, et les récoltes en pommes de terre sont seules abondantes.

Le peuple, dépourvu des moyens d'acheter du bois de chauffage, en vole de tout âge. La loi est cependant très-sévère : car on a autrefois voté un acte qui condamne à quarante sous d'amende tout paysan possesseur d'un bâton dont il ne peut prouver l'acquisition.

Quelque repoussant que soit, en général, l'aspect de l'Irlande, on trouve dans quelques parties de cette contrée de délicieux paysages modifiés à chaque pas par l'inégalité du sol, et embellis par une multitude de lacs, de rivières et de ruisseaux; des collines où la culture est variée, et des montagnes couvertes d'arbres verts, tels que le houx et l'if.

FRANCE. Nous ne nous proposons pas de donner une description des forêts de la France, mais seulement de faire ressortir quelques-uns des faits principaux de leur état actuel. Nous nous servirons également de la division par départements et de l'ancienne division par provinces. Celle-ci a l'avantage de réunir des masses de bois semblables entre elles. Ainsi les forêts de l'Alsace se ressemblaient dans les deux départements; celles de la Lorraine étaient autrefois soumises au même régime économique dans toute l'étendue de cette province, et présentent un aspect uniforme; on peut appliquer cette remarque à d'autres régions.

La zone des grandes forêts de France commence dans le département des Ardennes, suit les bords de la Meuse, de la Moselle, de la Meurthe, de la Sarre et du Rhin, remonte jusqu'à la Marne, reprend vers les sources de la Saône et s'étend dans la chaîne du Jura, retourne sur la Bourgogne en traversant la Saône et se dirige vers la Loire, l'Yonne et le Loiret.

Cette disposition s'explique au moyen de quelques observations : la France est divisée en deux contrées parfaitement distinctes.

Les contrées du nord et de l'est, où la population est agglomérée dans des bourgs et des villages autour desquels s'étendent de vastes territoires dont la culture se partage entre les habitants; là se trouvent les grandes masses de terres, de prairies, de forêts; ces masses de culture sont parfaitement séparées les unes des autres et sont marquées par de grands traits; là point de boqueteaux et peu d'enclos.

D'autres parties centrales de la France, les bords de la Loire, de l'Allier, de la Vienne, de la Creuse, ne sont point divisés en grandes masses, mais partagés en une foule de domaines séparés, entourés de leurs prés, de leurs champs, de leurs bois, de leurs pâturages; là point de grandes forêts; aussi le chiffre des bois y est-il assez faible; mais, dans la plupart de ces contrées, les arbres des bosquets, les tailles des haies suffisent amplement aux besoins des habitants, quoique ces départements soient considérés comme déboisés. Par exemple, dans le département de la Haute-Vienne, dont les forêts ne figurent dans les tableaux statistiques que pour un vingt-cinquième de l'étendue superficielle du sol, le bois est moins cher que dans la Haute-Saône, dont les forêts occupent les trois dixièmes de l'étendue totale de ce département. La consommation des forges contribue à produire ce haut prix; mais il n'en est pas moins vrai que le département de la Haute-Vienne est suffisamment boisé. La même remarque est applicable au département de la Vendée, qui, d'après ces mêmes tableaux, ne posséderait que la trente-troisième partie de son sol en forêts.

Les forêts des Pyrénées ont perdu les trois quarts de leur superficie par l'effet combiné des incendies, du pâturage et des défrichements. Quand un terrain vague n'est pas trop escarpé, on y pratique une prairie en y rapportant du gazon que l'on va chercher dans le voisinage. Au-dessus de ces prairies, on voit quelques bois de hêtres mélangés de chênes; plus haut dominent les sapins; enfin, au-dessus de six cents mètres, il ne croit guère que des arbrisseaux.

Les rochers et les bords des torrents sont couverts d'arbres arrosés par les eaux qui tombent en cascades. Il y a dans ces montagnes de grandes forêts de sapins qui sont mis en œuvre par des scieries placées sur le cours des torrents; les hommes transportent les planches sur leurs épaules dans les parties impraticables pour les bêtes de somme. Les produits ont presque toujours été insuffisants pour subvenir aux frais d'administration; la difficulté des transports annule la valeur des plus beaux arbres qui croissent par milliers dans les parties reculées des montagnes.

Les droits d'usage avaient pris beaucoup d'extension dans un pays où l'on avait si peu d'intérêt à les restreindre; avec le faible tribut de quelques légères redevances, on pouvait couper autant de bois qu'on en voulait.

En général, on ne ménage que les objets qui ont une certaine valeur échangeable : les plus beaux arbres qui ne peuvent se vendre sont impitoyablement abattus, ne fût-ce que pour éclaircir un pâturage trop ombragé. Le voyageur, le forestier, gémissent, mais l'économiste voit sans s'étonner les plus belles productions de la nature sacrifiées lorsqu'elles sont inutiles; et il en conclut que, pour conserver les forêts, il faut créer des valeurs en ouvrant des débouchés. On détruit les bois pour avoir des pâturages, lorsque les pâturages produisent plus de revenu que les forêts; tant que le contraire n'arrivera pas, les lois, les réglements, les gardes, ne pourront que ra-

lentir une destruction que le temps accomplit inévitablement.

Les pentes des Alpes sont, en beaucoup d'endroits,
tapissées de superbes forêts de sapins et de mélèses,
qui ne sont cependant que le reste de celles qui gar-
nissaient autrefois ces montagnes. Le désordre a été
au point d'incendier des forêts entières pour se procurer quelques arpents de vaine pâture. Aussi ren-
contre-t-on à chaque pas les signes d'une grande
destruction ; des rochers à nu, des pâturages desse-
chés et sillonnés de torrents, des dépôts de cailloux,
des habitations détruites.

Les ravages des avalanches sont fréquents : elles
traversent et sillonnent les forêts avec une rapidité
telle, que les arbres sont enlevés comme des brins
d'herbe. Les vents soufflent quelquefois avec tant
de violence, qu'ils abattent de grandes portions de
forêts ; mais ces accidents ne les détruisent pas pour
toujours : les endroits ravagés se repeuplent à la
longue.

Les forêts de ces vallées, où il est impossible
aux voitures de pénétrer, n'ont aucune valeur
vénale. Une avalanche avait entraîné, il y a quelques années, plusieurs milliers de beaux arbres,
qu'on n'a pu vendre même pour 100 francs en
totalité.

La chaîne du Jura est couronnée de sapins et de
hêtres. En général, ces arbres ont peu de valeur
dans les localités d'un accès difficile : tel sapin qui
ne se vendrait que 10 fr. sur pied coûte 600 fr.
lorsqu'il est transporté sur une grande route. Les
forêts qui ne sont pas tenues dans un état serré sont
chargées de cytises, de saules nains, de marseaux,

d'épines-vinettes, de framboisiers, qui croissent à l'ombre des arbres.

Les Vosges, encore désertes dans le viie siècle, ont aujourd'hui une population industrieuse et florissante. Les forêts sont assez bien conservées, parce que l'on a trouvé le moyen d'en utiliser les produits; mais, dans quelques endroits, on les a trop dégarnies, et les coups de vent déracinent les arbres qui restent. On remarque quelques forêts de sapins qui autrefois ont été exploitées en plein, et qui se reproduisent sous les genêts et les bouleaux qui avaient garni le sol après l'exploitation.

Dans les montagnes de l'Auvergne, du Limousin, du Périgord, des Cévennes, on a détruit beaucoup d'arbres, parce que les pâturages et les cultures y sont plus productifs que les forêts; mais les châtaigniers y sont bien cultivés.

Dans le département de la Lozère, on ne peut pas asseoir de coupes régulières, parce que le bois y est sans valeur.

Dans la partie orientale du département du Lot, on laboure à travers les arbres dont le sol est planté. Les châtaigniers cultivés remplacent utilement les arbres forestiers, et le bois n'est pas plus cher que dans les pays les mieux boisés.

Dans la plupart des départements méridionaux, les troupeaux de toute espèce entrent dans les forêts, qui n'ont de valeur que par le pâturage et la glandée qu'elles procurent. On assure que ce n'est que depuis peu de temps que l'on a établi des gardes forestiers dans le département de l'Aude. Les terres vagues ou garigues sont parsemées d'arbres et d'arbustes qui fournissent aux besoins des habitants. Les landes et les collines sont couvertes de bruyères, de chênes-kermès et de buissons venus spontanément, que l'on exploite tous les cinq ou six ans. Depuis que le taillis de châtaignier est peu employé, on convertit les bois de cette espèce en vergers.

Les landes de Bordeaux se sèment et se repeuplent parfaitement de pins maritimes. Les forêts dont on tire le brai et le goudron se multiplient dans les sables et les bruyères; on y cultive aussi le chêne-liége, qui donne de l'écorce dès l'âge de vingt ans.

Dans les plaines des environs de Toulouse et de Montauban, on aperçoit de loin en loin quelques bosquets de chêne que l'on exploite très-jeunes, et dont les baliveaux sont étêtés et élagués. On remarque aussi quelques bois de chêne que l'on exploite en coupant rez terre et en laissant des baliveaux ; le sol est fertile et le bois paraît se repeupler, quoique l'emploi de cette méthode soit encore récent.

Dans le pays de Foix, les coteaux, qui ont de très-longues pentes, sont couverts de taillis de chênes clair-semés que l'on exploite à l'âge de douze ans : la plupart de ces bois ont été livrés au parcours ; mais actuellement on en fait receper et exploiter réguliè-rement une bonne partie. Il y a environ le quart du sol couvert de ces bois ou broussailles.

La cause première de la destruction des forêts du midi, c'est qu'elles excédaient les besoins du pays, et que l'on a trouvé du profit à faire pâturer les bes-tiaux dans toutes celles qui n'étaient pas trop éloignées des habitations; le bois vaut 10 francs le stère dans les villes ; il n'en vaudrait que 6, si les forêts avaient été mieux soignées ; c'est que l'on n'en a pas senti le besoin d'une manière assez impérieuse; c'est que les débouchés étaient difficiles ; c'est qu'il n'y a pas de grands moyens de débit ; c'est que les peuples du midi sont moins soigneux de leurs forêts que ceux du nord.

Les coteaux de la vallée du Rhône sont couverts de broussailles dont quelques portions seulement sont défrichées. Il reste encore quelques taillis de chênes en mauvais état. La culture de la vigne et du mûrier tend incessamment à détruire ces petits bois.

M. de Froidour, l'un des rédacteurs de l'ordonnance de 1669, nous apprend qu'autrefois en Languedoc on coupait les taillis à l'âge de 2, 3 ou 4 ans, et que l'on n'avait que de très-mauvais baliveaux. L'art de favoriser l'accroissement des hautes futaies était cependant connu, car on y faisait couper périodiquement tous les bois blancs. A une époque plus reculée, on ne faisait couper dans les forêts que les arbres dont on avait besoin, et il en restait beaucoup ; le produit des bois ne consistait que dans la glandée, le pâturage et la chasse ; mais comme ils étaient parvenus à un tel état de vieillesse qu'ils dépérissaient tous les jours, les ordonnances de 1544, 1573 et 1587 avaient réglé la coupe des hautes futaies à l'âge de 100 ans ; c'est à ces ordonnances, qui probablement n'avaient pour objet que de procurer de l'argent au trésor royal, que la France est redevable de ses plus belles forêts.

La délivrance des arbres aux usagers perdait six fois autant de bois que l'on en usait ; on coupait les arbres sur pied uniquement pour en donner la feuille aux bestiaux ; on incendiait les forêts pour y renouveler les herbages. Les usagers coupaient les taillis à la faucille. Un tel abus était toléré parce que l'on craignait qu'en y mettant une restriction on ne forçât les laboureurs à quitter la culture de leurs terres.

On pratiquait aussi en Languedoc la coupe par expurgades, qui se retrouve encore dans quelques parties de la France, et qui consiste à n'abattre que les brins les plus faibles et à réserver les plus belles tiges qui croissent sur chaque souche pour les abattre à la révolution suivante. Ce procédé a été proscrit par l'ordonnance de 1669. On sentit à la fin qu'il fallait aménager les bois en taillis, dans la crainte qu'en les laissant en haute futaie on ne se lassât de n'en rien tirer.

On réduisait ordinairement les bois en charbon pour en rendre le transport plus facile.

Les fermes du Poitou sont ceintes d'une forte haie garnie d'espace en espace d'arbres têtards ou de futaies.

Dans les contrées du sud-ouest de la France, qui n'ont pas des moyens faciles de transporter les bois, on cultive le genêt pour le chauffage; on le sème avec de l'avoine, et on le coupe dans la quatrième année. Le produit de cette faible plante, grâce à la culture, est aussi considérable que celui d'un taillis ordinaire de douze à quinze ans.

Les tableaux statistiques des forêts contiennent nécessairement une erreur dans la désignation des bois des départements de la Loire, de l'Allier et de quelques autres, qui en possèdent plus qu'on ne croit : on y trouve beaucoup de haies plantées de chênes et de hêtres, beaucoup de bosquets qu'on exploite tous les six ans, et de petits bois de pins.

Dans le voisinage de Saint-Étienne, la concurrence de la houille rabaisse le prix des bois : de là le peu de soin qu'on a pour les forêts. On laboure à travers les souches d'une haute futaie, et les bestiaux en dévorent les rejets. Le bois de chauffage, dans ce pays, où il en reste si peu, n'est pas plus cher que dans les Vosges. La production est au niveau des besoins.

La partie infertile du département de la Marne paraît n'avoir jamais eu beaucoup de forêts. Le sol produisait des herbes et des arbustes, que la culture a détruits. Aujourd'hui des plantations de pins embellissent le pays, et augmentent beaucoup la valeur des fonds de terre.

Le département de la Côte-d'Or est le mieux boisé de la France; car il possède deux cent vingt-huit mille hectares de bois qui occupent le quart de sa superficie. Ces forêts sont aménagées en taillis qui s'exploitent depuis l'âge de dix-huit ans jusqu'à celui de trente ans : on y réserve des baliveaux anciens et modernes. Les quarts de réserve, que l'ordonnance forestière avait destinés à croître en massifs de haute futaie, s'exploitent entre leur trentième et leur quarantième année. L'usage a heureusement prévalu sur la loi; car des coupes plus tardives se seraient difficilement repeuplées si on les eût exploitées suivant la méthode ordinaire.

Les bois de cette contrée se propagent par les souches, qui sont remplacées par des semis naturels lorsqu'elles meurent. En général ils sont parfaitement garnis. Le chêne et le hêtre dominaient, mais la propagation du charme tend à les détruire. Le tilleul, l'érable et le plane sont rares. L'alisier et le sorbier sont fort communs dans les bois des montagnes.

Les forêts de la Lorraine se distinguent par leur richesse en futaies sur taillis; on trouve encore au fond de cette province des méthodes analogues à celles que l'on suit en Allemagne, et l'on y remarque partout une observation éclairée du régime légal; l'art forestier s'y est élevé au niveau des progrès que l'agriculture et l'industrie ont faits dans ce pays. Cet état prospère forme un contraste frappant avec l'état peu florissant de l'agriculture et des forêts de la Bretagne.

La France possède des houillères inépuisables, que nous foulons aux pieds, et qui seront probablement exploitées un jour; elle a aussi ses bois enfouis sous des forêts vivantes. On trouve dans les vallées des arbres noircis par le temps, et durs comme l'ébène. Quelques rivières charrient encore des bois qui sont entraînés dans leur lit, et il n'y a pas plus d'un demi-siècle que les habitants des rivages y trouvaient un chauffage abondant.

La culture de l'olivier est remplacée aujourd'hui, dans plusieurs localités, par celle de la vigne et du mûrier; cette dernière donne un plus grand produit pécuniaire. Nous remarquerons en passant que si les voies de communication devenaient beaucoup moins dispendieuses qu'elles ne le sont aujourd'hui, et que si les droits d'importation d'un état à l'autre étaient supprimés, on verrait disparaître beaucoup de cultures locales.

Nous ne terminerons pas cette partie de notre travail sans dire un mot des forêts de la Corse; elles sont peuplées de pins et de sapins qui fourniraient assez de bois pour la construction de plusieurs flottes. On assure que l'une des raisons que l'on donna à Louis XV, pour l'engager à faire la conquête de cette île, fut le besoin qu'avait la France de bois pour sa marine, surtout depuis qu'elle avait perdu la ressource du Canada. Mais cette richesse n'a pu être exploitée à raison de la difficulté de l'accès dans les forêts, qui consistent en vingt-cinq mille hectares de haute futaie. Les frais d'administration coûtent vingt fois le produit des coupes. Ainsi le défaut de routes praticables rend inutile pour nous une énorme masse de beaux arbres ; mais, pour tenter avec succès des améliorations, il faudrait commencer par déboiser, dessécher et cultiver les plaines.

Les châtaignes sont si abondantes en Corse, que l'on en nourrit souvent les chevaux. L'olivier y est commun, mais on le cultive mal ; il en est de même du chêne-liége. La terre y est couverte de cytises, de houx, de buis, de myrtes, de lauriers, de geniévres, de grenadiers et d'arbousiers, comme dans les montagnes qui s'étendent de Toulon à Nice.

Il serait bien utile que dans chaque département on dressât une statistique qui fit connaître les différences souvent frappantes dans la manière de gouverner les forêts. On parviendrait ainsi à se rendre compte d'une foule de faits dont, jusqu'à présent, on n'a pas saisi la liaison ou l'opposition, pour les faire entrer dans un système complet d'économie forestière.

SECONDE PARTIE

DE L'ÉCONOMIE DES FORÊTS

DANS SES RAPPORTS AVEC L'ÉCONOMIE POLITIQUE.

CHAPITRE PREMIER.

DU FONDEMENT DE L'UTILITÉ DES FORÊTS.

On trouve en Europe, et même en France, des forêts qui ne donnent point de rente foncière, si ce n'est celle du pâturage et de la glandée. Dans quelques parties du département du Var, et dans bien d'autres contrées, les chênes ne s'estiment que d'après le produit de leurs glands ; les pins ne se vendent que deux francs la pièce lorsqu'ils sont abattus. Il est d'autres forêts moins productives encore : uniquement destinées aux pâturages, elles rendent à peine de quoi payer les frais de garde et l'impôt ; elles ne subsistent que parce que l'on ne prend pas la peine de les détruire.

À l'autre extrémité de l'échelle se placent les forêts situées près des grandes villes, où les bois se vendent au plus haut prix. Ainsi tel arbre des Alpes qui pourrit sur le sol vaudrait six cents francs dans le bois de Boulogne. Cette valeur ne représenterait que les frais de transport ; et si, un jour, il n'en coûtait que cinq cents francs pour voiturer l'arbre des Alpes à Paris, cet arbre vaudrait alors cent francs dans la forêt où il est né. La valeur d'échange des bois repose donc presque entièrement sur la différence des frais de transport de la forêt au lieu de la consommation.

L'utilité des forêts ne doit se mesurer que par l'usage qu'on en fait. Ces bois magnifiques, qui ne renferment que des arbres séculaires, ont souvent moins d'utilité qu'un modeste taillis de châtaigniers. Ce n'est qu'après avoir reçu une valeur par le travail nécessaire pour les abattre, les transporter, les approprier à nos besoins, qu'ils ajoutent quelque chose à la richesse sociale.

Ainsi ces belles forêts des Alpes, des Pyrénées ou des Cévennes, qui ne s'exploitent pas, faute de débouchés, peuvent exciter notre admiration ; mais l'économiste ne doit considérer que leur utilité, ou, ce qui est la même chose, l'emploi que l'on en fait. Que l'on conserve attentivement quelques beaux arbres pour les laisser à la postérité comme des monuments d'un âge reculé ; que dans chaque forêt on garde des bosquets de haute futaie sur lesquels on laisse dix siècles s'accumuler, rien de plus louable. C'est même un soin que l'on néglige beaucoup trop en France, où l'on abat impitoyablement de vieux arbres remarquables par leurs formes ou par des souvenirs historiques qui s'y rattachent ; mais la culture des forêts considérées en masse ne doit avoir pour but que l'utilité que nous en tirons. Ainsi le propriétaire qui coupe sa haute futaie pour en employer le prix d'une manière productive contribue à augmenter la richesse sociale. Abattre, planter et cultiver, telles sont les opérations corrélatives qui constituent la science forestière dans ses rapports avec l'utilité publique. C'est le travail qui doit assurer la prospérité des forêts.

Cultiver les bois, les peupler des meilleures espèces, façonner les arbres abattus, les mettre à la portée des consommateurs, c'est une véritable création de richesses. Ainsi le soin de conserver les futaies, de les défendre contre les déprédations, la résistance à la tentation de les couper prématurément, ne sont point les seules conditions d'une bonne administration. Il faut savoir mettre de grands produits en circulation, et multiplier les moyens de consommation reproductive. On obtient ces résultats par une bonne méthode de culture, qui fait croître les arbres plus vite qu'ils ne croissent dans l'état d'abandon où on les laisse communément, et en substituant de bonnes espèces d'arbres aux mauvaises. Il suffit d'ouvrir des routes au dedans et au dehors des forêts pour obtenir une amélioration très-importante; créer des débouchés, apporter le bois sous la main du consommateur au meilleur marché possible, c'est former des valeurs nouvelles, c'est augmenter l'aisance des habitants qui aident à les produire ou à les transformer.

Un calcul très-simple démontrera que ces moyens ne sont pas trop dispendieux dans la plupart des localités.

Supposons qu'une forêt donne par an quatre mille voitures de bois, et que les frais de transport soient de quatre francs par voiture, il est certain que l'on peut, en améliorant les chemins, diminuer presque partout d'un quart les frais de transport. Cette épargne doit être communément beaucoup plus forte; mais, en calculant sur son terme moyen, le bénéfice sera de 4000 francs par an. On peut évaluer la dépense première à une somme moyenne de 8000 francs, et l'entretien à 300 francs par an. Ce serait donc de l'argent placé à près de 50 pour 100 par an (1).

Mais les communes et les particuliers répugnent souvent aux améliorations qui ne profitent pas à eux seuls ; chacun ne voudrait travailler que pour soi. Les marchands de bois et les fermiers n'attachent aucune importance aux réparations des chemins, car ils achètent les coupes en proportion de la difficulté de l'extraction des bois ; et plus cette difficulté s'accroît, moins il y a de concurrence entre les acheteurs.

Il faut reconnaître enfin que l'objet principal de la science forestière est de mettre la plus grande quantité possible de produits à la portée des consommateurs. Celui qui amènerait à peu de frais tous les pins de la Corse, sans en excepter un seul, dans les chantiers de Toulon, rendrait autant de service que celui qui ressèmerait les forêts de cette île. L'inventeur du flottage a contribué sans doute à faire abattre des milliers d'arpents de futaies ; mais sans lui elles seraient détruites par le temps et par le pâturage ; on serait privé des beaux taillis et des beaux arbres qui font l'ornement et la richesse de plusieurs provinces, et des millions de valeurs acquises par cette invention n'existeraient pas. On doit bien se persuader qu'il n'y a de richesses que dans les valeurs consommables ou échangeables, et qu'un arbre qui est destiné à pourrir sur la place où il est né est aussi inutile qu'une pierre.

(1) On peut faire les mêmes calculs sur l'entretien des chemins vicinaux et des chemins d'exploitation pour l'agriculture.

CHAPITRE II.

DES FORÊTS CONSIDÉRÉES RELATIVEMENT AUX BESOINS DES HABITANTS.

En France, chaque individu consomme annuellement, pour sa nourriture, dix-huit doubles décalitres de blé, seigle, orge ou sarrasin. La valeur moyenne du double décalitre est de 2 francs 50 centimes, ce qui fait 45 francs par individu.

Le revenu total des six millions huit cent mille hectares de bois qui existent en France est de 120 millions de francs; si l'on ajoute les frais de transport, qui sont d'environ 45 millions, on aura une somme totale de 165 millions, ce qui fait une dépense annuelle de 5 fr. 50 centimes par chaque individu pour son chauffage, pour les constructions, les réparations des bâtimens, la fabrication du fer, etc. Cette dépense ne s'élève pas au huitième de ce qu'il en coûte pour le blé.

Si nous remontons au xive siècle, nous voyons qu'une émine de blé, équivalente à vingt-un doubles décalitres, valait 40 sous; mais la généralité des habitans ne se nourrissait pas de froment, et l'on peut calculer que la consommation des grains coûtait environ 30 sous par an à chaque individu.

La charrette de bois valait en Bourgogne 3 sous 4 deniers; et comme on ne peut en compter moins d'une charrette par individu, le bois coûtait au moins le dixième des grains que l'on consommait.

Ainsi, à une époque où la moitié de notre sol était

converte de bois, le chauffage entrait déjà pour une partie notable dans la dépense de chaque habitant.

L'ouvrage de M. Monteil contient des renseignements précieux sur le prix d'un grand nombre de denrées et de marchandises à la fin du xive siècle. Le charbon se vendait 15 sous la charrette, le moule de bois 6 sous, et le cent de cotrets 46 sous. L'arpent de bois sur pied se vendait 6 livres. Un beau chêne valait 12 sous. Le quintal de fer ouvré coûtait de 9 à 10 fr. Aujourd'hui un quintal de fer qui serait composé de cent livres de douze onces vaudrait 24 fr. On peut juger, par ce rapprochement, des progrès de la fabrication du fer en France : car ce métal est beaucoup moins cher qu'il ne l'était il y a quatre siècles, en comparaison du prix des denrées.

Vers l'an 1690, le bois se vendait à Paris 11 francs la voie ; et la mesure de blé, à peu près équivalente au double décalitre d'aujourd'hui, valait 15 sous à la même époque.

Au xixe siècle, le double décalitre de blé vaut 4 fr., et la voie de bois se vend 44 fr. : ainsi, en supposant que les droits actuels soient à peu près dans la même proportion que les anciennes taxes, le prix du blé a quintuplé, et le prix du bois a seulement quadruplé à Paris depuis 140 ans.

Il est superflu de faire observer que le prix du blé est très-variable lorsqu'il n'est pas calculé sur un grand nombre d'années.

Une ordonnance de 1567 fixe le prix du gros bois pour Paris à son ancien taux, savoir : 60 *sols* tournois la charrette de quatre-vingt-dix bûches de la jauge et mesures requises. Une autre espèce de bois était taxée à un écu un tiers, ce qui est à peu près le dou-zième du prix d'aujourd'hui.

La même ordonnance règle la taxe du blé à 24 livres 10 sous le tonneau de 2000 pesant (la livre de seize onces), équivalant à neuf setiers, mesure de Paris.

D'après cette taxe, une mesure égale à notre double décalitre valait 36 centimes (7 sous environ), ce qui fait le douzième du prix d'aujourd'hui, comme pour le bois.

Le prix des denrées avait triplé de 1567 à 1690.

Nous allons connaître l'accroissement que le revenu des forêts a pris depuis cette dernière époque jusqu'à nos jours.

On lit dans le testament politique du cardinal de Richelieu ce qui suit :

État des revenus de l'épargne :

Vente des bois ordinaires, 550,000 livres.

Produit des domaines, 550,000 livres.

Le produit des bois et domaines était de 11 à 12 mil-lions en 1784.

Depuis le règne de Louis XIII, le domaine s'était agrandi par les conquêtes, mais les engagements en avaient distrait une grande partie.

On peut donc calculer sans exagération que le re-venu du domaine, y compris les bois, était, en 1784, au moins douze fois plus considérable qu'il ne l'était avant l'année 1640.

Un tableau assez récent des consommations de la ville de Paris nous donne l'occasion de faire quelques remarques relatives à notre objet.

La consommation du pain dans la ville de Paris est évaluée à 38 millions de francs. Celle du bois à brûler est portée à 15 millions. On peut penser au premier aspect que celle-ci est disproportionnée avec la première ; mais, en continuant de lire le tableau, on voit que la consommation du sucre s'élève à 27 millions de francs, et celle du café à 10 millions : c'est une dépense totale de 37 millions, qui dépasse de beaucoup le prix du bois de chauffage joint à celui du charbon et des bois de charpente que l'on emploie annuellement dans cette ville. Si l'on additionne les dépenses de toute espèce en meubles, habillements, parures, etc., on verra que la dépense du chauffage n'entre guère que pour un douzième dans la dépense totale de l'entretien de chaque ménage. En effet, la dépense moyenne et annuelle est évaluée 200 francs par habitant, ce qui fait, pour 900,000 habitants, 180 millions, c'est-à-dire douze fois la valeur totale du chauffage.

Personne n'ignore qu'en se servant d'appareils mieux disposés que les cheminées ordinaires, on obtiendrait une grande épargne de combustible. M. le professeur Bernouilli a calculé que, dans ces cheminées, les sept huitièmes de la chaleur produite par le bois sont en pure perte. On pourrait facilement épargner la moitié du combustible que l'on use ordinairement, et obtenir en même temps une chaleur plus forte ou plus durable, ce qui serait, sous ce dernier point de vue surtout, une grande amélioration.

Il importe de détruire une erreur trop généralement répandue. Le bas prix du combustible ne donne pas toujours aux habitants des contrées boisées le moyen de se procurer un chauffage abondant. Le bois n'est guère à bon marché que dans les pays dépourvus d'industrie, où le peuple est misérable ; et il est plus difficile à tel habitant voisin d'une forêt de payer 3 francs pour acheter une voiture de bois, qu'à l'artisan d'une ville de s'en procurer une pour 15 fr. J'ai remarqué, dans une contrée où le bois de hêtre ne coûte que 2 francs le stère, que les manouvriers sont trop pauvres pour en acheter, et qu'ils ne brûlent que du genêt-balai, dont souvent ils sont même dépourvus. Si l'industrie pénètre un jour dans ce pays, le prix du bois doublera, mais les habitants auront quatre fois plus de moyens de s'en procurer.

Il y a très-peu d'usines à feu en Espagne, et le prix du chauffage y est excessif. Le charbon valait 4 livres tournois le quintal à l'époque du voyage de M. de Laborde. Le bois rond de chêne ou d'olivier valait 25 sous tournois le quintal, ce qui fait environ 30 francs le stère. Ce prix, composé à peu près exclusivement des frais de main-d'œuvre et de transport (1), est hors de la portée des gens du peuple.

En France, rien de plus misérable et de plus mal chauffé que les ménages qui vont gaspiller le bois sec et les menues branches ; cependant ils obtiennent ce combustible pour rien ; mais un travail mieux dirigé procurerait facilement une valeur trois ou quatre fois plus forte que celle de ce bois qui est si péniblement amassé, et plus péniblement encore apporté dans les chaumières.

M. Moreau de Jonnès a donné, dans ses recherches sur le commerce, le tableau de la dépense annuelle d'un ouvrier et de sa famille, composée en tout

(1) Les transports se font à dos de mulets et coûtent trois fois plus que le transport par charrette. L'enlèvement des grands arbres est presque impossible, ce qui les rend inutiles et sans valeur.

de cinq individus; le chauffage entre dans cette dépense pour moins du vingtième. Il évalue à 600 francs la consommation de blé que fait cette famille; le chauffage devant coûter au plus 30 francs, la proportion est la même que dans le XIVe siècle.

Ce résultat peut paraître extraordinaire à qui sait qu'une grande partie de nos terres cultivées étaient encore couvertes de forêts dans le XIVe siècle, et que depuis cette époque la population s'est considérablement accrue; mais les faits s'expliquent par deux circonstances : 1° l'emploi des bois de charpente est bien diminué depuis que l'on construit en pierre les bâtiments des villes et une grande partie de ceux des campagnes; 2° les arbres qui ne franchissaient jamais les limites des forêts où ils étaient nés se transportent aujourd'hui à une grande distance, ce qui accroît dans une forte proportion les approvisionnements des consommateurs (1).

Ce qui occasionne la cherté du chauffage, c'est la difficulté des transports; ce qui en fait la priva-

(1) En 1418, le moule de bûches valait à Paris 20 sous. C'était un prix extraordinaire et hors de la portée du peuple. Par lettres patentes du 26 novembre de la même année, il fut ordonné aux maîtres des eaux et forêts de faire couper et vendre dans la forêt de Bondy, près Paris, chaque arpent pour 8 livres tournois et au-dessous jusqu'à 6 livres. On ordonna aux marchands de vendre le bois à un prix raisonnable, et de délivrer désormais le moule de bûches pour 6 sous parisis (8 sous tournois) et au-dessous. En 1419, la cherté s'étant renouvelée, on fit couper le bois de Vincennes, et le moule coûtait 16 ou 18 sous parisis, ce qui était excessif. En 1481, l'hiver fut des plus rudes, et le bois se vendait à Paris 7 à 8 sous le moule. Le moule formait le quart de la voie.

Ainsi, dans un siècle où les environs de Paris étaient encore

tion, c'est la pauvreté des habitants. La cherté du bois pris dans les forêts ne peut jamais être excessive, car ce serait une prime pour la production.

CHAPITRE III.

DES FORÊTS CONSIDÉRÉES RELATIVEMENT A L'AGRICULTURE.

En Amérique, dans les contrées abandonnées à leur fécondité naturelle et garnies de forêts, il faut à la subsistance d'un sauvage quatre-vingts ou cent arpents ; tandis que, dans les parties bien cultivées de l'Europe, comme en Flandre, deux arpents (un hectare) suffisent à la nourriture de chaque individu.

La culture des contrées du nord de l'Europe est encore bien arriérée. L'Allemagne a conservé en bois et marais plus du tiers de son étendue superficielle.

Les forêts de la Pologne occupent encore la moitié de la superficie totale ; les eaux et les terres incultes en couvrent le quart ; les terres labourables et les prairies forment le surplus. Si l'on considère la latitude de ce pays, on peut s'étonner que ces productions ne soient pas plus nombreuses et plus variées ; mais le défaut d'industrie en est la cause : non-seulement le sol des forêts ne rapporte rien, mais les arbres eux-mêmes forment un capital stérile, tandis qu'un ter-

couverts de forêts de haute futaie, les habitants de cette ville ne pouvaient avoir de quoi se chauffer ; ils ne possédaient pas même les moyens de solder les frais indispensables d'abatage, de façon et de transport des bois.

rain cultivé en chanvre rapporte plus de 200 francs l'hectare.

Il n'en est pas de même dans les pays industrieux. L'étendue totale du sol de l'Angleterre est de trente-huit millions d'acres (onze millions deux cent mille hectares), non compris l'Écosse : on y compte à peu près deux millions d'acres en bois taillis et en plantations ; la partie boisée est d'environ un vingtième de la surface du royaume. L'acre de bois (quarante ares) rapporte environ 30 francs de notre monnaie, ce qui fait environ 75 francs par hectare. Les meilleures forêts de France, situées près de Paris, ne donnent pas ce revenu.

Le revenu des bois, en France, est de 18 fr. par hectare ; la même étendue, cultivée en blé, produit 36 fr. ; cultivée en vigne, elle rend 50 fr.

Un hectare de bois rapporte quatre fois plus en Angleterre qu'en France, ce qui nous explique pourquoi les bois proprement dits sont beaucoup mieux soignés dans l'un de ces royaumes que dans l'autre. Tel est l'effet de la culture sur les arbres, que les terres arables, en Angleterre, ne rapportent pas autant de revenu que les bois cultivés ; cependant on n'y manque ni de chauffage ni d'arbres pour les constructions.

Dans d'autres contrées, les forêts incultes, quoique couvertes d'arbres séculaires, rapportent beaucoup moins que de simples taillis bien cultivés : cette différence était déjà appréciée en Italie du temps des Romains, qui rangeaient les biens de campagne en neuf classes, d'après la gradation de leurs revenus ; ils mettaient au premier rang les vignes, au second les jardins, au troisième les plants de saule, au quatrième les plants d'olivier, au cinquième les prés, au sixième les terres à froment, au septième les bois taillis, au huitième les plants d'arbres mélangés de vignes, au neuvième les forêts de chênes pour nourrir les cochons. Les bois taillis étaient préférés aux forêts, parce qu'ils étaient situés dans le voisinage des habitations. La valeur des bois, comme celle de toute autre denrée ou marchandise, est nulle si elle est hors de la portée des consommateurs.

Aujourd'hui même, dans l'Italie septentrionale, on préfère les bois taillis aux vieilles forêts. On nomme *bosco-misto* un terrain dans lequel croît la bruyère sous la futaie; on en estime le fonds et la superficie moitié du prix d'une terre labourable de même étendue, le tiers d'une surface égale qui serait couverte de vignes, et le cinquième de la même superficie qui serait en nature de pré susceptible d'arrosement.

L'abondance des produits de la terre croît en proportion de l'étendue des travaux qui ont développé sa fécondité primitive; et, à la longue, la culture doit s'appliquer à toutes les plantes, soit dans les prairies, soit dans les forêts.

C'est au discernement du cultivateur à choisir les terres les moins propres à l'agriculture pour les planter en bois. Un sol granitique, qui ne conviendra pas aux céréales, produira de très-beaux bois; la culture forestière sera avantageuse dans les mauvaises terres, dans les fonds épuisés et sur les coteaux.

Les arbres fruitiers, les châtaigniers surtout, procurent à la fois des aliments, du combustible et des bois à bâtir. Cependant les pays doués de ces ressources si précieuses sont pauvres lorsque les habitants se bornent à la seule culture des arbres; le chàtaignier, disent les Italiens , est le froment de la montagne ; un arpent planté de chàtaigniers produit, lorsque la récolte est bonne , beaucoup plus de matière nutritive que n'en donne un arpent de seigle ; mais le blé manque rarement, il est facile de le conserver , tandis que le grand désavantage des chàtaigniers est dans l'inégalité disproportionnée des récoltes, qui souvent manquent presque entièrement, et dans la difficulté de conserver leurs fruits.

En Corse, on voulait détruire les forêts de chàtaigniers, dans la vue d'exciter les habitants à cultiver davantage les céréales ; mais, pour vaincre leur répugnance au travail, qui s'étend jusqu'à négliger la culture des oliviers, il eût été préférable de dessécher les marais, et de les céder à des familles de cultivateurs que l'on aurait appelées du continent.

En Orient, en **Afrique**, les peuples qui vivent des fruits du cocotier sont misérables, et croupissent dans un état voisin de la barbarie ; mais ceux qui n'ont que des arbres plantés de leurs mains, et qui les cultivent bien , s'approchent de la civilisation.

Il est certain que la culture fait de nos jours des conquêtes dans les pays nouvellement habités, et s'améliore dans les lieux anciennement cultivés. Les départements du midi, l'Ardèche , la Corrèze , la Haute-Vienne, l'Aveyron et la Dordogne, présentent à la fois des forêts de chàtaigniers et de belles cultures de plantes céréales. Cette combinaison de la plantation des arbres et de la culture des plantes alimentaires ou fourragères, étant bien faite, sera le point le plus élevé du perfectionnement de l'agriculture et de la science forestière.

En 1709, la France, affligée d'une famine, fit usage

d'une immense quantité de glands; une pareille res-source serait bien faible aujourd'hui que les neuf dixièmes des massifs de futaies sont détruits, mais on en est dédommagé au centuple par les produits agricoles, qui sont devenus infiniment plus variés et plus considérables.

Nous ajouterons à ce chapitre quelques considéra-tions relatives aux défrichements.

Les Italiens ont défriché les bois, et converti en terres labourables les côtés et les sommets des mon-tagnes; la terre, ne se trouvant plus soutenue par les racines des arbres, tombe dans les rivières avec de vastes fragments de rochers, et couvre les vallées. L'Adige et le Pô ont détruit des milliers d'arpents de terres qui étaient bien cultivées; des provinces en-tières sont désolées par des inondations ; les digues, que l'on élève à grands frais, se rompent sou-vent par la violence des ouragans; les déborde-ments charrient quelquefois un limon qui en-graisse les terres; mais il n'y a point de dédomma-gement possible pour les montagnes : car si une pente qui n'a qu'un pied de terre végétale perd seulement, chaque année, une ligne sur sa su-perficie, il ne faut que cent quarante-quatre ans pour mettre le roc à nu.

Les désordres qu'entraine le défrichement des mon-tagnes se font peu sentir lorsque des travaux faits avec art, comme des terrasses ou des tranchées, retiennent les terres. Les montagnes du pays de Lucques sont presque toutes plantées de vignes, d'oliviers, de châtaigniers, de mûriers; on a dé-friché une partie de la plaine, et, par le moyen des digues et des portes qui empêchent la communication de l'eau de la mer, on maintient les terres en état de culture ; le nombre des habitants a quintuplé dans quelques endroits depuis ces travaux.

L'ancienne Italie, qui était cultivée avec un soin extrême, s'était couverte, dans le moyen âge, de forêts et de marais, dont une partie a été depuis desséchée et défrichée.

Mais il reste des provinces entières où l'agriculture n'a pu recouvrer ce qu'elle avait perdu. Les villages des Maremmes, autrefois très-peuplés, n'ont plus d'habitants ; de grandes villes ont disparu ; les lacs et les marais, n'étant plus retenus par l'industrie humaine, ont inondé les plaines. On retrouve, au milieu des bois, des ceps de vigne et des oliviers sauvages, tristes vestiges de l'ancienne culture ; les territoires du Val-d'Esa, du Siennois, et des contrées voisines, ne sont plus que des forêts peuplées de liéges, de chênes et de frênes, où vivent d'immenses troupeaux de cochons. La croissance des arbres y est si rapide, que, dès l'âge de quarante ans, ils sont propres au service de la marine ; on en tire du merrain pour l'Espagne, et du charbon pour Gênes ; mais ce sont de pauvres produits, en comparaison de ceux que donnait une culture florissante.

Ces observations prouvent que le défrichement des montagnes est souvent nuisible ; mais que celui des plaines ne peut jamais l'être sous le rapport essentiel de l'agriculture et de la température.

On pourrait défricher encore en France plus d'un million d'hectares dans les plaines, pourvu que l'on replantât les montagnes. L'avantage serait, 1° de créer des travaux qui produiraient au moins 300 francs par hectare ; 2° d'augmenter le produit imposable et de rendre productifs un million d'hectares de mauvais terrains dans les montagnes ; 3° d'assainir l'air des plaines et d'y favoriser la culture de la vigne ; 4° d'égaliser la répartition des forêts.

Le déboisement des montagnes est indépendant de toutes les lois sur les défrichements. Ces lois sont absurdes lorsqu'elles ne concilient pas l'intérêt privé avec l'intérêt public. Les forêts de l'Angleterre se sont détruites sans défrichement. C'est l'effet de l'indivision, de la confusion des droits d'usage et de la nullité des produits forestiers.

Un propriétaire veut-il reconnaître s'il lui est plus avantageux de conserver une forêt que de la défricher, il comparera les produits futurs dans les deux hypothèses.

Supposons que le bois qui couvre le sol vienne d'être coupé ou soit près de l'être, et que, d'après l'usage réputé le meilleur, la coupe suivante doive être exploitée lorsque le taillis aura atteint l'âge de 25 ans. Nous supposerons encore que l'étendue de la forêt est de 100 hectares, que la coupe rapporte 1000 francs par hectare à l'âge de 25 ans, et que le sol une fois défriché serait susceptible de donner un revenu net de 45 francs par hectare, tous impôts déduits, dans les deux hypothèses ; nous compenserons même les frais de garde avec l'augmentation future, mais éloignée, de l'impôt foncier des terres défrichées.

Le propriétaire devra, pour arriver à une solution, peser plusieurs considérations préliminaires. 1° Sera-t-il obligé de bâtir une ferme, ou bien pourra-t-il louer ses terres sans être obligé d'élever des constructions dispendieuses ? 2° Est-il propriétaire d'une masse de bois, plus considérable, qui soit située dans le voisinage, il profitera de la hausse dans le prix du combustible, et du bois de service, résultant du défrichement. 3° Au contraire, n'est-il que simple consommateur, il supportera sa part du renchérissement.

Nous supposerons que les frais de défrichement s'élèveront, déduction faite du produit des souches, à 150 francs par hectare ou 1500 francs en totalité, et que la construction d'une ferme exigera une dépense de 30,000 francs.

Il faut actuellement supputer la valeur de la propriété dans l'état forestier en capitalisant au taux de 3 $\frac{1}{2}$ p. $\frac{o}{o}$ du revenu brut, ou, ce qui est la même chose, il faut calculer la valeur vénale du sol, que nous supposons dépouillé de sa superficie.

En faisant le calcul, à l'aide des tables d'intérêts, on trouvera que le sol vaut, sous le rapport du produit forestier, 734 francs l'hectare.

En effet, supposons que l'on place cette somme à 3 $\frac{1}{2}$ p. $\frac{o}{o}$ d'intérêts cumulés pendant 25 ans, on aurait un capital de 1734 francs.

Mais, en conservant la propriété forestière on aura, à la même époque :

1° La coupe évaluée. . . . . 1000 fr.
2° Le sol estimé. 734

____

Total égal. . . 1734

La forêt contenant 100 hectares, le sol nu vaut, par conséquent, 73,400 fr.

Mais, s'il était défriché, il produirait un revenu brut de 4500 francs à raison de 45 francs par hectare.

Ce revenu, capitalisé à $3\frac{1}{2}$ p. $\frac{0}{0}$, donne une somme
de 128,555, ci. 128,555
Il faut déduire : les frais de construction
que nous évaluons à. . . . . 30,000 fr.
Les frais de défrichement
au delà du produit des souches,
évalués 15,000

                                45,000 fr. ci 45,000

Il resterait par conséquent. 83,555
Mais, en conservant la forêt, on n'aurait
qu'une valeur de. 73,400

Le bénéfice opéré par le défrichement
serait de. 10,155

Ce bénéfice serait trop peu considérable pour décider le propriétaire à opérer le défrichement ; car la
mise en pratique d'une bonne culture forestière
pourrait, sans être accompagnée d'embarras et d'une
émission aussi considérable de capitaux, amener une
semblable hausse dans la valeur de la propriété.

CHAPITRE IV.

DES MINES ET DES USINES.

Les souverains de la Russie, en établissant des
forges sur les bords de l'Oural, ont rendu un peu
agricoles les peuples nomades du voisinage. Ces forges, dont la fondation est contemporaine des derniers

travaux de Pierre le Grand, possèdent des forêts considérables, où les bouleaux et les peupliers dominent. Ces arbres sont mélangés de mélèses, que l'on ne daigne pas abattre, parce que leur charbon pétille dans les fourneaux où se fond le minerai. On les laisse sur pied, et bientôt ils sont renversés par les vents.

Les chemins qui conduisent dans ces usines ont été pratiqués à travers des forêts marécageuses ; on a eu soin d'ouvrir des canaux des deux côtés, de relever les endroits bas et enfoncés, d'établir des ponts et des fossés d'écoulement, et de niveler partout le terrain. Lorsque les forêts voisines sont épuisées, on reconstruit d'autres fourneaux dans les forêts vierges.

Le transport des bois, l'abatage et la main-d'œuvre coûtent fort cher en Sibérie : la main-d'œuvre, parce que le pays manque de population ; les frais de transport, parce que la confection et l'entretien des chemins sont difficiles ; les marais, les arbres abattus, les blocs de pierre détachés, forment à chaque pas des obstacles, mais le génie a su les vaincre (1).

Dans une partie de la Russie, les mineurs étaient, il y a quelque temps, levés en recrues, comme les militaires ; les charrois et les autres travaux se faisaient par corvées, à vingt lieues à la ronde. Les bois et les charbons ne se payaient pas, à moins qu'une légère redevance ne soit regardée comme un prix d'achat.

Un tel état de choses est favorable à l'industrie

(1) Une singularité remarquable, c'est que le minerai de la forge de Bibenskoï n'est autre chose que du bois pétrifié qui renferme des grains de fer : on y distingue encore les couches concentriques et l'écorce des arbres.

dans les premiers temps de l'établissement d'une usine ; mais, s'il se prolongeait, il en résulterait seulement que les directeurs gagneraient davantage , et se relâcheraient dans leurs travaux.

Les mines de Danmora, en Suède, sont renommées comme produisant le meilleur fer de l'Europe ; c'est l'une des principales richesses du royaume, et l'un des plus solides appuis de la prospérité publique. La province d'Upland , couverte de rochers pelés, de marais et de bois, serait entièrement déserte, s'il n'y avait pas des forges qui lui donnent l'apparence d'un pays civilisé. Une partie du minerai de Suède se pêche dans les lacs, et la navigation favorise les transports des matières premières et des métaux fabriqués.

Tandis que les forges prospèrent dans le nord, les usines des régions méridionales sont successivement abandonnées. Les mines de fer de Chypre, de Minorque, de Majorque, de l'île d'Elbe, et un grand nombre d'autres, sont délaissées. Cela tient principalement à l'état rétrograde de l'industrie dans l'Orient et dans le Midi.

Il se fait un peu de fer dans le royaume de Naples, mais la plus grande partie de celui que l'on emploie se tire du Nord, tandis que l'on pourrait en fabriquer assez pour les besoins du pays.

Les usines du Portugal ne sont pas dans une meilleure position. Les vices du régime réglementaire de ce pays sont tels, qu'une verrerie qui prenait gratuitement le bois dont elle avait besoin pouvait à peine se soutenir. C'est l'effet commun des priviléges longtemps prolongés.

Nos usines à fer des Pyrénées orientales ne pros-

pèrent pas, malgré l'abondance des mines, **et le très-**
bas prix du charbon dans les forêts, qui se dégradent
et se réduisent en buissons, uniquement parce qu'elles
ne rapportent rien, et que les charbons rendus dans
les forges ne valent guère que les frais de fabrication
et de transport (1).

Les États du nord ont beaucoup mieux su tirer parti
de leurs richesses minérales que ceux du midi. **La**
partie de la population qui s'occupe à extraire les
minerais, à les traiter, à couper le bois, à transporter
les charbons, à fabriquer les métaux, et à les réduire
en ouvrages de toute espèce, est d'un huitième à trois
huitièmes de la population totale dans une partie de
l'Allemagne.

La cherté croissante du combustible fait recourir
à la houille. C'est une grande époque dans l'histoire
industrielle d'un peuple que celle où il commence à
employer ce combustible et les machines qu'il peut
faire mouvoir. C'est par là que l'industrie de l'Angleterre surpasse celle du reste du monde. La France
peut prétendre à la même prospérité ; elle ne conservera que les forêts qui lui sont nécessaires : toutes
les autres seront livrées successivement à l'agriculture, pour subvenir aux besoins d'une population
toujours croissante. Les bois des montagnes et des
terrains peu propres aux productions agricoles seront employés au chauffage, à la charpente, à la marine. Les débouchés seront ouverts par des routes
qui, en donnant une grande valeur aux forêts, en
assureront la conservation et la reproduction.

(1) Des routes construites à grands frais pour des exploitations bornées ont peu d'utilité.

Des hommes habiles ont soutenu que la cause principale du manque de bois était l'excessive consommation qui s'en faisait dans les usines; ils ne voyaient pas que dans l'état actuel de l'agriculture, et avec la population nombreuse des campagnes, des forêts improductives auraient été ou défrichées ou livrées au pâturage, et par conséquent détruites.

CHAPITRE V.

DE L'INFLUENCE DU TAUX DE L'INTÉRÊT DE L'ARGENT SUR LA CONSERVATION DES FORÊTS.

En France, un propriétaire se voit-il dans la nécessité, ou d'emprunter un capital à 6 pour 100, ou d'exploiter une coupe de bois par anticipation, il prend sans hésiter le dernier parti. Ses forêts sont bien soignées, parce qu'elles lui présentent une ressource assurée dans ses besoins prévus ou imprévus.

En Pologne, un grand seigneur emprunte à 20 pour 100, parce qu'il juge inutile d'abattre des futaies, dont la vente ne lui produirait presque rien, et qui lui rendent un certain revenu en glandée et en pâturage; mais si les capitaux étaient à bon marché, il pourrait construire des forges et des verreries, qui donneraient de la valeur à ses bois.

L'intérêt était très-haut en France, comme dans le reste de l'Europe, avant le xvie siècle. Philippe IV le fixa à 20 pour 100; mais plusieurs événements ont amené une diminution; l'accumulation des capitaux est devenue plus facile après la découverte de l'Amérique ; la renaissance de l'agriculture et des arts a donné aux terres une valeur qu'elles n'avaient pas auparavant ; la destruction des bois, suite des progrès de l'agriculture, a été très-grande, surtout dans le xve siècle ; les rois concédaient leurs forêts à titre d'engagement ; ces aliénations augmentaient singulièrement la richesse des particuliers, et par conséquent celle de l'État. On faisait disparaître des arbres inutiles, mais l'aisance générale résultait des défrichements. Ce n'est qu'à dater de cette mémorable époque que le bois eut généralement une valeur vénale dans les forêts, et que les propriétaires et l'État ont mis en compte l'intérêt qu'ils pouvaient retirer de la vente de leurs coupes.

Tout le monde a pu remarquer qu'un capital très-faible, qui serait placé pendant deux ou trois siècles, produirait une somme immense ; par exemple, 100 fr. placés pendant deux cents ans à 5 pour 100, avec intérêts composés, donneraient 1,730,000 fr. Comment se fait-il que, ni un gouvernement, ni un particulier, ne puissent faire une semblable accumulation, qui n'embrasse que six générations ? Cependant nous voyons partout des chênes de deux cents ans, qui ne sont autre chose qu'un capital accumulé. Cette disposition, qui nous porte à conserver des arbres, est donc moins rare que l'on ne pense.

La culture, en favorisant l'accroissement des bois, aura une grande influence sur leur conservation. En effet, cet accroissement, que l'on pouvait évaluer à 3 pour 100 de la valeur capitale, sera désormais de 5 pour 100, par l'effet de l'application de l'art et du travail à l'économie forestière. Il sera aussi avantageux de laisser croître un taillis que d'en placer le produit dans un prêt ou une acquisition. Il n'y aura donc plus de motif d'abattre prématurément les taillis.

CHAPITRE VI.

DES FORÊTS CONSIDÉRÉES RELATIVEMENT A LA TEMPÉRATURE.

La destruction des forêts sauvages, et surtout la culture qui en a desséché le sol, ont échauffé la température. La France n'est plus cette Gaule couverte de forêts, dont les fleuves étaient gelés durant des mois entiers. Les mûriers et les oliviers croissent à l'occident des Alpes. Les plantes d'Asie s'acclimatent au nord de l'Europe. Mais souvent le déboisement des montagnes est pernicieux : il dessèche les sources ; il livre à une transpiration immodérée des plantes dont les racines cherchent en vain l'humidité et l'ombrage nécessaires à leur croissance (1). M. Rauch a signalé dans ses *Annales* tous les inconvénients de la destruction des forêts : elle trouble la corrélation qui existe entre les végétaux et les météores ; elle cause des irrégularités dans la température ; elle occasionne des avalanches imprévues et multipliées, des inondations désastreuses, l'intermittence des cours d'eau, des variations funestes dans le cours des vents.

(1) Des expériences souvent répétées ont prouvé que les végétaux absorbent une quantité d'eau considérable. Un grand arbre soutire par la force de succion de ses racines et de ses feuilles jusqu'à 75 kilog. d'eau par jour.

Les ruisseaux et tous les cours d'eau bordés d'arbres conservent leurs eaux, tandis que le lit de ceux dont les bords sont dépourvus de plantations est souvent desséché. Cet effet est beaucoup plus remarquable qu'on ne pourrait le croire.

On attribue d'autres influences au déboisement : les mûriers, la vigne, les oliviers, sont, dit-on, plus exposés aux gelées qu'ils ne l'étaient autrefois. Nous croyons que c'est une erreur; car, en général, les hivers sont devenus moins froids qu'ils ne l'étaient jadis, et les gelées printanières sont bien plus à craindre dans le voisinage des bois que dans les terrains découverts. Ce sont les défrichements exécutés depuis le moyen âge jusqu'à nos jours, qui ont rendu les récoltes des céréales plus abondantes et plus assurées (1). Le nombre des oliviers et des mûriers s'est considérablement accru en France depuis un siècle.

Des recherches que j'ai faites en Bourgogne, dans l'un des vignobles les plus considérables de la contrée, présentent ce résultat curieux que la moyenne de l'ouverture des vendanges pendant le cours *d'un siècle* ne diffère au plus que de trois jours de la moyenne prise pour *un autre siècle,* et que les mêmes dates se reproduisent après un intervalle considérable. J'ai obtenu les moyennes suivantes qui expriment le jour de l'ouverture des vendanges :

26 septembre, dans la période qui embrasse la dernière partie du XIV⁰ siècle et dans le XV⁰ siècle;

(1) La France était très-boisée en 1318; cependant il y eut une sécheresse que les temps modernes n'ont pas vue se renouveler. *Il y avait onze mois qu'il n'était tombé de pluie, dont avint grande cherté l'espace de deux ans.* (Essai sur les monnaies.)

28 septembre, dans le XVIᵉ siècle ;

25 septembre, dans le XVIIᵉ siècle;

26 septembre, dans la période qui comprend le XVIIIᵉ siècle et la partie écoulée du XIXᵉ.

Ainsi on peut tenir pour constant que l'époque de la maturité du raisin n'a pas éprouvé de retard sensible en Bourgogne, depuis près de cinq siècles, malgré le desséchement des plaines opéré par la culture et le déboisement de quelques parties du sol.

Les sécheresses perdent rarement les récoltes. Les disettes ne sont guère occasionnées que par les vents du sud-ouest, lorsqu'ils soufflent constamment en été, ou par les vents du nord, qui dominent durant un hiver très-rigoureux.

Dans les lieux trop boisés, les forêts attirent des pluies qui durent plusieurs mois, et ne permettent pas aux plantes céréales de parvenir à leur maturité ; et, lorsque les pays cultivés redeviennent marécageux, les hivers sont beaucoup plus longs et plus rudes qu'auparavant.

La fertilité des terres exige une température qui ne soit ni trop ni trop peu chargée d'humidité; la culture prolongée pendant plusieurs siècles tend à dessécher les terrains calcaires. Ainsi, à différentes époques, la même contrée est surchargée, puis suffisamment fournie, et enfin absolument dépourvue des eaux dont elle a besoin. Les anciens avaient déjà reconnu que des cantons jadis marécageux, devenus ensuite fertiles par leur défrichement, étaient redevenus stériles par la perte totale de leur humidité.

Le défrichement des marais et des forêts qui sont situés dans des plaines humides est donc un bienfait; mais, dans un sol trop desséché, sur des coteaux, sur des montagnes peu propres à la culture, le défrichement n. produit que des effets pernicieux.

Si l'on considère l'état général du sol de l'Europe, on peut dire qu'il y a encore plus des trois quarts des forêts qu'il convient de défricher, pour les remplacer par des cultures qui élèveront la température dans les pays froids, et assainiront les climats trop chauds.

On peut conjecturer que, dans quatre ou cinq siècles, lorsque les plaines de la Pologne et de la Russie seront dépouillées d'une bonne partie de leurs forêts et que les terres seront desséchées et cultivées, la température de la France sera élevée d'une manière sensible.

En France même, les forêts ne sont pas réparties convenablement pour améliorer la température. Ici on voit de grands massifs qui entretiennent une humidité malfaisante; là, des plaines sans arbres ni buissons. Les défrichements devront s'opérer en même temps que les plantations. Des massifs ou des rideaux de bois, bien disposés, mettront à l'abri des vents les lieux où leur influence est redoutée. Des bosquets plantés à l'entour des habitations en rendront le séjour plus sain ; car il se dégage beaucoup d'oxygène du feuillage des arbres.

La *mal-aria* se fait sentir dans les campagnes déboisées, sèches et arides de Rome ; cependant l'air y est salubre tant que les moissons ne sont pas faites. Plus tard les miasmes n'étant plus absorbés par les feuilles et les racines du blé se répandent dans l'atmosphère.

Il suffirait que les montagnes et les coteaux fussent boisés, et que, dans les plaines, un vingtième de l'étendue du sol fût planté, non en grands massifs, mais en bosquets bien espacés.

La culture des forêts, outre l'avantage de faire croître les bois bien plus rapidement, de donner des arbres sains et d'un tissu serré, assainira le sol, et rendra l'air plus pur dans tous les lieux où elle sera pratiquée.

CHAPITRE VII.

DE L'IMPORTATION ET DE L'EXPORTATION DES BOIS; DE L'IMPÔT ET DES RÈGLEMENTS SUR LA PRODUCTION.

Les Hollandais n'ont point de forêts, et il y a plus de bois de construction dans leurs chantiers qu'il n'y en a dans les villes forestières. C'est peu de posséder des arbres dans son territoire, d'avoir de belles forêts, si l'on ne trouve le moyen de les faire servir à l'usage des habitants et d'en obtenir une valeur échangeable: ainsi une loi qui défendrait l'exportation des bois serait absurde, parce qu'elle priverait le pays qui exporte et le pays qui importe d'une marchandise dont ils tirent toujours un certain avantage.

La Pologne et les pays adjacents seraient plus pauvres encore sans leurs exportations. On traîne les grands arbres pendant l'hiver sur le bord des fleuves; et lorsqu'ils arrivent dans les ports, leur valeur est composée presque entièrement des frais de main-d'œuvre et de transport : car il en coûte très-peu pour obtenir la permission de couper des arbres dans les forêts qui bordent le cours supérieur des fleuves.

L'importation des bois de la Baltique en Angleterre est considérable. La qualité des bois d'Europe, pour la construction des vaisseaux, est très-supérieure à celle des bois du nouveau monde, qui sont d'un tissu lâche et spongieux.

En France, d'anciennes ordonnances défendaient de faire sortir du royaume aucune espèce de bois ou de charbon, sous peine d'amende et de confiscation. Les lois nouvelles ont fait de semblables prohibitions, mais elles n'ont pas empêché les importations, qui se sont quelquefois élevées à plus de douze millions de francs par an, tandis que les arbres des Pyrénées et des Alpes pourrissent sur le sol qui les a nourris.

Les règlements qui défendent l'exportation des bois vont directement contre leur but : car, du moment que les débouchés sont fermés, les bois qui s'écoulaient par là deviennent désormais inutiles, et l'on se dispense de les entretenir et de les soigner. Les forêts de la Provence ne seraient pas détruites si les constructeurs des bâtiments de mer y avaient pris les bois dont ils avaient besoin, parce qu'elles auraient fourni un revenu.

Par la même raison, l'importation des bois étrangers devrait être défendue dans une contrée où la conservation des forêts prévient la détérioration de la température, où leur destruction ferait tarir les sources des fontaines, refroidirait le climat et favoriserait l'entraînement des terres par les eaux.

M. Moreau de Jonnès nous apprend qu'en Suède les navires étrangers ne sont point admis à l'exportation des bois, quoique le pays contienne dix mille milles carrés de forêts, dont à peine un cinquième est en exploitation régulière. Cette faute de prohiber la sortie des bois n'est pas une invention des peuples modernes : les anciens avaient défendu l'exportation des arbres de construction, tels que le sapin, le cyprès et le platane.

En France, les bois étaient à peu près exempts d'impôts il n'y a pas plus d'un siècle; ils rapportaient alors peu de revenu; mais depuis qu'ils payent des contributions comme les terres, le prix du combustible a dû augmenter de tout le montant de l'impôt, qui tombe en définitive sur le consommateur, excepté pour la portion qui s'applique au sol nu, laquelle est entièrement à la charge du propriétaire, sans qu'il puisse la rejeter sur personne.

Les impôts n'étaient assis, dans les temps reculés, que sur les produits de la terre, sur les moissons, sur les fruits des arbres, et ils se levaient en nature. Cet état de choses a continué jusqu'à la fin du moyen âge. Ce n'est guère que depuis la découverte de l'Amérique que les gouvernements ont pu facilement exiger des impôts en argent.

On a proposé d'exempter les futaies de toutes contributions; mais cet encouragement n'est pas suffisant pour faire opérer des plantations importantes sur les coteaux et dans les terrains perdus pour l'agriculture. Les moyens directs sont plus efficaces : des routes, des canaux, des usines, excitent à planter des bois, parce qu'ils en assurent le débit à un prix qu'il est facile de calculer d'avance, si le commerce et l'industrie sont libres, si les lois n'entravent pas l'exercice de la propriété de formalités gênantes ou onéreuses.

La valeur ou le prix des gros arbres doit s'élever à mesure qu'ils seront plus rares; mais cet effet sera bien lent, car plus la demande s'augmente, plus les exploitations sont fréquentes. Une forte demande d'arbres ou de taillis fait couper la futaie et les taillis plus jeunes, et détermine de nouvelles plantations.

Les bois étaient soumis en Prusse à une espèce de monopole qui est regardé comme une cause active de leur dépopulation. Le gouvernement avait créé des compagnies privilégiées pour la fourniture des bois à brûler des principales villes du royaume; il prit même cette entreprise pour son compte; il en était résulté un renchérissement qui n'était autre chose qu'un impôt sur les consommateurs.

En Suède, les forges ne peuvent fabriquer au delà d'une certaine quantité de fer qui est fixée par d'anciennes ordonnances. La seule fabrication de l'acier n'a point d'entraves. Ce règlement, qui a pour but apparent de ménager les bois, a pour effet nécessaire et immédiat de les détériorer, et de maintenir le prix courant du fer un peu au-dessus de son prix naturel.

Les ordonnances qui prescrivent de planter des arbres sont toujours mal exécutées. En Espagne, les règlements de Charles III prescrivirent la plantation annuelle d'une quantité déterminée d'arbres forestiers dans chaque province. On lit dans l'ouvrage de Deby que les habitants allaient faire ces plantations au jour indiqué par l'autorité, mais que six semaines après il n'y avait plus rien.

Les médailles, les récompenses décernées à des particuliers qui ont fait des améliorations agricoles ou des plantations ne sont, suivant un économiste, qu'un luxe de législation; mais il est difficile d'être de son avis quand on voit que l'exemple seul peut amener les habitants des campagnes à adopter de nouvelles cultures, et que ceux qui donnent cet exemple attachent ordinairement un grand prix à des récompenses honorables.

CHAPITRE VIII.

DE LA VALEUR VÉNALE DES FORÊTS ET DES BIENS-FONDS EN GÉNÉRAL.

La valeur vénale de la propriété territoriale des forêts, comme celle des autres biens-fonds, a pris un accroissement tel, que des considérations qui auront pour objet d'en constater la marche progressive ne peuvent manquer d'exciter un certain intérêt.

Les causes qui ont fait hausser le prix des terres en France sont, 1° le perfectionnement de l'agriculture, qui a fait augmenter la population; 2° l'ouverture des canaux et des grandes routes, qui ont rendu plus faciles l'exploitation des terres et la circulation des produits; 3° l'introduction d'un ordre de choses presque unique en Europe, dans lequel toutes les terres relèvent directement du souverain, sans aucun intermédiaire; 4° l'augmentation de la classe des propriétaires cultivateurs qui ne payent de fermage à personne, et qui deviennent tous les jours plus nombreux; 5° l'augmentation de la dette de tous les États de l'Europe, qui produit un surhaussement dans le prix des denrées; 6° la dépréciation de la valeur relative des monnaies, résultant de la facilité avec laquelle on fait circuler des billets et papiers de commerce, qui remplissent l'office de la monnaie; 7° enfin la facilité que l'on a de placer son argent à intérêt avec assez de sûreté, soit sur hypothèque, soit sur de simples billets, sans que le prêteur soit obligé, comme autrefois, d'aliéner son capital ; et, comme il peut ordinairement y rentrer à des époques assez rapprochées , il peut aussi en disposer presque en tout temps pour une acquisition foncière ; en sorte que, la masse de l'argent disponible étant toujours considérable relativement à celle des terres à vendre, celles-ci acquièrent une valeur croissante (1).

On ne peut cependant admettre que la hausse de la valeur vénale des immeubles continue dans une progression indéfinie. Les causes qui pourraient ralentir cette progression ou en interrompre le cours sont la guerre et une augmentation de l'impôt foncier. Les économistes de la nouvelle école soutiennent que cet impôt est la moins onéreuse de toutes les contributions, puisqu'il n'affecte pas la production. Il sera difficile que les revenus fonciers échappent complétement à l'application de leurs théories.

Le prix des bois de charpente et de chauffage sera réglé désormais par la rente de la terre et par l'intérêt du capital employé à la reproduction , capital qui comprendra tous les salaires des travaux. Cette production s'élèvera toujours au niveau des demandes : car l'emploi d'un capital variable augmentera à volonté la quantité de la denrée ; et, lorsque la culture fera rapporter à un arpent de taillis âgé de vingt-cinq ans autant de matière qu'en peut donner un arpent de bois de cinquante ans qui reste inculte, il y aura un avantage très-considérable pour les consomma-

(1) On trouvera à la fin du volume un tableau de la valeur progressive des fonds de terre depuis la fin du xiiie siècle.

teurs. Toute la question est de savoir si le prix de ces travaux sera compensé par l'excédant de la production. Nous pensons que cet excédant couvrira tous les frais, et qu'il rendra, en outre, le profit ordinaire des capitaux, pourvu que les travaux soient bien conçus et bien exécutés.

Comme l'industrie cherchera à payer la rente foncière la plus faible possible, les terres défavorablement situées, les coteaux et les montagnes seront plantés en bois.

Ainsi la culture forestière réunira trois avantages principaux : 1° l'émission d'un capital qui emploiera utilement un très-grand nombre d'ouvriers ; 2° une augmentation de production forestière qui tournera au profit des consommateurs même les plus pauvres; 3° l'emploi des plus mauvais terrains.

On peut conclure de ce que nous avons dit dans cette seconde partie,

1° Que les forêts (indépendamment de leur influence sur la température) n'ont de valeur que par l'emploi que l'on fait de leurs bois, soit pour nos besoins immédiats, soit pour une consommation reproductive; qu'en un mot, un arbre n'est utile que lorsqu'il est abattu et employé;

2° Que la valeur vénale du bois pris dans la forêt est fondée sur la quotité plus ou moins grande des frais de transport, puisqu'il y a des localités où le bois n'a point de valeur, et où la rente de la terre n'est autre chose que le produit des fruits sauvages et du pâturage;

3° Que la masse de la production forestière, qui résultait simplement de la fécondité naturelle de la terre, s'accroîtra aussitôt que cette fécondité sera stimulée par des travaux et par des capitaux employés à la culture des bois;

4° Que le défrichement des bois situés sur des pentes est nuisible; que celui des plateaux élevés et des terres ingrates est désavantageux; que le défrichement des forêts situées dans des plaines humides serait utile; qu'il est très-profitable d'assainir les forêts, de les percer de larges clairières cultivées, et de planter en bois les terres épuisées par la culture;

5° Que les usines qui emploient du bois ou du charbon de bois sont très-utiles dans le voisinage des forêts qu'il importe de conserver, soit parce que ces forêts couvrent des pentes de montagnes, soit parce qu'elles ne seraient pas propres à l'agriculture;

6° Que l'importation et l'exportation des bois doivent généralement être libres; que les règlements et les prohibitions qui restreignent l'exercice du droit de propriété sont nuisibles;

7° Que la culture des bois aura pour effet d'accélérer la croissance des arbres dans une progression qui se rapprochera de celle des intérêts ordinaires de l'argent.

TROISIÈME PARTIE.

EXPOSITION DES DIVERSES MÉTHODES

QUE L'ON PEUT SUIVRE

POUR L'AMÉNAGEMENT DES FORÊTS.

OBSERVATIONS GÉNÉRALES SUR LES DIVERS MODES D'AMÉNAGEMENT.

Dans les contrées où les bois sont sans valeur, en Hongrie, en Servie, en Pologne, il existe de magnifiques forêts de chênes et de hêtres où se nourrissent d'innombrables troupeaux, et, si l'on fait abstraction de toute question *de profit*, ces forêts sont bien plus riches en beaux arbres que celles qui, dans d'autres pays, sont aménagées.

Mais si la population est nombreuse, si des débouchés assurés pour les bois de futaie encouragent à les maintenir et à les perpétuer, l'ordre s'établit dans la reproduction : c'est ce qui se voit en Allemagne. Les méthodes employées dans ce pays sont fondées sur des raisonnements exacts, sur des expériences savantes et mises en pratique d'une manière consciencieuse et parfaitement régulière ; elles semblent l'ouvrage d'un esprit prévoyant qui satisfait aux besoins des générations présentes et pourvoit à ceux des générations futures, tout en dédaignant les froids calculs de l'intérêt et les vues impatientes de l'égoïsme. Ces méthodes, qui forment une science complète, se rattachent à un ordre d'idées qui comprend tout ce qu'il y a de beau et de grand dans les rapports de nos besoins avec les végétaux forestiers.

Les mêmes idées de perpétuité dominaient autrefois en France; les forêts étaient chargées d'arbres dont la plupart sont détruits; les taillis s'exploitent de nos jours à un âge moins avancé, en sorte que notre sol forestier ne contient pas moitié de la masse des bois qui le couvraient autrefois. Tout n'a pas été perdu puisque ces arbres ont été employés et ont ainsi contribué à accroître la richesse publique.

Aujourd'hui, la règle générale adoptée est celle du *plus haut revenu pécuniaire possible;* de là un système de destruction qui, dans l'ordre naturel, doit être suivi d'un système de restauration calculé de même sur le *maximum* des revenus. Il est impossible d'arriver à ce but autrement que par la culture qui accélère l'accroissement des arbres dans une proportion plus forte que la dépense qu'elle occasionne.

Les Anglais ont déjà calculé et employé ces moyens de reproduction; ils veulent forcer la nature à produire promptement; ils cherchent à faire rendre aux capitaux employés dans la culture forestière le plus haut produit possible; ils ne perdent jamais de vue cette maxime que *gagner du temps, c'est gagner de l'argent.*

Un exemple suffit pour faire sentir la différence de produit que l'on doit attendre d'une haute futaie et d'un simple taillis.

Supposons une futaie de chênes âgée de cent cinquante ans; il y aura cinq cents arbres, par hectare, qui vaudront, à raison de 40 fr. chacun, la somme de 20,000 fr. Ainsi une futaie de cent cinquante hectares peut rapporter **un** revenu de 20,000 fr., puisque, chaque année, on peut exploiter une quantité équivalente à un hectare.

Si ce bois est réduit à l'état de taillis, on peut exploiter six hectares par an en l'aménageant à vingt-cinq ans; le revenu sera, terme moyen, de 800 fr. par hectare, et au total de 4,800 fr.

Ainsi l'aménagement en futaie produit quatre fois plus de bois ou d'argent que l'aménagement en taillis (abstraction faite des calculs d'intérêts composés). Le premier est donc le plus utile au pays.

Mais l'intérêt privé fait un autre calcul. Une forêt de haute futaie qui contient cent cinquante hectares, garnie d'arbres en valeur de 20,000 fr. par hectare, forme un capital de 3,000,000 fr., valeur énorme qui ne donne que 20,000 fr. de revenu; assurément l'intérêt privé commande d'abattre cette futaie et d'en employer le prix soit en placement à 5 pour 100, soit dans l'acquisition d'une terre qui rapporterait, à 3 pour 100, 90,000 fr. de revenu net.

Telle est la cause qui fait disparaître tous les massifs de futaie qui se trouvent dans la possession des particuliers. Les communes font le même calcul; le gouvernement seul doit attendre l'avenir, parce que des coupes prématurées augmenteraient peu ses revenus et qu'il serait peu digne de lui de détruire ses forêts.

Les forestiers qui calculent d'après l'intérêt simple sont guidés par le motif que, si le calcul des intérêts composés était poussé à l'extrême, les propriétaires vendraient leurs biens-fonds pour en placer le prix à intérêt. Cette observation est vraie jusqu'à un certain point; cependant on préfère généralement des immeubles à l'argent, parce que la propriété des fonds de terre est la plus solide; mais une forêt dont on règle les revenus d'après l'intérêt composé est une propriété tout aussi assurée que celle dont on règle les coupes d'après l'intérêt simple.

On cherche toujours les revenus les plus élevés, pourvu que la perpétuité en soit assurée; or les produits calculés d'après l'intérêt cumulé, pour une suite d'années indéfinie, sont les plus élevés de tous.

Nous calculerons donc toujours sur l'intérêt cumulé pour nous conformer à un fait établi. Il serait impossible de changer les idées des propriétaires de bois à cet égard. Cela se conçoit; car il n'est aucun créancier à qui il soit indifférent de recevoir des intérêts tous les ans ou de percevoir vingt années à la fois sans aucun cumul.

CHAPITRE PREMIER.

DE LA PROGRESSION DE CROISSANCE DES ARBRES.

Les couches ligneuses, qui marquent l'accroissement annuel d'un arbre qui ne dépérit pas, sont à peu près égales en épaisseur; cependant cette épaisseur diminue insensiblement à mesure que l'âge augmente, mais l'augmentation en hauteur compense la différence; un grand nombre de brins meurent dans les massifs lorsqu'un nettoiement ne les a pas enlevés; les arbres qui restent, profitant de l'espace qu'occupaient les premiers, grossissent assez rapidement, ce qui tend à différer l'effet de cette loi générale d'après laquelle l'épaisseur des couches doit décroître à mesure que l'arbre approche du terme de sa décrépitude.

Un grand nombre d'expériences m'ont fait considérer la progression des carrés des nombres naturels comme un terme moyen assez précis pour représenter les progrès de la croissance des bois; mais plusieurs causes accidentelles en modifient le rapport. En effet, un arbre est-il situé dans une terre végétale très-épaisse, ses racines s'enfoncent à une grande profondeur, et la tige prend des dimensions toujours croissantes, même lorsqu'elle est déjà parvenue à une certaine grosseur. Le sol est-il formé d'une couche peu épaisse de bonne terre qui repose sur un banc de tuf ou de rochers, le résultat est tout à fait différent : les couches annuelles, fort épaisses dans les premiers temps, décroissent lorsque les racines font d'inutiles efforts pour pénétrer une masse rebelle.

L'influence de la culture et du mode d'exploitation ne produit pas des effets moins grands. En effet, lorsqu'un taillis est promptement débarrassé de ces arbrisseaux destinés à mourir avant l'exploitation, ou à ne produire que quelques misérables fagots, l'épaisseur des couches ligneuses croît aussitôt en progression ascendante ; s'il reste, au contraire, embarrassé de bruyères, de genêts, de ronces, il ne croît qu'avec lenteur, ou en est bientôt étouffé.

En adoptant cette série des carrés pour exprimer la progression de croissance des bois, la valeur du taillis d'un an sera marquée par l'unité ; celle du taillis de deux ans par le nombre 4, celle du taillis de trois ans par le nombre 9, et ainsi de suite. Ainsi un taillis de dix ans a quatre fois la valeur du taillis de cinq ans ; un taillis de vingt ans vaut le quadruple d'un taillis de dix ans, et un taillis de trente ans vaut plus du double de celui de vingt ans.

Ce rapport diffère peu des observations partielles qui ont été faites par un grand nombre d'auteurs forestiers; il est à peu près d'accord avec celui qui résulte des expériences de Laurent Carniani, d'après lesquelles le bois croît pendant dix ans dans la proportion suivante : la première année comme 1, et les neuf autres comme 4, 9, 15, 22, 30, 40, 54, 70 et 92.

Le grossissement annuel varie suivant les espèces d'arbres, suivant les lieux, et surtout suivant la manière dont les arbres sont traités.

Tellés d'Acosta évalue le grossissement annuel d'un chêne situé dans un bon sol à cinq lignes de diamètre, ce qui fait, au bout de trente ans, douze pouces et demi de diamètre ou quarante pouces de tour. Ce même arbre, à l'âge de cent ans, aurait cent trente pouces de tour, ou près de onze pieds.

J'ai vu, dans une forêt arrosée par une eau courante, un chêne de quatre-vingt-dix ans, qui avait neuf pieds de tour, mesuré à trois pieds de hauteur, ce qui suppose un grossissement annuel de quatre lignes six dixièmes sur le diamètre de l'arbre.

Sénebier a extrait des *Transactions philosophiques* des tables où l'on voit qu'un chêne de trente-huit ans avait cinq pieds un pouce et demi de tour, et qu'un chêne de quatre-vingts ans avait sept pieds huit pouces et demi. (Le pied anglais équivaut à peu près à onze pouces, mesure de France.)

Duhamel et de Varennes-Fenille évaluent le grossissement à quatre lignes de diamètre par an, ce qui revient environ à un pouce de tour, en sorte qu'un chêne de soixante-douze ans a communément six pieds de tour. Les arbres qui, à cet âge, parviennent à une grosseur aussi considérable, ne se trouvent en France que dans les terrains de première classe. Le grossissement moyen de trois lignes par an sur le diamètre est un terme moyen assez élevé pour la généralité de nos forêts de chênes.

La progression dont le terme est de quatre lignes convient généralement pour le hêtre.

Il est des espèces qui, par la lenteur de leur croissance, sont bannies de la culture ordinaire des forêts. M. de Varennes-Fenille a reconnu qu'un morceau de buis de quinze pouces de circonférence était âgé de deux cent vingt-un ans. La qualité de son bois ne peut compenser la perte du temps.

J'ai mesuré, dans les montagnes du Jura, plusieurs sapins abattus et dépouillés de leur écorce. Leur accroissement n'est pas rapide, mais il a l'avantage de se prolonger très-longtemps d'une manière uniforme. Le grossissement annuel varie de deux lignes un tiers jusqu'à quatre lignes et demie sur le diamètre de l'arbre; en sorte qu'un sapin âgé de cent cinquante ans, qui croît dans une position défavorable, a sept pieds sept pouces de tour, et qu'un autre sapin du même âge, qui se trouve dans un bon sol et dont la croissance n'est pas trop gênée, a quatorze pieds huit pouces de tour.

Une des circonstances qui influent le plus sur le grossissement des arbres est celle de leur espacement : s'ils sont trop serrés, ils s'épuisent réciproquement. Un pin qui croît en liberté grossit de huit lignes par an sur son diamètre; il a acquis, à l'âge de vingt-quatre ans, une circonférence de quatre pieds à sa base ; tandis que celui qui croît dans un massif serré n'a qu'un pied de tour au même âge, ce qui fait, quant au volume, une différence d'un à seize.

Des peupliers du Canada âgés de trente-deux ans, qui croissent dans une terre argileuse assez bonne quoiqu'un peu sèche, et qui sont espacés de manière à étendre en toute liberté leurs branches et leurs racines, ont soixante-douze pouces de tour, ce qui suppose un grossissement moyen de sept lignes par an sur le diamètre de la tige.

D'autres peupliers de la même espèce et du même âge, plantés dans une forêt où ils ne paraissent pas trop serrés, n'ont cependant pas un sixième du volume des premiers, eu égard à la hauteur.

Un érable-négundo, âgé de trente ans, a treize pouces de diamètre, ce qui fait cinq lignes deux dixièmes de croissance annuelle sur le diamètre.

La remarque que je vais rapporter n'est pas moins importante : j'ai mesuré des chênes âgés de cinquante ans, crus en massifs serrés : ils n'avaient que quinze pouces de tour ; tandis qu'un baliveau sur taillis du même âge, qui croissait dans la partie traitée en futaie sur taillis, avait trente-deux pouces de tour, ce qui fait un volume presque quintuple du premier. Le sol de ces bois est peu fertile : aussi le grossissement annuel de ce dernier arbre n'était que de deux lignes et demie sur son diamètre. M. de Varennes-Fenille a remarqué qu'un baliveau avait acquis, en vingt-six ans, six pouces cinq lignes de diamètre, mais que, dans les treize années suivantes, ce diamètre avait augmenté d'environ sept pouces ; en sorte que cet arbre a acquis trois fois plus de volume, dans les treize dernières années, que dans les vingt-six premières. Ce subit accroissement était dû à la liberté qu'avait eue l'arbre de s'étendre après l'abattage des bois qui l'environnaient.

On trouve souvent dans les taillis de chêne des brins de dix-huit à vingt ans qui n'ont que six à douze lignes de tour sur quatre à cinq pieds de haut. La plupart ont déjà été recepés.

Des platanes, âgés de trente-un ans, plantés en avenues, ont quatre pieds neuf pouces de tour, ce qui fait près de sept lignes de grossissement annuel sur le diamètre. D'autres arbres, de la même espèce et du même âge, en massifs serrés, n'ont qu'un pied et demi de tour, ce qui ne fait que le dixième du volume des premiers.

J'ai mesuré des épicias âgés de quarante ans, qui croissent en liberté dans un terrain calcaire médiocrement fertile et exposé au nord ; ils ont cinq pieds sept pouces de tour, mesurés à un mètre de hauteur ; leur solidité est de quarante-six pieds cubes, ce qui fait plus de douze fois la solidité d'un arbre du même âge pris dans un massif.

Un grand nombre d'observations analogues à celles qui précèdent m'ont donné le résultat suivant :

Supposons que des arbres soient plantés à demeure, en massifs de futaie, à cinq pieds de distance l'un de l'autre, ils seront beaucoup trop serrés ; supposons une autre plantation faite aussi à demeure, dont les arbres soient éloignés entre eux de dix pieds ; la première renfermera quatre fois plus d'arbres que la seconde, mais chaque arbre de celle-ci contiendra huit fois autant de volume qu'un arbre de la première, en sorte que la dernière produira au total un volume double de l'autre ; que l'une donnera des bois de grande dimension propres au service, tandis que les petits arbres ne feront guère que du bois de chauffage. Il est vrai qu'à la longue les arbres les plus vigoureux étouffent les plus faibles; mais tous s'épuisent dans l'espèce de combat qui précède la mort de ces derniers, et il en résulte une très-grande perte sur les produits.

Indépendamment de l'influence de l'espacement des arbres sur leur grossissement, il faut encore considérer les effets analogues produits par la culture. Une plantation inculte, une pépinière abandonnée, n'offrent qu'une faible végétation; les brins croissent très-lentement en comparaison des plants cultivés; la différence est souvent dans le rapport d'un à vingt, mais les effets de la culture sont beaucoup moins remarquables pour les gros arbres.

Cette influence de l'industrie humaine sur la croissance des plantes est la base de la science forestière telle que nous la concevons.

CHAPITRE II.

DES MASSIFS DE FUTAIES D'ARBRES A FEUILLES CADUQUES.

Dans les temps reculés, on distinguait deux classes de forêts : 1° celles qui restaient perpétuellement en massifs de haute futaie, et que l'on conservait principalement pour leurs fruits (*silvæ glandariæ*); 2° celles où l'on faisait habituellement des coupes (*silvæ cœduæ*), comme dans nos bois taillis. Une grande partie des forêts de la première classe ont passé dans la seconde à mesure des progrès de la population et de l'agriculture.

Rien de plus onéreux en apparence que la propriété d'un bois que l'on conduit depuis l'âge ordinaire des taillis jusqu'au terme de l'exploitation d'une haute futaie, sans y faire de coupes dans le laps de temps de deux siècles; c'est le cours de six générations humaines. Si le sol valait primitivement 100 fr. l'hectare, si les frais de garde ont coûté 1 fr. par an, un hectare de haute futaie de deux cents ans revient aux propriétaires successifs à l'énorme somme de 3,650,150 fr. On aurait peine, en voyant ce résultat, à concevoir comment ils ont pu conserver des massifs de haute futaie, mais on en explique l'existence par le concours de plusieurs causes dont nous allons parler.

La première est que, chez les anciens, et même il n'y a pas plus de deux siècles, les forêts de haute futaie étaient, comparativement aux richesses du temps, un objet important de revenu par le gland et la faîne qu'elles rapportaient. Cet état de choses subsiste encore dans plusieurs contrées de la France, et notamment dans le département du Var. On ne détruit pas ces futaies, attendu que l'on n'a pas besoin de cultiver de nouvelles terres, et que les bois, faute de débouchés, seraient sans valeur.

Les arbres dépérissants et ceux qui mouraient dans les massifs étaient abandonnés à quiconque voulait les enlever; on n'a pratiqué des extractions d'arbres et des coupes de bois taillis que dans les lieux où elles produisaient quelque chose. En général, on a laissé les arbres s'élever en massifs de haute futaie dans les lieux où, faute de débouchés, le taillis est sans va-

leur; des arbres susceptibles d'être façonnés en merrain, en planches, en ouvrages divers, peuvent
supporter des frais de transport assez considérables,
tandis que, coupés prématurément, ils produiraient
à peine les frais d'abattage, de façon et d'exportation.

Les beaux massifs de haute futaie de chêne et de
hêtre que j'ai vus dans les vallées du canal du Centre
et en Alsace contiennent cent soixante arbres âgés de
cent cinquante à deux cents ans, par hectare, indépendamment d'une centaine de petits arbres de différents âges, qui ont crû dans les clairières. Nous remarquerons, en passant, que le chêne occupe plus
d'espace que le hêtre dans les massifs.

Les cent soixante arbres d'un hectare de futaie
parvenu à sa maturité donnent le volume suivant :

Quarante pieds cubes de bois de
    service par arbre, ce qui fait
    pour cent soixante arbres. .   6,400 pieds cubes.
Quarante pieds cubes de découpe
    par arbre, qui doivent s'éva-
    luer en stères pour le chauf-
    fage; déduisant un quart pour
    les vides, il reste quatre mille
    huit cents pieds cubes. . . . 4,800
Vingt-sept pieds cubes de bois
    de branchages par arbre, et
    en tout quatre mille trois cent
    vingt pieds cubes; déduisant
    un tiers pour les vides formés
    dans les stères par les bran-

A reporter. . . . : 11,200

180

D'autre part. 11,200

ches courbes, il reste deux
mille huit cent quatre-vingts
pieds cubes. 2,880
Les petits arbres produisent environ six cents pieds cubes. . 600

TOTAL. 14,680

Voici l'inventaire d'une futaie en massif de chênes et de hêtres âgée de soixante-dix ans, située en Bresse, dans un bon sol.

Elle a été nettoyée, à l'âge de vingt ans, par l'exploitation du bois blanc qui garnissait l'intervalle des brins réservés; elle est peuplée de cinq cent soixante-quinze arbres par hectare, non compris les brins qui ont moins d'un demi-mètre de tour.

Les chênes ont de deux pieds et demi à trois pieds de tour; les hêtres sont plus gros; les tiges ont cinquante pieds de longueur.

Le cubage de ces arbres donne sept mille cinq cents pieds cubes équarris par hectare, ce qui fait treize pieds cubes par arbre équarri, ou vingt-six pieds cubes en *grume*, écorce comprise.

Les branches et les cimes rendraient cent cinquante stères par hectare, et le sous-bois ne produirait que trois stères.

Nous pouvons tracer ici l'historique d'une haute futaie de chênes qui serait traitée d'après l'usage suivi dans les départements de la Nièvre, de l'Allier et de Saône-et-Loire.

Prenons un de ces vieux massifs au moment de son exploitation: il y a une infinité de plants provenant

de semis et rongés par la dent du bétail; on les recèpe, et ils suffisent ordinairement, avec le tremble
et le marseau, qui croissent spontanément, pour
former un nouveau taillis, que l'on nettoie au bout
de cinq ans, en coupant les ronces et autres arbustes,
avec les brins traînants. On exploite ce taillis à l'âge
de vingt ans, en laissant par hectare six cents baliveaux de chêne, qui formeront un nouveau massif
de haute futaie; le bétail broute le recru; le pâturage, le gland, l'enlèvement des bois dépérissants,
forment le seul revenu jusqu'à l'époque où le massif
de haute futaie sera parvenu à sa maturité.

Mais le mode de repeuplement que nous venons
d'indiquer ne suffit pas dans les terrains secs, surtout lorsqu'ils ne sont pas garnis de sous-bois. Je vais
indiquer celui que j'ai employé dans des massifs de
haute futaie peuplés de chênes et de hêtres.

Au moment où la haute futaie est exploitable, il faut
y interdire le pâturage; et, en vendant la coupe, la
condition essentielle à prescrire est que l'abatage
s'exécute, *en jardinant*, dans l'espace de quatre années, de manière que l'espacement des arbres soit
toujours à peu près uniforme, et que l'on abatte
moins d'arbres dans la première année que dans la
deuxième, et moins dans celle-ci que dans la troisième, et ainsi de suite.

Les graines lèvent en foule dans un sol qui a été
remué les années précédentes par les porcs, et qui
est sillonné en tous sens par les voitures employées à
la traite. Les plants se développent à mesure que
l'exploitation s'achève, et bientôt le repeuplement est
complet.

Le succès de ce procédé est d'une grande importance, surtout si l'on considère que, dans les anciennes forêts de haute futaie, qui ont été exploitées suivant la méthode prescrite par les ordonnances, on pourrait citer des centaines de milliers d'hectares qui sont entièrement dénudés par l'application de cette méthode vicieuse. C'est l'absence de l'art, c'est l'obligation d'abattre simultanément les arbres, qui ont causé ses désastres. Au surplus, on ne doit regretter que les forêts des montagnes, et celles dont le sol est resté inculte : car de belles fermes, des vignobles, de vastes prairies, valent mieux que des forêts peu productives en comparaison de ces riches cultures.

Mais, dans les hautes montagnes exposées au vent et à des chaleurs excessives, il faut avoir recours à la méthode d'exploitation qui est en usage dans une grande partie de l'Allemagne; nous allons en donner une idée succincte.

L'exploitation d'un massif de haute futaie se divise en trois périodes distinctes :

1° *Coupe sombre.* On abat une partie des arbres, de manière que ceux qui restent soient bien espacés, que leurs graines, en tombant sur le sol, puissent y trouver à la fois de la fraîcheur, un peu de soleil et une atmosphère vivifiante. Ce premier abatis se nomme coupe sombre ou coupe d'ensemencement.

La coupe sombre comprend, autant que possible, les vieux arbres dont la cime se dessèche, ceux dont l'accroissement est arrêté par l'ombrage des tiges dominantes, enfin tous les arbres viciés ou altérés.

Mais la considération principale à peser dans le choix est celle de l'espacement des arbres. Ils sont trop épais dans les futaies ordinaires pour que les semis puissent prospérer dans leurs intervalles, et la première coupe doit être établie de manière que les branches des arbres restants se touchent à peu près lorsque les vents en balancent la cime.

Une observation qui s'applique à la coupe secondaire comme à la coupe sombre, c'est que, si, au lieu d'espacer les arbres avec une certaine régularité, on laissait des clairières, le vent s'introduirait dans la forêt et y occasionnerait de grands ravages. On rencontre des massifs presque entièrement détruits parce que les arbres n'étaient pas assez serrés pour résister au choc des vents.

Le pâturage doit cesser dans les forêts quatre ou cinq ans avant la coupe sombre.

On ne trouve que très-peu de semis dans les forêts livrées au pâturage des bœufs, vaches ou chevaux, et dans les forêts dont le sol est trop couvert; mais, en général, on fait très-peu d'attention au semis qui parait huit ou dix ans avant l'époque de la coupe sombre, parce que celle-ci en fournit en quantité suffisante.

Dans les plaines fertiles, il arrive quelquefois que les coupes sombres ont moins de succès que dans les montagnes, parce que, le sol des plaines étant plus fertile, le bois blanc pousse avec une exubérance telle, que le semis naturel de chêne et de hêtre en est étouffé. On est alors obligé de recourir à des extractions de bois blanc et à des semis artificiels.

2° *Coupe secondaire ou intermédiaire.* Lorsque la coupe sombre ne donne pas un repeuplement suffisant, et c'est le cas le plus ordinaire, on fait, quelques années après, une coupe secondaire ou intermédiaire, dans laquelle on abat une assez grande quantité d'arbres pour donner de l'air et de la lumière au plant, et pour favoriser la germination de nouvelles graines; mais on se garde bien de faire une coupe totale avant de s'assurer que le repeuplement sera complet. On ne doit abattre que les arbres qui existent encore dans les parties qui sont suffisamment peuplées; il ne faut dégarnir le sol qu'à mesure qu'il se couvre de jeunes plants.

Dans toutes les forêts où l'on a suivi les méthodes prescrites par l'ancienne ordonnance française, c'est-à-dire où l'on a exploité des forêts de hêtre et de sapin à blanc, en laissant seulement cinquante ou soixante baliveaux par hectare, le recru n'est autre chose qu'une broussaille de marseaux ou de bois de moindre valeur; on aperçoit ordinairement du plant de sapin ou de hêtre par-dessous, mais bien du temps s'écoule avant que ces dernières espèces deviennent assez nombreuses.

Il y a quelquefois exception pour les coupes qui sont entourées de grands massifs d'arbres dont les graines se répandent dans le voisinage; mais, pour y germer, il faut qu'elles trouvent de l'ombre et plus tard de la lumière.

Des bois de hêtres, âgés de quarante-cinq à cinquante ans, peuvent être exploités de manière à laisser cinq à six cents baliveaux par hectare; il vient dans l'espace intermédiaire un semis de hêtre très-épais, et les souches donnent des rejets. Le bois blanc ne pousse que dans les forêts trop dégarnies.

On est ordinairement placé entre deux écueils : les graines ne germent pas sous un ombrage trop touffu; si l'on fait passer les jeunes plants immédiatement à l'air libre, ils périssent.

3° *Coupe définitive*. Au bout de cinq ou six ans, lorsque le plant a atteint une hauteur de quinze à dix-huit pouces, et qu'il est parvenu au point de ne craindre ni le froid, ni les chaleurs, ni les ouragans, on procède à la coupe définitive en abattant tout le reste du massif, sauf quelques arbres de peu de valeur qui restent pour porte-graines dans les lieux où le repeuplement n'est pas achevé. Ces arbres abandonnés dépérissent à la longue et sont exploités ordinairement dans le premier nettoiement qui s'opère sur le nouveau massif.

La coupe définitive, qui se fait dans les taillis de huit à dix ans, occasionne en apparence beaucoup de dégâts; mais si l'on fait entrer en considération que la méthode d'ensemencement naturel produit des millions de plants aussi épais que les brins de chanvre dans une chenevière, et que rien n'est plus facile, d'ailleurs, que de receper les brins endommagés, on sera convaincu que l'importance que l'on met à terminer promptement l'exploitation d'une coupe est sans objet, si l'on a su pourvoir au repeuplement.

Lorsque la traite est terminée, on arrache quelquefois les souches de sapins, la terre est nivelée et des semis ne tardent pas à y paraître; mais cette opération est inutile si la souche est coupée très-bas; elle est nuisible si le sol environnant est déjà couvert de plants qu'il faudrait arracher; plus nuisible encore si le sol est en pente et que les terres remuées soient entraînées par les eaux.

La méthode d'exploitation inventée par les forestiers allemands, et qui ne fait qu'une partie de l'art admirable qu'ils emploient dans l'administration de leurs forêts, aurait pour nous un inconvénient si on l'adoptait; c'est qu'il faudrait faire autant de ventes successives qu'il y aurait de coupes : une pour la coupe d'ensemencement, une pour la coupe secondaire, une troisième pour la coupe définitive ; mais, dans les forêts très-difficiles à repeupler, on est obligé de prendre des soins que n'exigent pas celles dont le sol est frais, et à l'abri des vents impétueux.

Nous comparerons plus loin les massifs d'arbres feuillus avec les autres bois ; nous mettrons en parallèle les différentes manières de les exploiter, ce qui nous placera à portée d'envisager sous leur véritable jour des points controversés depuis longtemps.

Nous pouvons placer dans ce chapitre une observation qui s'y rapporte : les forestiers allemands sont persuadés que les forêts composées de plusieurs espèces d'arbres sont exposées à de graves inconvénients ; les arbres les plus forts épuisent les plus faibles ; des clairières se forment et s'étendent ; tandis que dans une forêt pure les arbres, étant égaux en force, se répartissent mieux les sucs nourriciers.

Cependant les forêts mélangées offrent quelques avantages. On trouve dans le même lieu des bois différents pour toutes sortes de besoins et de destinations ; une espèce protége l'autre contre plusieurs dangers, contre les orages, les ravages des insectes ; les sapins protégent le jeune recru de hêtre contre la gelée ; le hêtre donne au plant du sapin un ombrage salutaire contre la chaleur, et tous s'abritent mutuellement.

La manière de traiter ces forêts mixtes exige toute l'attention possible, parce qu'il est difficile de mettre en harmonie et dans une proportion convenable deux et quelquefois trois espèces de bois séparées ; aucune ne doit prédominer ; il faut qu'elles puissent supporter toutes la même position et à peu près la même influence du climat; il faut éviter de réunir les arbres qui ne donnent leurs graines que dans un âge avancé avec ceux qui en portent de bonne heure.

Il convient rarement de faire des mélanges dans un mauvais terrain, qui ne doit porter que l'espèce qui lui convient le mieux.

Les règles qui tendent, soit à former et à conserver des forêts pures, soit à les mélanger avantageusement, n'ont reçu jusqu'à présent aucune application dans les forêts de nos contrées, où l'on conserve toutes les espèces d'arbres, et souvent celles qui conviennent le moins au sol où elles végètent; mais, lorsqu'on aura pris l'habitude de cultiver les bonnes et de détruire les mauvaises, on approfondira la théorie, dont nous ne donnons qu'une esquisse.

Un auteur allemand, qui ne partage pas l'opinion que l'on doive prolonger la période de l'aménagement de manière que les arbres puissent atteindre à une telle grosseur qu'ils soient propres à l'exportation, pense, au contraire, que les bois dont les produits manquent de débit doivent être convertis en champs et en prés qui serviraient à faire subsister des hommes, et que cela serait d'autant mieux que les habitants pauvres des contrées forestières sont forcés de quitter un sol qui ne peut pas les nourrir, pour aller défricher les plaines des bords de l'Ohio.

CHAPITRE III.

DES FORÊTS D'ARBRES RÉSINEUX.

Les arbres résineux, ne se reproduisant pas de souches, ne forment jamais de taillis proprement dits. Ces forêts ont été soumises généralement, même en France, à l'antique procédé du *jardinage*, qui, dans l'origine, consistait simplement à prendre les bois dont les habitants du voisinage avaient besoin pour leur consommation particulière, ou pour les exportations que leur permettaient les rivières navigables et la mer; mais, à mesure que les abatis sont devenus plus considérables, les gouvernements et les propriétaires se sont occupés de les surveiller, de les charger de taxes et de les régulariser. Le dernier terme du bon ordre fut de n'enlever que les arbres surabondants, ou viciés, ou gâtés. Le sol, presque toujours marécageux dans les forêts natives, fut desséché, la qualité des bois s'en améliora, et la traite devint plus facile.

Dans l'état actuel de nos forêts, on coupe, tous les ans, un certain nombre d'arbres, en choisissant çà et là sur toute l'étendue de la forêt; cet usage a lieu dans les sapinières des Vosges, des Pyrénées, du Jura, et dans les parties accessibles des Alpes.

Les forêts du Jura sont peuplées de sapins blancs; le nombre des arbres, dont la grosseur excède un mètre de tour, varie de trois cent cinquante à quatre cent cinquante par hectare.

On y coupe annuellement trois sapins au moins et

quatre au plus par hectare, de la grosseur moyenne de deux mètres, de l'âge de soixante à cent trente ans, et d'une valeur moyenne de 20 fr.

Une des conditions essentielles de ce genre d'exploitation est de ne pas enlever un trop grand nombre d'arbres à la fois, et, en les ménageant ainsi, d'assurer le repeuplement par les semis naturels.

Les forêts d'épicias s'exploitent en Suisse, en Allemagne, et dans quelques parties de la France, par bandes longues et étroites. Le jardinage et la méthode d'ensemencement naturel ne pourraient y être pratiqués qu'avec les plus grands ménagements, attendu que ces arbres, à racines latérales, seraient très-exposés à être renversés par les vents qui s'introduisent dans une coupe éclaircie; quelquefois même les bandes récemment exploitées servent de passage aux ouragans qui ravagent les forêts. On est souvent obligé de recourir aux semis artificiels pour compléter le repeuplement.

La méthode d'ensemencement naturel s'applique parfaitement aux forêts de sapins, de mélèzes et de pins. Ces dernières sont même plus faciles à traiter que les autres, à raison de la facilité avec laquelle les semis naturels se forment.

Enfin il reste la méthode proposée par Duhamel, qui n'a pas été adoptée pour les sapinières de France, mais qui a été suivie de point en point dans la belle forêt de Vallombreuse, située en Toscane. Cette méthode consiste dans l'arrachement général et presque simultané des sapins lorsque la coupe est parvenue à sa maturité, et dans un repeuplement fait à l'aide du plant, qu'on lève dans la forêt, ou qu'on a préparé dans une pépinière.

L'examen et la comparaison de ces divers systèmes d'aménagement nous apprendront quel est celui qui mérite la préférence.

§ 1er.

Du jardinage.

La nature pourvoit assez abondamment au repeuplement, qui est toujours assuré à la longue, si la forêt soumise au jardinage n'est pas exposée à un pâturage démesuré, ni attaquée par les défrichements.

Mais, lorsque les arbres qu'on exploite de cette manière cessent de suffire aux besoins d'une population croissante, on n'a plus seulement en vue la conservation perpétuelle de la forêt, mais on veut encore en retirer une plus grande quantité de bois ; c'est par un motif analogue à celui-ci que l'on a substitué à de maigres pâturages de bonnes prairies qui rendent deux ou trois récoltes par an.

Les inconvénients attachés au jardinage sont nombreux.

1° La chute des arbres que l'on abat sur les arbres sains, qui en sont endommagés, et sur les jeunes plants, qui en sont brisés ;

2° La difficulté d'extraire tous les arbres viciés, à moins que l'on ne pratique, chaque année, de nouveaux chemins ;

3° Le dépeuplement occasionné par les vides que forme l'abatage, les ravages causés par les ouragans ;

4° La difficulté de la surveillance dans les forêts ainsi exploitées ;

5° L'infériorité des produits donnés par le jardinage : car on coupe beaucoup d'arbres dépérissants,

usés de vétusté et endommagés ; que la nécessité de
tenir la forêt dans un état *serré* a fait conserver ; tandis que le but de l'art doit être de les couper précisément au moment où ils ont acquis la force nécessaire
à l'usage que l'on veut en faire, et avant qu'ils n'aient
perdu une partie de leur valeur.

On allègue cependant en faveur de cette méthode,

1° Que la forêt s'entretient parfaitement si le jardinage est bien exécuté, si le nombre des arbres ex-
traits n'est pas trop considérable, enfin si l'on a soin
de conserver une lisière d'une certaine largeur sur le
pourtour de la forêt, pour la tenir à l'abri des ouragans ;

2° Que la première des coupes successives du système allemand (coupe sombre) endommage les arbres
restants, et le jeune plant, comme le ferait le jardinage ;
que d'ailleurs, en jardinant, on fait déposer les bois
très-promptement dans les chemins ou les clairières, et
qu'on en transporte même une partie à dos l'homme ;

3° Que l'on n'a pas besoin de parcourir, chaque
année, toute la forêt, mais qu'il suffit de revenir dans
le même lieu tous les cinq à six ans pour enlever les
arbres dépérissants.

Si l'on ne s'occupait pas de la quotité du produit
matériel des forêts, la méthode du jardinage aurait
pour elle l'expérience des siècles ; mais, comme les
jeunes plants venus à l'ombre des grands arbres ne
croissent qu'avec une extrême lenteur, qu'un petit
sapin né dans un massif épais languit pendant près
de cinquante années, c'est-à-dire jusqu'à l'époque où
il peut trouver de la lumière et de l'air, on perd ainsi
beaucoup de temps, au lieu que les jeunes plants qui
sont débarrassés des arbres dont l'ombrage leur était

nécessaire à leur naissance viennent trois à quatre fois plus rapidement, ce qui est un motif de préférence décisif pour faire substituer les coupes pleines au jardinage.

On a fait, dans une forêt jardinée, les observations suivantes sur des sapins abattus et écorcés, dont la circonférence a été mesurée à 3 pieds et demi de l'entaille du pied.

Un sapin âgé de 130 ans avait 5 pieds de tour; sa circonférence n'était que d'un pied à la fin des 70 premières années; sa croissance ultérieure de 48 pouces de tour s'est opérée dans l'espace de 60 ans.

Un sapin âgé de 165 ans avait 5 pieds et demi de tour; à l'âge de 77 ans, il n'avait encore que 7 pouces de diamètre ou 22 pouces de circonférence; l'accroissement de 44 pouces s'est opéré en 88 ans.

Un sapin de 124 ans, qui a 48 pouces de tour, n'avait que 3 pouces trois quarts de diamètre ou un pied de tour à l'âge de 55 ans; il a donc pris un accroissement de 36 pouces dans les 69 dernières années.

Un sapin de 96 ans, qui a 63 pouces de tour, n'avait que 19 pouces à l'âge de 60 ans; il a crû, par conséquent, de 44 pouces dans les 36 dernières années.

Tous ces arbres sont venus dans des forêts jardinées et dans des sols de dernière classe; ils avaient été trop serrés dans leur jeunesse par les arbres qui les avoisinaient.

Si l'on compare la croissance de ces sapins avec celle d'autres arbres de la même espèce qui n'avaient pas été gênés dans leur développement, on verra combien on pourrait gagner de temps par des nettoiements bien ménagés.

Nous allons ajouter à ce chapitre quelques observations pratiques faites dans les forêts du Jura et dans celle de Fontainebleau.

Forêt de Champagnole. Cette forêt exploitée en jardinant est parfaitement garnie ; on y voit, il est vrai, beaucoup de jeunes sapins rabougris ou brisés, mais il y a toujours un nombre suffisant de brins intacts ou bien venants, parce que le pâturage est restreint à de justes bornes L'arbre dominant et presque unique dans cette forêt est le sapin blanc ou sapin argenté. Il y a quelques épicéas, mais en très-petit nombre.

Le sapin ne croit pas sur les plateaux qui dominent les montagnes, mais on trouve dans ces plaines élevées des taillis et des broussailles de charmes et d'épines. Le sapin ne forme jamais de buisson ; il meurt lorsque ses flèches sont rongées à plusieurs reprises. Toujours superbe, il domine ou disparait.

Forêt de Freste. On trouve dans cette forêt un massif âgé de trente à trente-cinq ans qui a repoussé à la place d'un grand abatis exécuté irrégulièrement en 1793. Il restait de vieux sapins semblables à des futaies sur taillis inégalement espacées ; le vent en a renversé une grande partie, on a fait abattre le reste en 1821. Le dégât, suite nécessaire de cette opération, ne laissait plus de traces quatre ans après ; le massif est très-épais.

Une autre partie du massif a été exploitée à plein il y a neuf ans ; on a réservé les jeunes sapins qui garnissent assez bien le sol ; les ronces, le houx et le marseau, qui remplissaient les intervalles, ont abrité le semis dans ses premières années ; on voit très-peu de jeunes sapins, il faut les chercher avec soin pour les apercevoir; mais bientôt ils paraîtront, et l'on reconnaîtra que le repeuplement est suffisant. On voit quelques vieux sapins réservés qui ne croissent plus en hauteur, mais qui ont donné des graines et qui ont par là rempli leur destination.

Dans les coupes en exploitation, on peut reconnaître que l'abatage, la manutention, l'équarrisage des arbres, le dressage des cordes, le transport des bois et des marchandises, détruisent au moins la moitié du jeune plant de sapins et beaucoup de baliveaux.

Forêt de la Joux. Cette grande forêt de sapins, située entre Salins et Pontarlier, est parfaitement peuplée. Les sapins de 10 à 12 pieds de tour y sont assez nombreux, et les espaces qu'occupaient ceux que l'on a abattus sont remplis d'une foule de jeunes arbres de la même espèce. On peut compter dix-huit mille pieds cubes de bois par hectare.

Cette forêt se traite par la méthode du jardinage; on n'enlève pas tous les arbres viciés, mais on distingue ceux qui sont atteints d'une carie qui n'attaque que le pied de l'arbre de ceux dont la tige entière est menacée. On ne coupe guère que ces derniers, dans la crainte d'ouvrir de trop fortes éclaircies à travers lesquelles s'introduiraient les vents. On ramène l'exploitation, tous les quatre ou cinq ans, dans chaque partie de la forêt, toujours en enlevant les arbres dépérissants dans les groupes qui deviennent trop serrés.

Forêt de Fontainebleau. Cette forêt, située dans un terrain siliceux, formait autrefois, comme la plupart des bois du royaume, un massif de haute futaie dont les coupes se faisaient en jardinant. Le chêne, le hêtre et le bouleau étaient les espèces dominantes. De vastes clairières couvertes de bruyères et de genièvres, au milieu desquelles s'élèvent çà et là de vieux arbres, sont contiguës à de beaux massifs de haute futaie.

On remarque des chênes de quatre mètres de tour dont on tire de la boissellerie, ce qui est un emploi assez avantageux, puisqu'un seul arbre rend quelquefois pour 1000 francs de marchandises. Mais la plupart des hêtres sont viciés ; et l'on peut, sans se tromper, estimer aux trois quarts du volume total des arbres et des branches la portion qui n'est propre qu'à faire du bois de chauffage. Une coupe de cinquante hectares ne produit pas ordinairement plus de quinze ou seize chênes propres au service de la marine.

La plupart des arbres sont couronnés ; une grande partie a été sciée à la cime : cette singulière opération avait été imaginée dans la vue de raviver les chênes dont les têtes étaient cassées par le vent ou par le givre, ou couronnées de vieillesse ; ils ont repoussé quelques branches latérales.

L'abatage des hauts massifs s'exécute en plein, sans réserver aucun baliveau ; les arbres sont arrachés. L'entrepreneur des plantations reçoit la coupe dans l'année qui suit l'exploitation ; il achève de la nettoyer de toutes les souches et des racines : il la fait ensuite entourer d'une clôture en treillage pour défendre les semis contre le gibier et contre le pâturage.

Les labours se font à la pioche, et non à la charrue. Les lignes de plants à demeure sont espacées de quatre pieds ; on pratique entre deux lignes une rigole dans laquelle on sème du gland, dont le plant s'enlève au bout de deux ou trois ans pour être reporté ailleurs. Ces semis se font sans mélange de graines céréales ou autres.

En replantant le chêne, on coupe quelquefois le sommet de la tige, et le plant est placé de manière qu'il soit caché dans la terre. C'est une précaution pour le mettre à l'abri de la gelée et de la grande chaleur. Ce procédé est peut-être bon pour une terre légère et sans consistance, mais généralement il ne vaudrait rien ; il ne serait pas même applicable dans le bois de Boulogne, où l'on a soin que le plant dépasse de deux pouces la superficie du sol.

Le bouleau se sème assez bien de lui-même ; le plant de cette espèce n'est ni ébranché, ni rogné, lorsqu'on le place à demeure.

Tous les semis doivent être terminés avant le premier avril ; beaucoup ont péri pour avoir été faits trop tard.

Une plantation de chênes mélangés de bouleaux, garantie et rendue en bon état au bout de cinq ans, coûte 700 fr. l'hectare.

Les hivers rigoureux font souvent périr les jeunes chênes ; mais les bouleaux résistent au froid.

Lorsque la plantation n'est pas très-belle, ce qui arrive le plus ordinairement, on la recèpe au bout de huit ou neuf ans, en réservant quelques baliveaux pris parmi les meilleurs brins ; après le recepage, on donne quelquefois un labour à la houe.

On a coupé à *tire et aire*, dans la plaine de Samois, une demi-futaie de quatre-vingts ans, dont les souches ont poussé un taillis dans lequel il y a beaucoup de places vagues où le bouleau croit naturellement. Un grand nombre de souches ne repoussent pas la première année, mais quelques-unes donnent de beaux jets au bout de deux ans.

Les regards se fixent principalement sur un massif âgé de quatre-vingts ans, situé près de la croix de Saint-Hérem, planté et composé presque entièrement de chênes, et dans lequel on a pratiqué plusieurs nettoiements, dont le dernier a rendu 600 fr. par hectare; les arbres ont depuis un pied jusqu'à quatre pieds de tour. Ce massif a été entamé, il y a une vingtaine d'années, par une exploitation à *tire et aire,* dans laquelle on a réservé beaucoup de baliveaux; le taillis n'a pas réussi, parce que le soleil a desséché les souches et détruit beaucoup de rejets, que le gibier a gâté le recru, et que l'on avait endommagé les souches dans l'exploitation.

Ce qu'il y a d'admirable dans la forêt de Fontainebleau, ce sont les semis de pins; mais, avant d'en parler, il est nécessaire de jeter un coup d'œil sur les chaînes de rochers qui couronnent les coteaux.

Ces rochers innombrables, qui couvrent plus de mille hectares, ne présentent que de petites masses détachées qui n'empêchent point le voyageur ou le forestier de traverser les coteaux dans tous les sens; de leur sommet on jouit d'un spectacle imposant; la forêt se développe aux regards, dans la plus grande partie de son étendue, avec ses collines, ses vallées, ses déserts où l'on n'aperçoit que quelques maigres bouleaux qui sont venus naturellement; la terre est propre à la végétation, même entre les rochers, parce qu'elle conserve l'humidité à sa surface; elle ne produit naturellement que des bruyères; mais les plantations de pins ont fait reconnaître que ce sol si maigre est capable de nourrir les plus beaux arbres, et que la culture, lorsqu'elle est bien dirigée, donne des richesses que l'on aurait en vain attendues de la nature abandonnée à elle-même. Ce fut un médecin de Louis XVI qui conçut l'idée de garnir de pins de Bordeaux les coteaux arides de la forêt de Fontaine-bleau; les semis réussirent à merveille, et sont devenus ces massifs majestueux qui forment aujourd'hui l'un des plus beaux ornements de la forêt et du châ-teau. On n'y a fait, jusqu'à présent, que des éclaircies qui fournissent une partie du bois nécessaire pour la confection des clôtures dont nous avons parlé.

Le beau massif de pins qui couvre le coteau de la Salamandre est âgé de quarante-cinq à cinquante ans; déjà il a été éclairci deux fois; il s'y trouve encore deux mille grands arbres par hectare. On voit un bosquet de pins d'Écosse très-beaux, qui s'élèvent bien au-dessus des pins maritimes, quoiqu'ils aient été semés dans le même temps; cette différence si frappante décidera du choix entre ces deux espèces, et la préférence sera encore justifiée par la qualité du bois, si supérieure dans le pin d'Écosse.

La plantation de Montaigu est composée de pins de Bordeaux, de bouleaux et de chênes. Les pins ont un pied de tour, et les chênes n'ont que trois pouces, quoique tous ces arbres soient du même âge. Les bouleaux sont aussi beaucoup plus gros que les chênes.

Dans les premières plantations, on défonçait le ter-rain à plus d'un pied et demi de profondeur; mais on a reconnu que ce travail dispendieux est inutile, et qu'il suffit d'écobuer et de donner un labour à la pioche dans les parties de la forêt que la charrue ne pourrait traverser. On brûle les bruyères en plaçant le feu sous le vent de manière que l'incendie nettoie le sol.

Les jeunes plants sont très-épais et très-beaux, même dans les coteaux couverts de rochers. Dans les parties de ces plantations où l'herbe est trop grande, on la laisse couper à la faucille par les habitants des environs, mais ce n'est qu'en hiver qu'ils en ont la permission, parce qu'alors ils ne peuvent confondre les jeunes pins avec les brins d'herbe.

En considérant la forêt de Fontainebleau dans son ensemble, on y reconnaît quatre grandes divisions :

1° Les vieux massifs de futaies que l'on arrache en les exploitant, et dans lesquels il y a beaucoup d'arbres de deux cents à quatre cents ans : il n'en reste guère que pour dix ans ;

2° Des massifs de chènes et de bouleaux qui tous ont été plantés ; les plus âgés ont quatre-vingt-dix ans environ : il s'y trouve beaucoup de vides occasionnés par la non-réussite du plant et par les gelées : ces massifs de plantations se subdivisent en deux classes, ceux qui ont été éclaircis et ceux qui ont été exploités avec une réserve de baliveaux ;

3° Des plantations de pins ;

4° Des rochers, des plaines ou platières basses, stériles, abandonnées et exposées à la gelée, qui forment plus du quart de l'étendue totale de la forêt.

On ne peut s'empêcher de déplorer les effets des coupes mal faites, lorsqu'on voit des plages très-étendues, couvertes de plants de chènes, qui, bientôt battus par les vents, exposés à une chaleur excessive ou à la gelée, languissent couverts de lichens, tandis que, s'ils étaient venus dans des massifs convenablement éclaircis, ils auraient cette écorce lisse qui annonce une végétation vigoureuse, et qui est un présage assuré de la beauté future des arbres et de leur longévité : quelques beaux chênes dispersés au milieu des rochers déposent encore de l'ancien état de cette forêt.

Que fera-t-on lorsque les produits des coupes dépasseront à peine les frais du repeuplement et de l'entretien de cette grande forêt? La nécessité amènera heureusement une réforme.

Il suffira d'étendre un moyen qu'on a déjà employé dans cette même forêt avec tant de succès. On sèmera des pins silvestres sur les côteaux et dans les plaines sujettes aux gelées. Les labours se feront à la charrue dans tous les endroits praticables, et à la pioche dans les terrains coupés par des rochers. Si l'on veut prendre la peine de calculer le revenu d'une belle forêt de pins comparé à celui des mauvaises parties de la forêt de Fontainebleau, on se convaincra qu'il y a les neuf dixièmes à gagner dans cette opération.

On a tort de croire généralement qu'il faut laisser sur le sol les espèces qui y croissent d'elles-mêmes, et d'imaginer qu'en substituant une espèce d'arbres à une autre on contrarie la nature, qui, suivant les observateurs superficiels, a placé dans chaque climat les arbres qui lui conviennent. L'introduction des pins dans la forêt de Fontainebleau, le plein succès de leur culture, les avantages qu'elle présente sur l'aménagement ordinaire, prouvent, au contraire, que dans les forêts, comme ailleurs, c'est par la culture que nous pouvons augmenter nos richesses, et qu'il faut transporter les graines d'une contrée dans une autre pour acclimater les végétaux les plus utiles et les plus productifs.

Nous voyons que dans cette forêt on s'est livré, pour planter des massifs de chênes depuis quatre-vingt-dix ans, à des travaux dispendieux, qui sont bien loin d'avoir réussi complétement. Si l'on calcule que la dépense de 700 fr. par hectare, pour une étendue de dix-sept mille hectares, coûterait 11,900,000 fr., on déplorera la force de l'habitude, qui a fait persister si longtemps dans un usage si dispendieux, tandis que chez les Allemands, et en France même, on exécute des semis naturels de chênes qui ne coûtent rien, et qui réussissent presque toujours.

La bonne culture des forêts, si riche en résultats, n'est pas chére dans sa pratique, c'est l'un de ses grands avantages; mais il est difficile d'obtenir des travaux à bon marché dans les forêts des environs de Paris.

On a cependant exécuté d'importantes plantations de pins au bois de Boulogne; cette espèce convient parfaitement au sol et produira infiniment plus que la chétive futaie de chêne qu'elle remplace. L'avantage de créer de magnifiques massifs de végétaux toujours verts dans ce grand parc suffit pour motiver une dépense qui doit être très-peu considérable si l'on emploie des procédés analogues à ceux qui sont pratiqués dans le Maine.

§ 2.

Des coupes pleines.

Les coupes pleines se classent principalement entre elles par la manière dont le repeuplement s'effectue.

On les met en défense quelques années avant l'exploitation, et on enlève, soit à la herse, soit à la pioche, les herbes et les mousses. On peut ensuite exploiter en plein, et simultanément, tous les arbres du massif, si le semis est bien levé, comme cela se voit communément dans les hautes futaies qui sont un peu claires ; mais, si le semis est insuffisant, on ménage l'abatage de manière à compléter le repeuplement.

La méthode allemande d'ensemencement naturel, qui divise l'exploitation en trois opérations successives, pourvoit au repeuplement de la manière la plus efficace. Le seul reproche un peu fondé dont elle puisse être l'objet est qu'il est impossible de déterminer à l'avance les époques fixes de la coupe secondaire et de la coupe définitive, et que, par conséquent, on ne peut faire un aménagement régulier ; mais, quand on sera bien convaincu de cette importante vérité, que les règles d'ordre et d'administration doivent être soumises aux principes économiques, et que, quelque difficile que puisse être la surveillance, ce n'est pas un motif de se départir de préceptes fondés sur des calculs positifs, qui sont d'accord avec les notions physiologiques les plus incontestables, on adoptera les meilleures méthodes pour y subordonner les règles de surveillance et d'administration.

Il serait dangereux de faire des coupes blanches dans les froides régions des hautes montagnes, où il est rare que les graines réussissent et mûrissent convenablement, et où les semis gèlent au printemps. Le repeuplement, si l'on ne veut pas jardiner, ne peut s'obtenir qu'en coupant les arbres successivement, avec beaucoup de ménagement, et à mesure que le sol se garnit de jeunes plants.

Les coupes par bandes ou zones étroites doivent être accompagnées de certaines précautions : on choisit de préférence une année où les arbres sont chargés de cônes ; on arrache les souches ; on répand de la graine à la main sur la surface du sol ; on n'abat les arbres restant à côté de la bande exploitée que lorsque celle-ci se trouve suffisamment garnie de plants.

M. Kasthoffer conseille d'exploiter par bandes étroites toutes les parties des forêts qui sont situées sur des rampes escarpées ; de semer, dans les parties dépouillées, des graines d'aune, de bouleau et de mélèze ; de conserver une certaine quantité de baliveaux, non pas dans le but de parvenir par ce moyen à l'ensemencement, mais afin de préserver en partie les jeunes plants de la chaleur du soleil, de la gelée, et des vents, dont l'action frappe le sol de stérilité.

Avec la coupe pleine se combinent les éclaircies ou expurgades, qui consistent dans l'enlèvement des bois blancs vers la trentième année, et des arbres mal venants, vers les soixantième et quatre-vingt-dixième années.

Il nous reste à parler du mode d'exploitation inventé par Duhamel, et qui n'a été pratiqué en France qu'à grands frais, et quelquefois avec un succès douteux ; mais des étrangers, qui ont pris à la lettre les préceptes de ce grand agriculteur, et qui ont cherché les moyens les plus économiques de les employer, ont réussi à renouveler et à entretenir l'une des plus belles forêts de sapins qui soient au monde, celle de Vallombreuse, en Toscane : nous allons exposer la marche qui a été suivie pour y parvenir, et dont L. Fornaïni a donné l'historique dans un écrit intéressant, accompagné de descriptions curieuses et de sages réflexions.

En Toscane, le hêtre habite les cimes des montagnes, au-dessus même des sapins. Ces derniers arbres aiment, comme les autres plantes, une terre profonde, humide et grasse ; ils végètent dans une longue suite de siècles avec la même force dans le même lieu ; et sur les débris d'un arbre mort s'élèvent des milliers d'arbres semblables.

Les bois blancs n'ont qu'une courte existence au milieu des sapins, si l'on a soin de ne pas exploiter ceux-ci trop jeunes.

On repeuple les coupes exploitées dans la forêt de Vallombreuse avec les plants qu'on lève dans une pépinière qui y est annexée. Le semis naturel est si nombreux, qu'il suffit à fournir cette pépinière de sujets de deux ou trois ans que l'on y plante à deux pieds de distance.

Dans ces climats chauds, il faut planter les arbres en automne, parce qu'ils redoutent plus les chaleurs excessives de l'été que les rigueurs de l'hiver. Le contraire arrive dans les pays froids.

On a observé que tout meurt à l'ombre des grands sapins, qu'il n'y croît pas un brin d'herbe, et que la plupart des jeunes sapins eux-mêmes languissent et périssent. C'est pour cela que la croissance des plants du même âge, qui ne sont pas ombragés par un rideau épais de grands arbres, est infiniment plus rapide que celle des plants qui restent perpétuellement à l'ombre.

Une jeune sapinière se couvre de mille arbustes qui dérobent les jeunes sapins à la vue ; mais ces amas de buissons disparaissent au bout de dix à douze ans, et les sapins ont tout étouffé autour d'eux. Cette espèce de manteau paraît nécessaire dans un terrain aride et dans un climat chaud, pour garantir le jeune plant des ardeurs du soleil et pour empêcher l'évaporation de l'humidité que renferme le sol, et qui nourrit les plantes.

Les sapins sont disposés avec symétrie : ils occupent

chacun un cercle de sept à huit pieds de rayon ; cette régularité donne à la forêt un aspect de la plus surprenante magnificence.

Dans le long intervalle qui s'écoule entre la plantation et l'exploitation définitives, on a soin d'abattre les arbres morts ou malades.

On commence la coupe du côté du midi, afin d'éviter les tempêtes du nord, qui renverseraient tous les arbres.

Cette forêt est tenue avec un ordre admirable ; tous les ans, on forme de nouvelles pépinières, de nouvelles clôtures, de nouvelles plantations. Une partie du produit des coupes est régulièrement employée à ces différents travaux ; mais c'est une dépense très-productive.

Un usage pernicieux, qui s'était introduit autrefois dans cette forêt, consistait à semer du seigle dans les coupes après l'exploitation. Cette culture, qui ne devait cependant durer qu'un an, avait le grave inconvénient de faire entraîner une partie des terres par les eaux et de dessécher le sol partout. Cette funeste habitude a été heureusement réformée.

Les sapinières de nos contrées s'étendent souvent en versant leurs graines sur les terrains voisins. Une forêt du Jura, exploitée en taillis et futaie sur taillis, dont les essences dominantes étaient le chêne, le hêtre et le tremble, s'est peuplée de jeunes sapins produits par les graines des forêts qui occupent les plateaux supérieurs de la montagne ; ces arbres ont prospéré à l'ombre des bois feuillus ; les propriétaires ont fait couper ces derniers, et la forêt s'est transformée en un massif de sapins qui contient cinq cents arbres formant dix mille pieds cubes par hectare ; plusieurs faits semblables pourraient être cités.

Une forêt de sapins exploitée à blanc, sans réserves et sans précautions, peut encore se reproduire. La terre se garnit d'herbes et de buissons sous lesquels on voit paraître de jeunes sapins au bout de trois ou quatre ans; mais ce moyen, destructif dans un mauvais terrain, n'a pas même un succès certain dans un bon sol. Il reste souvent des places vagues, surtout si le pâturage n'a pas été sévèrement interdit après l'exploitation.

L'exploitation pleine, le repeuplement, soit par voie des semis naturels, soit par des pépinières, deviendront, sans aucun doute, d'un usage général pour traiter les forêts résineuses, dont les arbres peuvent se vendre facilement.

Nous remarquerons que le semis artificiel coûte bien peu de chose. Supposons que l'on possède cent hectares de sapins en coupes réglées de cent ans; on coupera un hectare par an : nous le supposons valoir 8000 fr.; il suffira de prélever sur cette somme 80 fr. pour les frais de repeuplement, ce qui ne fera que le centième du revenu.

S'il est vrai que l'ancien usage, qui consiste à couper, chaque année, dans toute l'étendue des forêts les arbres dépérissants ou surabondants, a eu en sa faveur l'expérience des siècles, et que les bois de haute futaie qui ont été toujours traités régulièrement, suivant les principes très-simples de cette méthode, sont dans un état prospère, il faut avouer, d'un autre côté, que la méthode des exploitations pleines et successives rend des produits bien supérieurs à ceux que donnait la première.

On peut reconnaître dans les bois de l'État et des communes situés dans nos deux départements du

Rhin la différence qui existe entre ces modes d'aménagement; on y trouve l'ancienne pratique, qui est celle du furetage, la méthode allemande, qui est celle des coupes pleines et successives, régulièrement opérées, la méthode française, qui est celle des coupes pleines et simultanées, avec des réserves de baliveaux, enfin des combinaisons de l'un et de l'autre mode dans les mêmes forêts.

On admirera les sapinières qui ont été traitées par M. Lorentz dans les forêts de Ribeauville, et les recrus qui résultent des ensemencements naturels qu'il a surveillés.

Dans une belle sapinière dont l'exploitation n'a pas encore été commencée, on trouve environ 1400 sapins par hectare qui cubent chacun vingt pieds, en les supposant équarris. Un sapin âgé de quatre-vingt-dix ans, né dans un massif soumis au furetage, a environ cinq pieds de circonférence.

§ 3.

Des éclaircies dans les forêts d'arbres résineux et de la période des coupes.

On ne fait point d'éclaircies dans les grandes forêts qui s'exploitent par le jardinage; c'est une opinion vulgaire que plus les sapins sont épais, plus ils croissent avec force; mais la véritable raison qui fait négliger les éclaircies est que, les coupes ordinaires fournissant plus de bois qu'il n'en faut pour le chauffage, les éclaircies ne rapporteraient rien. Cependant elles seraient très-utiles pour favoriser l'accroissement des arbres. Il est bien reconnu que si on laissait croître ensemble tous les sapins qui naissent spontanément, cette multitude nuirait à la végétation, et qu'il est indispensable d'en arracher une certaine quantité, en observant de tenir constamment les arbres serrés et contigus, de manière à étouffer les bois blancs et les herbes.

Quel immense volume de bois de chauffage produiraient ces extractions dans les grandes forêts ! Quelle force d'accroissement acquerraient les arbres destinés à former le massif de futaie !

Les bois résineux s'exploitent rarement en taillis, parce que, dans les montagnes où ils croissent, les taillis sont sans valeur. Cependant, en Provence, quelques bois de pins s'exploitent à l'âge de vingt à vingt-cinq ans ; le moyen unique de repeuplement consiste à ne couper que les gros brins, et à laisser subsister tous les jeunes plants jusqu'à l'exploitation suivante, pour faire un semblable choix.

Mais cette manière de régler les coupes de bois résineux à vingt-cinq ans présente un grand danger. Les essences inférieures, telles que les bois blancs, le charme et les épines, prennent la place du sapin ou du pin, et les étouffent. Il faut donc extirper les mauvais bois pour conserver les plants résineux. On peut, parmi ceux-ci, conserver quelques porte-graines. La coupe ne nuira pas au repeuplement : car on pourrait, dans un recru de sapins âgé de vingt-cinq ans et bien garni, enlever les cinq sixièmes du volume total, tout en laissant assez de jeunes brins pour former un nouveau recru avec le semis qui lève dans les intervalles. Ces coupes, faites à un âge peu avancé, ne sont encore qu'une exception, mais elles pourront devenir plus communes à l'avenir.

La période de l'aménagement ne se règle, en définitive, que par des calculs de pertes ou de profits. On ne coupe pas de petits sapins lorsqu'ils sont sans valeur. Se présente-t-il des marchands de bois qui offrent un prix fort élevé d'un massif de sapins âgés de cent ans, on n'attendra pas qu'ils aient cent vingt ans pour les vendre. On les vendrait même à cinquante ans si l'on trouvait des acheteurs à de bonnes conditions.

Les plantations symétriques ou les nettoiements, en accélérant la croissance, offriront, dans un arbre de cent ans, le même volume que donne un arbre de cent quarante ans qui vient dans un massif jardiné.

On peut juger de l'accroissement moyen des sapins, dans un massif jardiné, par la table ci-dessous :

AGE.	CIRCONFÉRENCE moyenne.	HAUTEUR.	SOLIDITÉ.	
ans.	pouces métriques.	pieds métriques.	pieds cubes	centièmes.
10	4	3	0	2
20	9	12	0	18
30	14	22	0	93
40	20	33	3	66
50	28	44	9	18
60	37	56	19	02
70	47	68	30	28
80	56	79	66	00
90	64	90	97	50
100	72	100	136	08
110	81	109	193	80
120	90	118	265	50
130	99	128	337	68
140	108	135	433	11

La rapidité de la croissance dans les aunées qui suivent la cinquantième explique pourquoi on attend ordinairement que les sapins soient très-gros avant de les couper; d'ailleurs la valeur du pied cube d'un arbre qui n'a pas cinquante ans est peu de chose en comparaison de la valeur du pied cube d'un gros arbre.

CHAPITRE IV.

DES TAILLIS ET DES FUTAIES SURTAILLIS.

CONSIDÉRATIONS GÉNÉRALES.

En France, les taillis forment les cinq sixièmes des forêts du royaume. Les massifs de futaie ont été successivement convertis en taillis depuis quatre à cinq siècles, et surtout depuis l'établissement des forges et des verreries. Si la masse ligneuse qui demeurait sur le sol a été diminuée, le sol forestier est resté intact dans les parties qui ont été réduites en taillis, tandis que la plupart des massifs de haute futaie que l'on s'est obstiné à conserver se sont successivement dégarnis, et sont devenus, en définitive, des pâtures ou des friches. La destruction des futaies en massif a amené l'habitude de réserver des baliveaux dans les taillis.

Nous jetterons d'abord un coup d'œil sur les systèmes d'aménagement qui peuvent nous servir de modèles.

Les bois du Milanais destinés au chauffage sont divisés en coupes réglées qui s'exploitent lorsque les taillis ont dix ans. Le terrain des bois nouvellement plantés se laboure deux fois par an : la première, en avril; la seconde, en septembre, pour extirper les mauvaises herbes, et disposer les taillis à croître promptement; on y sème même du grain, en prenant des précautions pour ne pas offenser les souches (1). Dans la deuxième année et dans la sixième, on émonde les rejets des souches, on enlève tous les rameaux superflus, qui retiennent en pure perte le suc nourricier, et qui font obstacle à l'accroissement des brins que l'on veut conserver. Après cette opération, le taillis croit en liberté, et, au bout de dix ans, il rend une coupe abondante, après laquelle on laboure de nouveau.

Mais si l'on veut élever un grand taillis, on pratique, au bout de douze à treize ans, une nouvelle éclaircie; cinq ans plus tard, on élague les arbres, dans la crainte qu'ils ne deviennent trop branchus. Il faut excepter quelques brins tendres et le hêtre, qui ne sont pas propres à supporter une telle opération.

Si l'on a élevé une futaie, on la coupe lorsqu'il en est temps, on enlève les souches, on brûle les ronces, les épines, les herbes; ensuite on laboure, et on sème des graines d'arbres.

Des labours, des élagages, des nettoiements bien combinés, tel est le mode qui donne les produits les plus abondants.

En Angleterre, dans quelques comtés, on coupe les taillis de frênes tous les dix-huit ans; le produit

(1) Ronconi, dizionario d'agricoltura.

en est énorme ; on a soin de maintenir, par une culture à la houe, les plantations nouvelles et les jeunes taillis, jusqu'à ce que la pousse soit assez forte pour étouffer de son ombre tout ce qui nuirait à la végétation.

L'arbre qui réussit le mieux dans les haies ou bosquets d'une ferme est l'orme. On remarque que les plantations qui ne sont pas éclaircies à temps souffrent beaucoup ; et l'on regarde la période de vingt ans comme la moyenne de l'exploitation des taillis, pour que la coupe en soit la plus avantageuse. Il y a aussi des taillis que l'on coupe à quatorze ans, et qui rapportent 12 liv. st. (300 fr.) l'acre, ce qui revient à 732 fr. l'hectare.

Les perfectionnements que l'on remarque en Angleterre dans la tenue des bois consistent surtout dans la culture et les nettoiements. On n'abandonne point au fermier le choix des arbres à émonder, à étêter ou à abattre ; la direction de ces travaux importants appartient au propriétaire, qui y emploie des hommes experts dans la conservation des bois.

La méthode de furetage, qui est usitée dans le Morvan, se retrouve, en Angleterre, dans les forêts de hêtres du comté de Buckingham. On n'y coupe que les brins âgés de trente à quarante ans, pour les envoyer à Londres, par la Tamise, comme bois de chauffage. On emploie un certain art pour tenir le bois restant convenablement serré, de manière que les plantes étrangères ne puissent croître dans les intervalles, et que la chaleur du soleil ne dessèche pas les souches.

Les grands propriétaires de bois, en Écosse,

exploitent leurs taillis de chêne au bout de vingt à trente ans. L'écorce est une partie importante du revenu. Les brins étant coupés très-près de terre, les rejets partent du collet, et, se faisant leurs propres racines, deviennent chacun une souche nouvelle.

On croit qu'il ne faut pas couper les bois en hiver, parce que les rigueurs de cette saison occasionnent beaucoup de dommage aux souches et aux baliveaux, et qu'il est préférable d'attendre le commencement du printemps. On réserve généralement un très-grand nombre de baliveaux ; mais, lorsque l'amirauté avait un privilége sur les chênes propres à la marine, on les coupait avant qu'ils fussent gros, parce qu'il y avait plus de profit qu'à attendre qu'ils fussent soumis au monopole. En France, un privilége semblable n'a pas empêché les propriétaires de réserver de gros arbres dans leurs bois.

Les taillis se vendent de 25 à 40 livres sterl. par acre, sur les bords de la Clyde, et de 40 à 50 livres sterl., dans les montagnes d'Écosse, où il existe des hauts fourneaux, ce qui fait jusqu'à 3050 fr. l'hectare. Dans l'ouest de l'Angleterre, un acre de bois taillis rapporte, l'un dans l'autre, 60 livres sterl. net (3658 fr.) l'hectare.

L'importance de ce chapitre exige que nous le divisions en plusieurs sections.

SECTION 1re.

DE L'AGE AUQUEL IL CONVIENT DE COUPER LES TAILLIS.

Dans la plus grande partie de la France, les taillis

sont exploités entre leur vingtième et leur trentième année.

En Provence, on coupe les taillis de chênes blancs à dix ans, et ceux de chênes verts à quatorze ans. Les agronomes de ce pays sont d'avis de reculer cet âge jusqu'à seize et vingt ans : ils pensent que des coupes répétées à des intervalles plus courts sont bonnes pour les bois nouveaux, jeunes et clair-semés, parce que la taille fortifie leurs racines, et que leurs rejets sont plus forts et plus nombreux; mais que ce qui rend les jeunes taillis plus épais que les autres, c'est que les plants les plus forts n'ont pas le temps d'étouffer les plus faibles.

Il est impossible de déterminer la période la plus profitable pour l'aménagement d'un taillis, avant d'en avoir établi la valeur progressive.

On suppose, dans les calculs qui vont être rapportés, que la valeur des taillis croît d'après la loi des carrés des nombres naturels, progression qui est un terme moyen qu'un grand nombre d'observations m'ont fait reconnaître comme assez exact. Ainsi un taillis que l'on exploite à vingt ans vaut quatre fois plus que si on le coupait à dix ans.

Voici la table qui indique les valeurs successives des taillis dans un sol de qualité moyenne; la progression se ralentit pour les taillis situés dans un terrain peu fertile, lorsque ces taillis ont atteint l'âge de vingt à vingt-cinq ans. Il sera facile de changer les nombres d'après le résultat d'une étude locale faite avec un peu d'attention.

AGE des taillis.	VALEUR des taillis.	AGE des taillis.	VALEUR des taillis.
ans.	fr.	ans.	fr.
1	1	21	441
2	4	22	484
3	9	23	529
4	16	24	576
5	25	25	625
6	36	26	676
7	49	27	729
8	64	28	784
9	81	29	841
10	100	30	900
11	121	31	961
12	144	32	1024
13	169	33	1089
14	196	34	1156
15	225	35	1225
16	256	36	1296
17	289	37	1369
18	324	38	1444
19	361	39	1521
20	400	40	1600

Nous devons calculer sur l'intérêt composé, et non sur l'intérêt simple : car autrement il serait impossible de comparer la valeur des bois, qui ne produisent qu'à de longs intervalles, avec la valeur des terres, qui rapportent tous les ans. On préfère un fonds de terre qui rapporte 100 fr. par an à un bois qui ne rend que 2000 fr. tous les vingt ans ; et la mesure de cette préférence n'est autre chose que le cumul des intérêts.

Quelques exemples suffiront pour l'objet que nous nous proposons.

Nous calculerons sur l'intérêt à 4 pour 100 par an.

1°.

Est-il plus avantageux d'exploiter un taillis à vingt-quatre ans qu'à vingt-cinq ans?

Si je l'exploite à vingt-quatre ans, j'aurai, **un an** après,

1° Le produit de la coupe, que nous supposons de 576 fr.; ci . . . . 576 fr.

2° L'intérêt de cette somme   23   04 c.

3° Plus un taillis d'un an; mais, à la révolution suivante, ce taillis n'aura que vingt-quatre ans au lieu de vingt-cinq ans; la différence sera de 24 fr. Cependant, comme cette perte ne se fera sentir que dans vingt-quatre ans, elle doit être réduite, pour le moment présent, d'après le calcul des intérêts, à. .   9   36

TOTAL. 608   40

En coupant ce bois à vingt-cinq ans, j'aurais 625 fr., ce qui est plus avantageux.

2°.

L'aménagement à vingt ans est-il préférable à celui de vingt-cinq ans?

Si j'exploite mon taillis à vingt ans, j'aurai, cinq

ans après, le produit de la coupe, supposé de 400 fr.,
avec intérêts composés pendant cinq ans,
s'élevant à. . . . . 486 f. 68 c.

Mais, à la révolution suivante, mon
taillis n'aura que vingt ans, au lieu de
vingt-cinq ans; il ne vaudra que 400 f.,
au lieu de 625 fr. Cependant, comme la
perte ne se fera sentir que dans vingt-
cinq ans, elle doit être réduite, pour le
moment présent, à 84   40
                            Total. . . 571   08

En exploitant mon taillis à vingt-cinq ans, j'aurais
eu 625 fr.

L'aménagement à vingt-cinq ans est donc préférable à celui de vingt ans.

3°.

La supériorité de l'aménagement de vingt ans sur
celui de dix ans est frappante.

En effet, si je coupe mon taillis à dix ans, j'aurai,
dix ans plus tard, à l'époque où je l'aurais exploité
si j'avais attendu sa vingtième année,

1° Le prix de la coupe. . . . . 100 fr.

2° L'intérêt composé de cette somme
pendant dix ans. 48   02 c.

3° Enfin un nouveau taillis de dix ans,
qui vaut. 100

Je n'ai en tout que. 248   02

Mon taillis de vingt ans m'aurait rendu 400 fr., je
perds donc 38 pour 100.

De semblables calculs démontreraient qu'il faut couper les taillis de chênes et de hêtres en général un peu avant leur quarantième année; mais on ne doit pas attendre cet âge sans faire des éclaircies dans un bois, car on perdrait une infinité de brins.

L'essentiel, pour déterminer la période de l'aménagement, est d'établir l'échelle des valeurs progressives; mais ce n'est pas tout de mesurer l'accroissement des brins, il faut encore avoir égard à la valeur du stère ou du pied cube, suivant l'emploi que l'on peut faire des bois.

Il est inutile de mesurer annuellement l'accroissement des taillis; l'expérience serait trop longue. Il est bien plus commode de faire abattre des arbres qui aient passé par les phases successives que l'on veut étudier, et d'en observer simultanément la croissance, en comptant les couches ligneuses et en mesurant leur épaisseur.

A la vérité, on n'obtiendra pas toujours une précision rigoureuse, car il y a quelquefois deux couches assez distinctes dans le cours de la même année; mais elles sont toujours plus rapprochées entre elles que celles qui appartiennent à deux années différentes; on peut d'ailleurs comparer l'âge apparent, d'après le nombre des couches ligneuses, avec l'âge réel qui devrait exister d'après la période de l'aménagement, et arriver par ce moyen à une approximation suffisante. Par exemple, un arbre qui croît dans une futaie sur-taillis où l'exploitation périodique se fait à l'âge de vingt ans, et qui est âgé de trois périodes, a nécessairement soixante ans, quel que soit le nombre de cercles concentriques que présente la section transversale de sa souche.

Si l'on veut opérer sur des évaluations données par nos forestiers les plus célèbres, on trouvera des résultats à peu près semblables à ceux que l'on obtient en se servant de la table des carrés.

Si, au lieu de calculer sur l'intérêt de 4 pour 100, nous eussions pris le taux de 5 pour 100, le résultat eût été moins favorable à la prolongation de la période d'aménagement.

On pourrait induire des calculs précédents qu'il y a de la perte à conserver de la futaie; cependant il est tout aussi profitable d'élever de grands arbres que d'exploiter des bois taillis.

Mais deux conditions sont indispensables pour que l'éducation de la futaie soit avantageuse. La première est que les massifs soient périodiquement éclaircis, de manière que les brins les plus faibles ne périssent pas sans utilité ; la seconde est que le nombre des arbres n'excède pas les besoins de la consommation. S'il en était autrement, le prix des futaies diminuerait au point d'en décourager la culture.

Ainsi le prix du volume déterminé d'un arbre augmente à mesure que cet arbre vieillit. Le pied cube d'un chêne de 40 ans ne vaut qu'un franc, tandis que celui d'un chêne de 100 ans vaut deux francs : leur valeur respective est proportionnée à ce qu'il en a coûté pour les produire.

La loi de l'offre et de la demande dirigera la production en influant sur les prix. C'est ce que nous voyons déjà, mais d'une manière peu régulière, parce que les idées ne sont pas encore arrêtées sur plusieurs points essentiels de l'économie forestière.

La futaie est-elle chère, on réserve alors un plus grand nombre de baliveaux.

Les grands taillis sont-ils plus recherchés que les jeunes, on les laisse vieillir.

La consommation habituelle n'exige-t-elle, au contraire, que de jeunes taillis, on les abat pour ne pas les conserver sans profit.

Ainsi les aménagements doivent être subordonnés aux variations de prix qu'éprouve chaque espèce de bois.

Indépendamment des calculs, il y a des raisons déterminantes pour fixer l'âge des coupes. Cela dépend presque toujours de l'usage que l'on peut faire des bois.

Est-ce un taillis de châtaigniers propre à faire des cercles ou cerceaux, on le coupe à six ou huit ans ; plus tard, les brins ne conviendraient plus pour cet usage, et perdraient de leur valeur.

Est-ce un taillis de coudres destiné au même usage, on attend qu'il ait douze ans pour l'abattre.

Veut-on faire uniquement du charbon, un taillis de bois dur, âgé de vingt à vingt-cinq ans, convient très-bien.

S'agit-il d'un taillis qui doive être employé à faire du bois de chauffage pour les villes, il faut attendre qu'il ait vingt-cinq ou trente ans pour l'abattre.

Un taillis de trente ans présentera de grands avantages. Les graines lèveront facilement dans un bois éclairci ; les baliveaux seront d'une haute stature ; ils nuiront beaucoup moins au recru que ces arbres rabougris et branchus que l'on trouve dans un taillis qui s'exploite à douze ou quinze ans ; l'exploitation en jeunes taillis chargés de futaies propage à l'infini les mauvaises espèces ; mais l'exploitation en grands taillis les détruit : car le chêne, le frêne et le hêtre survivent à tous les arbrisseaux et à tous les arbres du second ordre.

Un exemple suffira pour donner une idée de la perte que peut entraîner un aménagement dont l'âge est mal calculé.

Prenons une forêt située dans un terrain peu fertile vers la source de l'Aube. Les essences dominantes sont le chêne, le hêtre, le charme et le tremble. On avait jugé à propos d'attendre que le massif fût âgé de 70 ans pour l'exploiter; la grosseur moyenne des chênes n'était que de 18 pouces de tour, celle du hêtre était de 21 pouces, et celle du charme de 14 à 15 pouces.

Le produit de l'hectare a été de 250 stères de bois propre à faire du chauffage ou du charbon. Le prix total a été de 1100 fr. l'hectare.

Si l'on eût exploité le taillis à 35 ans, la coupe eût valu 600 fr. l'hectare; ci . . . . 600 fr.

Les intérêts de cette somme à raison de 4 p. 100 par an pendant 35 ans se fussent élevés à 2367

La seconde coupe eût valu 600 fr. l'hectare   600

Total . . . . 3567 fr.

On n'a retiré réellement que 1100 fr.; ci. 1100

La perte a donc été par hectare de . . . 2467 fr. sans aucun but d'utilité.

Un taillis ne doit pas rester vingt ou trente ans sans rendre des produits par les éclaircies. Un principe général, professé par un des plus habiles forestiers de l'Europe, M. Lorentz, est que l'on doit faire de *fréquentes exploitations dans les bois*, en enlevant, 1° ce qui ne peut plus croître, 2° ce qui nuit à la croissance du massif, jusqu'au moment de l'exploitation définitive.

Je connais un bois soigné minutieusement par le propriétaire, qui sait tirer parti des plus petits produits; des épines, pour faire des clôtures vives et sèches; de la bourdaine, pour la fabrication de la poudre; des viornes, pour faire des ruches et des liens de fagots; des brins traînants, pour faire des liens de gerbes; des cornouillers, troènes et épines, pour faire des échalas; des coudres, pour des cercles de futailles; des perches, pour les instruments aratoires. Tout cela s'enlève dans les taillis, qui, nettoyés par des éclaircies successives, deviennent magnifiques; mais une semblable économie exige la présence continuelle du propriétaire. On doit remplacer ces pratiques de détail par des éclaircies périodiques bien entendues.

SECTION 2.

DES FUTAIES SURTAILLIS.

Le mode régulier d'exploitation des bois en taillis et futaies surtaillis n'est suivi que depuis le commencement du xvie siècle; presque tous les propriétaires, après l'avoir adopté, ont fait réserver un grand nombre de beaux arbres; mais, depuis la fin du dernier siècle, des changements importants sous ce rapport se sont opérés; les taillis ont pris de la valeur; la consommation a augmenté; on a trouvé commode de réaliser un capital qui ne produisait que 1 pour 100; la destruction des arbres a suivi une progression croissante, et la masse des futaies qui existaient en France à la fin du xviiie siècle est réduite de près de moitié.

Les inconvénients que l'on reproche aux futaies surtaillis sont , 1° de favoriser l'accroissement du sous-bois et des essences inférieures , et de détruire à la longue les bonnes espèces ; on remarque que le charme, le tremble et les épines remplacent le chêne ; 2° de retarder la croissance du taillis. Nul doute à cet égard ; mais il y a une compensation pour les terrains maigres, c'est que les futaies forment un couvert qui empêche le sol de se détériorer en prévenant l'évaporation de l'humidité.

La nécessité de laisser subsister de la futaie pour la charpente et pour une foule d'autres usages a fait conserver ce système d'aménagement ; mais on a pensé qu'il suffisait d'épargner un petit nombre d'arbres, et qu'au moyen de cet expédient on aurait de beaux taillis. Cet aménagement bâtard ne peut toutefois subsister longtemps.

En effet, les arbres ne croissent en hauteur que lorsqu'ils sont rapprochés de manière que leurs têtes ne soient séparées que par de petits intervalles ; les baliveaux placés dans ces intervalles s'élèvent aussi jusqu'à ce que leurs cimes aient atteint le niveau de la cime des grands arbres.

Mais, lorsqu'on abat à la fois la plus grande partie de ces arbres , ceux qui restent isolés ne tardent pas à se dessécher et la plupart périssent.

Enfin, lorsqu'on opère une coupe complète sur la futaie, en ne conservant que des baliveaux de l'âge du taillis, ces baliveaux, s'ils sont jeunes , s'habituent à vivre dans une position isolée, leur cime ne s'élève plus guère, leur tête s'arrondit et s'étend dans tous les sens ; ils projettent encore peu d'ombrage sur le taillis ; mais, lorsque l'époque de l'exploitation de ce taillis arrive, ces arbres subissent un martelage qui en réforme une partie; les autres sont exposés de nouveau au grand air et aux intempéries; leur tête s'élargit encore, et l'on réserve de nouveaux baliveaux pour remplacer les arbres que l'on a coupés. La tige de ces arbres est basse et leurs branchages sont épais. On n'a plus qu'une futaie faible et rabougrie dans le même sol où croissaient des arbres trois fois plus élevés, et l'on prononce que le sol n'est pas propre à nourrir de la futaie, que le taillis même y dépérit lorsqu'il est âgé de plus de vingt à vingt-cinq ans; celui qui rend cette décision ne s'informe pas s'il existe encore de magnifiques futaies dans des terrains plus arides.

Quand la futaie est dégénérée au point de ne plus présenter que des arbres rafaux, on éprouve au plus haut degré l'inconvénient que l'on voulait éviter; le taillis est étouffé par tous ces arbres à tête de pommier, et, fussent-ils beaucoup moins nombreux que les arbres d'une belle futaie surtaillis, ils occasionnent plus de dommage que ne le feraient ceux-ci.

Les inconvénients de cette espèce de dégradation se feront sentir de plus en plus. Déjà, dans beaucoup de forêts, on ne conserve des baliveaux que pour se conformer à l'usage; on abat les arbres et l'on rentre ainsi dans le système des taillis purs. Ce dernier aménagement est productif lorsque le débit du bois de chauffage, du charbon, de l'écorce, etc., est assuré; c'est une affaire de calcul; mais, si le sol est trop sec, il deviendra de moins en moins fécond, et à chaque période d'aménagement la hauteur et la force du taillis diminueront.

Ainsi, dans le système d'aménagement en futaies surtaillis, il est indispensable que la futaie soit le

principal et le taillis l'accessoire. C'est alors une espèce de massif dans lequel les arbres sont assez espacés pour que le sol ne soit pas nu comme dans les
massifs de haute-futaie ; tout le terrain est alors couvert de bois ; aucun espace n'est perdu ; c'est la cause
de la supériorité ordinaire du revenu d'un bois traité
en futaie surtaillis, sur le revenu d'un massif qui s'é-
claircit successivement ou dans lequel rien ne croit
sur l'espace qui est entre les arbres.

Les arbres des futaies surtaillis sont ordinairement
plus sains que ceux des massifs. Cela provient de ce
que l'on abat, à chaque exploitation des taillis, les baliveaux gâtés ou dépérissants, et que les anciens et les
modernes sont des arbres d'élite pris dans un grand
nombre. On n'imaginerait pas dans quelle faible proportion les chênes de bonne qualité se trouvent dans
les futaies incultes. On a remarqué qu'au milieu du
vaste massif de la forêt de Compiègne, les chênes
sains et vigoureux sont en très-petit nombre. Les
massifs ordinaires ne fournissent communément
qu'un dixième d'arbres assez sains pour le service de
la marine. C'est toujours à l'absence des soins et de
la culture qu'il faut attribuer la mauvaise qualité des
bois.

Une belle forêt, dans laquelle on favorise les semis,
dans laquelle on abat tous les brins qui sont mal conformés, ou qui présentent des signes de dépérissement, ou qui ne sont propres qu'au chauffage, peut
donner de beaux et bons arbres en très-grande quantité, surtout si l'on a soin d'assainir le sol. Ce sera
une espèce de haute futaie dont les arbres, bien choisis, seront assez éloignés l'un de l'autre pour qu'ils
croissent en liberté, et pour qu'il vienne un peu de

taillis dans les intervalles, qui sans cela ne produiraient rien.

Un massif très-épais convient dans les terrains sujets aux gelées : car l'herbe, les plantes annuelles et les jeunes plants forestiers, ne sont point gelés sous les grands arbres, et le sont dans les clairières. On peut, dans les cantons sujets aux gelées, couper le taillis par le *furetage;* mais le mieux est de planter des espèces de bois qui ne craignent point la température du lieu où on les place.

Nous allons donner un petit tableau qui servira à faire connaître l'espace moyen que les futaies occupent dans les taillis aménagés à vingt ans.

TOUR des arbres.	SURFACE perdue à l'entour des arbres.	OBSERVATION.
pieds.	mètres carrés.	
2	3	
2 1/2	4	Les ormes et les frênes, ayant un feuillage
3	5	peu épais, couvrent
3 1/2	7	moins d'espace que le
4	10	chêne et le hêtre.
4 1/2	15	
5	20	
6	28	
7	44	
8	75	
9	95	
10	130	

Les grands arbres vivent aux dépens des petits, et surtout des taillis. Ce mélange de plantes fortes et faibles est très-nuisible aux dernières. C'est par cette raison que, dans une forêt bien administrée, la futaie dominante doit être composée de chênes, et non de ces arbres de mince valeur, dont la vente ne dédommagerait pas de la perte du taillis.

Nous allons calculer les ressources que présentent les taillis et les futaies surtaillis.

Dans des bois aménagés à vingt ans, j'ai trouvé, par hectare, environ deux mille huit cents souches, savoir : neuf cents souches de chêne, onze cents souches de charme, six cents de hêtre, et deux cents d'alizier, frêne, érable, etc.

Je ne comprends pas dans ce dénombrement les coudres, les cornouillers, les épines, et autres arbrisseaux, ni les brins de semence, qui s'élèvent au nombre d'environ deux mille par hectare.

Le nombre des souches n'est guère que de deux mille dans un taillis aménagé à trente ans; mais, dans un bois réglé à dix-huit ans, on en trouve jusqu'à trois mille quatre cents, non compris les arbrisseaux et brins de semence.

Il y a environ trois cents souches mortes par hectare à chaque exploitation, en y comprenant celles de la futaie surtaillis qui ont péri après l'abatage des arbres.

Les brins de semis qui sont de l'âge d'un taillis à la veille d'être exploité sont très-petits en comparaison des brins venus sur de bonnes souches. Le volume de chacun des premiers est tout au plus le douzième de chacun des derniers. C'est sur cette différence, qui disparaît à la longue lorsque les arbres vieillissent, qu'est fondée la supériorité du produit des taillis considérés comme bois de chauffage.

Un taillis sans futaie aménagé à vingt-cinq ans, dans un sol passable, rend deux cent quarante stères de bois par hectare ; il faut déduire moitié de ce volume pour les interstices des bûches ; il reste cent vingt stères ou trois mille deux cent quarante pieds, non compris les vides, par hectare ; et, comme on fait huit coupes dans une période de deux cents ans, le produit total de ces deux siècles sera de vingt-cinq mille neuf cent vingt pieds cubes.

Ce volume est bien supérieur à celui que produit une haute futaie qui n'est point éclaircie : car elle ne donne guère que dix-huit mille pieds cubes par hectare au bout de deux cents ans.

Pour calculer le produit d'une futaie surtaillis, il faut d'abord connaître le volume des baliveaux anciens et modernes dont elle est formée. Nous allons en présenter un tableau qui résulte d'un grand nombre de comparaisons.

AGE des baliveaux.	CUBAGE.		OBSERVATION.
ans.	pieds cubes	dixièmes de pied cube.	
40	3	3	
50	6	3	
60	10	5	Ce cubage ne comprend que la tige équarrie.
70	15		
80	18	8	
90	23		
100	30		
120	56		

Voici actuellement le produit total, à chaque exploitation des taillis.

On peut couper dans un taillis de vingt ans, bien garni de futaies, trente-trois arbres par hectare, qui donnent,

1° En futaie équarrie ou propre à l'être.. . . . . 530 pieds cubes.

2° Cinq cent trente pieds cubes de bois de découpe, dont il faut ôter un tiers à cause des interstices dans l'empilage; reste. . . . 353

3° Branchages, trente-six stères par hectare, dont il faut ôter la moitié pour les vides; reste dix-huit stères ou. 486

Total. 1369

Comme on coupera, tous les vingt ans, une quantité égale de futaies, il y aura, pendant un espace de cent soixante ans, huit récoltes, qui donneront dix mille neuf cent cinquante-deux pieds cubes.

Un semblable taillis, étant chargé d'une assez grande quantité de futaies, ne rendrait que deux mille quatre cents pieds cubes par hectare, déduction faite des interstices, ce qui ferait, pour huit coupes, dix-neuf mille deux cents pieds cubes de taillis.

Les deux sommes réunies s'élèvent à trente mille cent cinquante-deux pieds cubes.

Nous avons compté cinq cent trente pieds cubes de bois de service par hectare. C'est une quantité déjà considérable. On peut en obtenir cependant jusqu'à neuf cents pieds si la réserve d'arbres a été très-nombreuse, mais le taillis en est d'autant plus faible.

Le mode d'aménagement que l'on doit adopter dépend de la position de chaque forêt. Veut-on avoir beaucoup de futaie, parce qu'elle a, dans la localité, beaucoup plus de valeur relative que le taillis, on fera abattre tous les arbres défectueux; on favorisera les semis des meilleures essences, et on réservera jusqu'à deux ou trois cents baliveaux par hectare.

Se propose-t-on, au contraire, d'avoir presque uniquement des taillis, on réservera des baliveaux pour donner des graines et un peu d'ombrage, et on les coupera à la révolution suivante de l'aménagement, lorsqu'on en réservera de nouveaux.

On conçoit que la qualité du sol doit être consultée. On n'aura que des taillis dans les terrains médiocres; mais, dans une forêt d'une certaine étendue, on trouvera toujours des terrains propres à élever quelques petits massifs de futaies.

S'agit-il d'une forêt peuplée de taillis et d'arbres médiocres, on fera abattre ceux-ci, on les extraira, en occasionnant le moins de dommage possible, et bientôt le taillis prendra un développement inespéré. On pourra piocher le sol dans les clairiéres pour faire croître les semis, et arracher les mauvaises espéces de bois, de manière à n'avoir plus qu'un taillis homogène, qui sera soumis à des nettoiements.

Ainsi disparaîtront ces arbres à tige courte et à large tête, qui épuisent le sol et qui déparent les forêts. Ainsi, aux taillis buissonneux succéderont d'autres taillis droits, élevés, d'espèces choisies, et d'une croissance rapide.

Les taillis venus sur souches n'étant, pour ainsi dire, que des rejetons d'arbres plus ou moins âgés, portent assez de graines pour se ressemer d'eux-mêmes; mais, dans les taillis couverts d'herbes et d'arbrisseaux, les glands ne tombent pas jusqu'à terre : aussi arrive-t-il fréquemment que, dans une forêt chargée de vieux chênes surtaillis, on ne trouve pas même assez de brins de chêne pour y réserver vingt baliveaux de cette espèce par hectare. Les bois qui tombent dans cet état de dégradation ne peuvent être restaurés que par l'arrachement de l'herbe et le nettoiement des taillis.

Les graines de hêtre lèvent plus facilement que celles de chêne; mais ce dernier arbre se propage beaucoup mieux par les souches (1). On le coupe près de terre. Il sort du tronc plusieurs brins qui grandissent, et forment chacun une nouvelle souche. Lorsque le taillis est nettoyé, on voit paraître des semis d'arbres dont l'espèce avait disparu depuis long-temps de la forêt. La faculté germinative de certaines espèces de graines se conserve vingt ans sous l'eau, et cent ans dans la terre.

Les taillis situés sur des coteaux exposés à des vents impétueux ne peuvent porter des baliveaux, parce que ceux qui ne sont pas détruits par les frimas languissent et périssent à la longue. On éprouve encore beaucoup de difficulté à élever des baliveaux dans une forêt qui était, peu de temps auparavant, en haute futaie; les brins nés dans des massifs épais périssent lorsque leur tête ne trouve plus d'appui, lorsque leur pied est desséché par l'évaporation de l'humidité qui le couvrait; mais les brins du nouveau taillis, mieux

____

(1) Les souches des arbres coupés au mois de mai ou au commencement de juin, pendant l'ascension de la sève, repoussent presque toujours.

garnis de racines, deviennent propres à faire de bons baliveaux. Il ne s'agit que d'attendre. Toutes nos forêts aménagées en taillis ont passé par cette épreuve.

La conversion d'un taillis en haute futaie exige une condition essentielle, c'est de trouver par hectare trois ou quatre cents baliveaux de l'espèce que l'on veut réserver, bien venants, et non sur de vieilles souches. Or il est très-difficile qu'il y ait un pareil nombre de brins de chênes de semence dans les taillis sous futaie. La plupart n'en offrent pas la cinquantième partie. Il faut donc s'en procurer d'avance un nombre suffisant par les semis naturels, qui seront très-abondants si l'on a soin d'éclaircir le sous-bois de manière que les graines trouvent l'espace suffisant pour germer et pour se développer, et surtout si l'on fait enlever les herbes qui étoufferaient les semences.

SECTION 3.

DU CHOIX DES ESSENCES FORESTIÈRES.

Avant de fixer l'aménagement d'une forêt, il est essentiel de choisir l'espèce d'arbres qui doit dominer sur le sol.

Parmi les arbres feuillus, le premier rang appartient au chêne par l'excellence de son bois propre à une infinité d'usages, et par cela même d'un débit toujours assuré. L'orme, le frêne, le sycomore, viennent ensuite, mais en moindre nombre.

Les arbres résineux qui, dans un espace donné, produisent un volume double de celui des arbres feuillus, mériteront la préférence dans la plupart des localités.

Lorsque les espèces sont choisies, on assigne à chacune sa place. Au lieu de les mélanger, on met les bois blancs dans les parties humides de la forêt, le chêne dans un bon sol, les bois résineux sur les coteaux. Si, par exemple, la forêt est divisée en vingt parties, il y en aura dix en chênes, deux en hêtres, deux en ormes et frênes, deux en trembles, trois en pins silvestres, et une en mélèzes.

Les moyens de changer les espèces qui couvrent une forêt varient avec les circonstances. S'agit-il d'un bois de pins mélangés de hêtres, pour détruire ceux-ci il suffit de les couper sous l'ombrage du pin; il est mieux encore de les arracher, parce que le labour que cette opération donne à la terre prépare un semis abondant dans lequel les pins s'assurent la possession exclusive du sol.

Rien de plus facile, quand on a su ménager le semis, que de faire prédominer l'espèce que l'on a choisie, et d'expulser celle que l'on a réprouvée; il suffit, dans les nettoiements, de couper ou d'arracher tous les plants de cette dernière; ses rejets seront bientôt étouffés par les plants de prédilection, pour peu que l'on ait cherché à favoriser les semis naturels. La tendance de chaque espèce de végétal à se multiplier est si grande, qu'il suffit de préparer la place à celle que l'on préfère. C'est ainsi que le cultivateur, par ses efforts, détruit les mauvaises herbes dans les champs où il ne veut voir que du froment.

Le produit des grandes espèces d'arbres est tellement supérieur, même en taillis, à celui des espèces

inférieures, qu'il y a un avantage considérable à n'a-
voir que des premières.

Le changement des essences forestières est une
chose nouvelle en France ; mais il se pratique journellement en Allemagne dans les plus grandes forêts.

SECTION 4.

DES FUTAIES ÉLEVÉES EN MASSIFS AVEC DES ÉCLAIRCIES SUCCESSIVES.

Les nettoiements et les éclaircies successives sont,
aux yeux des écrivains forestiers, les moyens d'obtenir
les plus grands et les meilleurs produits d'un massif
de futaie ; mais il faut indispensablement opérer sur
des bois provenant de semis, et non sur des taillis à
grosses souches.

Le nettoiement s'exécute vers la huitième année,
si le plant n'a pas été cultivé dès son origine.

Nous ne possédons pas encore en France de ces
massifs de futaie méthodiquement éclaircis. A défaut
d'expérience directe, nous raisonnerons par analogie
d'après des faits connus, en nous appuyant aussi sur
l'autorité de M. de Monville, qui a traité ce sujet
avec une grande supériorité de vues.

L'aménagement par éclaircies est celui qui donne
le plus de bois de service. « Lorsqu'on laisse les brins
« se disputer le terrain, ils s'éclaircissent d'eux-
« mêmes ; les plus forts étouffent les plus faibles ;
« mais, après une trop longue lutte, les arbres sont
« effilés, et portent trop peu de grosseur pour la
« hauteur (1). »

(1) Annales maritimes et coloniales, 1824.

Dans le système des éclaircies, les distances moyennes des arbres sont calculées dans la proportion la plus favorable à leur accroissement.

Lorsque le taillis a vingt ans, on l'éclaircit de manière à y laisser par hectare deux mille brins des mieux venants.

A quarante ans, on fait une coupe en laissant six cents arbres.

A soixante ans, on en fait une autre en laissant trois cents arbres, et ainsi de suite de vingt ans en vingt ans, de manière à couper, dans leur cent soixantième année, cent vingt arbres qui resteront les derniers.

Le produit total des tiges abattues dans les coupes successives, y compris la coupe définitive, s'élèvera à seize mille huit cents pieds cubes par hectare.On aura, en outre, cent soixante-douze cordes (corde de cent vingt pieds cubes) aussi par hectare, ou vingt mille six cent quarante pieds cubes de bois de chauffage , dont il faut déduire deux cinquièmes pour les vides des cordes : reste seize mille cinq cent douze pieds cubes. Les deux sommes réunies font trente-trois mille trois cent douze pieds cubes.

Nous allons donner un tableau du produit d'un hectare pour une contrée où le bois de chauffage a peu de valeur, et l'intérêt des fonds entrera dans nos calculs.

AGE des taillis et de la futaie à l'époque des éclaircies.	NOMBRE des brins restants après chaque éclaircie.	PRODUIT de chaque coupe en argent.	NOMBRE des années pendant lesquelles l'intérêt est cumulé.	PRODUIT avec intérêt cumulé à 4 p. 0/0 jusqu'à la fin de la révol. de 100 ans.
ans.		fr.		fr.
10	»	60	90	2046
20	4000	120	80	2764
30	2000	150	70	2334
40	1200	180	60	1893
50	950	250	50	1776
60	750	350	40	1680
70	650	450	30	1459
80	500	550	20	1205
90	350	600	10	888
100 coupe définitive.	300	7500	»	7500
				23545

Le pâturage et la glandée produiront bien au delà de ce que l'on en retirait dans un taillis ou dans un massif inculte.

Ce même hectare de bois, aménagé en coupes de taillis de vingt-cinq ans, produirait, en supposant qu'il n'y ait point de futaies surtaillis, 625 francs par coupe. Ainsi on aurait, au bout de cent ans :

Le produit de la première coupe, avec intérêts cumulés pendant soixante-quinze ans. . . . . 11,834 fr.

Le produit de la seconde, avec intérêts cumulés pendant cinquante ans. 4,440

Le produit de la troisième, avec inté-

A reporter. 16,274

D'autre part. 16,274
rêts cumulés pendant vingt-cinq ans. . 1,660
Le produit de la quatrième coupe. . . 625

TOTAL. . . . . 18,559 fr.

Les éclaircies successives offrent de grands avantages : car des arbres du même âge et de la même force croîtront avec toute la vigueur possible ; et ceux qui formeront les dernières coupes atteindront les plus belles dimensions. La culture, les nettoiements, les élagages, l'assainissement du sol, contribueront à leur donner un tissu serré, qui les rendra propres à la construction des vaisseaux et à toute autre espèce d'usage.

Ces exploitations une fois régularisées, on ne craindra plus de manquer de futaies. On conservera des arbres, comme tout autre bien que l'on ménage pour le laisser dans un état prospère. Ce penchant qui porte les hommes à épargner, à accumuler pour leurs successeurs en s'imposant des privations, garantit que l'on ne manquera pas de futaies tant que la propriété sera protégée par les lois.

Cet aménagement en futaies successivement éclaircies n'est autre chose, au fond, que ce qui se fait en Flandre, en Normandie, dans le Maine et dans d'autres contrées, où l'on a soin de nettoyer successivement les plantations qui environnent les fermes, et de conduire les arbres jusqu'au point où ils deviennent propres soit à la charpente, soit au charronnage, soit à un autre emploi industriel. Le système des éclaircies successives n'en est que la pratique agrandie et soumise à des régles.

La coupe définitive n'aura lieu qu'avec un ensemencement naturel préparé à l'avance. Les semis naturels qui ne sont pas cultivés font perdre un temps considérable pour la reproduction : car, pendant les vingt ou trente premières années, on ne voit que des genêts, épines et bois blancs ; c'est ce que l'on remarque dans la forêt de Villers-Cotterêts, où l'aménagement est fixé à cent cinquante ans, et où la plupart des bois n'ont que de cent vingt à cent trente ans.

SECTION 5.

COMPARAISON DU PRODUIT D'UN MASSIF DE FUTAIE AVEC UN BOIS EXPLOITÉ EN FUTAIE SURTAILLIS.

Un massif de futaie de chêne âgé de soixante-quinze ans, situé dans un terrain propre à la production des bois, produit par hectare 5,735 fr. 51

Il faut ajouter le produit du pâturage et de la glandée à raison de 2 fr. par hectare, pendant soixante ans, avec intérêts cumulés à 4 pour 100. . . 476 8

Total. 6,211 59

Voici le tableau du nombre et de la solidité des arbres, calculé en pieds cubes, et que l'on peut facilement réduire en décistères, en se rappelant qu'un décistère équivaut à trois pieds cubes environ.

TOUR, circonférence à 4 pieds de haut.	HAUTEUR moyenne.	CUBAGE MOYEN de chaque arbre.	NOMBRE d'arbres.	CUBAGE total.
	pieds.	pieds cubes.		
5 1/2	35	39	2	78
5	»	31	9	279
4 1/2	»	27	13	351
4	»	21	47	987
3 1/2	»	15	59	885
3	»	10	107	1070
2 2	»	7	63	441
2	»	3	38	114
1 1/2	»	1 5	12	18
			350	4223

Estimation : 4223 pieds cubes à 1 fr. 10 c. . 4645

Branchages. 1090

Total. 5735

Cet aménagement est le seul que l'on puisse employer lorsque le taillis n'a aucune valeur vénale dans la contrée.

Si ce taillis n'a qu'une valeur médiocre, l'aménagement en taillis, combiné avec celui des futaies surtaillis, est le moins profitable.

Supposons, en effet, qu'un hectare de taillis de 25 ans, qui doit produire 4800 pieds cubes de bois de chauffage, ne puisse se vendre que 300 fr. par hectare, avec une réserve de 80 baliveaux, on aura, au bout de 25 ans, 300 francs.

Vingt-cinq ans plus tard, on fait une seconde coupe et on a :

1º Le produit de la première coupe avec intérêts cumulés à 4 p. 100. . . . . 801 fr.

2º Le produit du taillis de la deuxième coupe, en laissant 60 baliveaux par hectare. 300

On peut couper 40 baliveaux âgés de 50 ans, qui valent à raison de 2 fr. chacun. 80

Total. . . . 1181 fr.

Vingt-cinq ans plus tard, on procède à une troisième coupe et on a :

1º Le produit précédent porté à 1181 fr. avec intérêts cumulés à raison de 4 p. 100 par an pendant 25 ans. . . . . 3213 fr. 27 c.

2º Le produit du taillis de la troisième coupe. . . . . 300 »

Il reste en futaie :

40 baliveaux âgés de 75 ans à 18 f. 720 »
60 baliveaux âgés de 50 ans à 2 f. 120 »
60 baliveaux de 25 ans. . . . . . 30 »

Total. . . . . 4383 fr. 27 c.

Le produit total serait inférieur à celui de la haute futaie. On ne trouve ce rapport que dans les contrées où il n'existe pas d'usines pour consommer les taillis.

Mais, si l'on suppose que le taillis vaut, à l'âge de 25 ans, 500 fr. l'hectare, l'aménagement en taillis, combiné avec la futaie surtaillis, est le plus profitable.

Dans le choix des arbres d'une futaie surtaillis, le *maximum* des produits en argent ne sera pas toujours suivi. Un propriétaire pourra, sans altérer ses revenus, conserver un certain nombre d'arbres à très-fortes dimensions qui deviendront un ornement pour sa forêt. Ensuite il prendra pour règle de réserver les arbres qui rapporteront l'intérêt le plus élevé.

Un baliveau qui vaut 50 centimes vaudra, 25 ans plus tard, 3 francs. Ce même arbre vaudra, 25 ans après, 12 francs. Après une nouvelle période de 25 ans, il vaudra 40 fr.

Mais, lorsqu'il arrivera à un état de croissance dans lequel il ne rapporterait que 2 p. 100 par an, on pourra l'abattre.

Les arbres mal venants, quoique jeunes, devront être coupés par une conséquence des mêmes calculs.

SECTION 6.

DES TRONCHÉES OU ARBRES ÉTÊTÉS.

L'émondage des arbres constitue, en Allemagne, un mode irrégulier d'aménagement. Ce genre d'exploitation qui se retrouve dans toutes les contrées du centre de la France, ne vaut rien, sans doute, sous le point de vue forestier; mais il présente quelques avantages dont le principal est celui d'offrir des pâtures, de l'ombre et du bois de chauffage.

Dans le Limousin, on plante beaucoup de châtaigniers et de chênes que l'on étête lorsqu'ils sont gros pour les émonder tous les cinq ans. Toute la futaie de chêne dans les taillis s'exploite de la même manière dans la Sologne méridionale. L'émondage d'un arbre de cette espèce peut rapporter 50 centimes tous les cinq ans; ainsi, sur 100 chênes par hectare, on peut en émonder 20 par an, ce qui fait un revenu de 10 fr. par hectare, non compris le produit du pâturage.

En Bresse, les chênes sont répandus dans les pâturages et étêtés à sept ou huit pieds de hauteur. On les élague comme les saules, ce qui permet au bétail de paître dans les intervalles sans ronger les rejets; le même terrain produit de l'herbe et du bois. Cette association serait excellente si les pâturages étaient améliorés et soignés, si les arbres étaient bien élagués; mais les uns et les autres sont dans un état pitoyable; cependant ces plaines, où végètent si tristement des arbres dégradés, donneraient de belles récoltes en herbages ou en céréales à l'aide de quelques travaux dirigés avec intelligence.

L'usage d'étêter et d'élaguer les arbres se retrouve dans les environs de Strasbourg; mais on y apporte autant de soins qu'on y met de négligence en Bresse. L'élagage donne une grande quantité de bois de chauffage et le pâturage nourrit beaucoup de bestiaux.

CHAPITRE V.

DES ESSARTS ET DU FURETAGE.

SECTION 1re.

DES ESSARTS.

La culture des bois dans les Ardennes se pratique encore aujourd'hui comme du temps de Bernard de Palissy, qui l'a décrite il y a trois siècles. On peut, à cette occasion, remarquer combien les habitudes et les coutumes sont durables, et combien il est difficile de les faire sortir de leur enceinte. En effet, si la méthode de cultiver les bois en essarts est bonne, on devait l'adopter dans toutes les localités où son utilité était évidente; et si elle est mauvaise, on devait la proscrire; mais elle existe encore, et seulement dans les même lieux.

On fait des essarts depuis un temps immémorial sur les bords de la Sarre, de la Moselle, du Rhin, et dans quelques autres contrées.

Les bois d'essarts sont des taillis qui s'exploitent en plein, sans réserve de baliveaux, tous les quinze ou dix-huit ans, et dont on cultive le sol après l'exploitation, pour y semer du seigle ou d'autres grains, pendant deux ou trois ans au plus.

L'écobuage est l'un des modes essentiels de cette culture; on brûle le gazon, les épines, les feuilles, les menues branches, les genêts, les bruyères. Les labours se font à la pioche ou à la houe.

Le produit des blés est assez considérable, puisque la portion du propriétaire, qui n'est tenu d'aucuns frais de culture, s'élève ordinairement à trente ou trente-six francs par hectare.

Si l'on a soin de ménager les souches, ce qui est facile, cette culture est très-favorable à l'accroissement des bois et à la germination des plantes. On ne peut s'empêcher d'être frappé de la beauté des taillis venus sur ces essarts. Ils produisent ordinairement du gland lorsque les taillis des coupes incultes n'en donnent point.

Nous consignerons ici quelques détails sur la pratique de cette culture dans les communes de Faucogney, Servance, et quelques autres dont les territoires contigus forment le prolongement méridional de la chaîne des Vosges.

Lorsque le taillis est coupé, les habitants cultivent

le sol à la pioche; ils disposent la pelouse en petits fourneaux sur lesquels ils placent les genêts et les herbes qu'ils ont pu ramasser dans le voisinage; les cendres qui proviennent de la combustion de ces fourneaux sont répandues sur le sol, et l'on y sème du seigle. Le propriétaire a ordinairement le tiers de la récolte pour sa portion.

Dans l'exploitation du taillis, qui est presque uniquement composé de chêne, on a soin d'écorcer les souches, afin que les rejets sortent le plus près de terre possible.

Six ans après l'exploitation, on nettoie les taillis, qui sont alors aussi beaux que le seraient des taillis de douze ans traités par la méthode ordinaire. Le sous-bois forme une partie du chauffage des habitants laborieux et économes de ces montagnes.

Cette culture, si utile dans les plaines, est désastreuse dans les coteaux rapides : car, les pluies entraînant la terre et les engrais, il n'y a plus de végétation possible. La plupart des montagnes de la Toscane sont, au dire de Fornaïni, une preuve frappante des suites déplorables de ce système, qui a encore pour résultat d'augmenter les torrents et les débordements des rivières.

On a essayé de pratiquer cette culture dans des plaines, et elle a donné de magnifiques récoltes d'avoine.

On nomme essarts, dans le Morvan, des bois que l'on exploite de la manière suivante :

Ces bois sont peuplés uniquement de chênes, qui s'y maintiennent seuls par le soin que l'on prend de détruire toutes les autres espèces à mesure qu'elles paraissent. Tous les six ans, on coupe dans chaque partie les gros brins qui sont âgés de dix-huit ans, et on laisse subsister tous ceux qui sont âgés de douze ans et de six ans. Le produit principal est l'écorce, qui est broyée dans les moulins à eau établis partout à la proximité des bois.

Il y a plusieurs choses à remarquer dans cette exploitation. On écorce les souches jusqu'au sol, en sorte que les rejets sortent nécessairement de terre. On ne réserve point de baliveaux, parce que l'on a reconnu qu'ils seraient nuisibles. On voit seulement quelques gros châtaigniers épars dans les coupes.

Les rejets poussent très-bien. L'ombrage des brins que l'on a laissés subsister ne nuit point au recru, car un essart de cinq ans paraît aussi épais qu'un taillis ordinaire.

On appelle *curer la coupe* le travail de couper les houx, les genêts, les épines, et les brins traînants, qui nuiraient au taillis; ces broussailles servent à garnir les clôtures des champs, des prés et des bois. Ce travail s'exécute en hiver. Il est ordinairement incomplet, car on n'arrache pas la bruyère, qu'il faudrait détruire.

Quoique l'on ne puisse écorcer les brins qu'au mois de mai ou au mois de juin, on les abat dès le mois de mars en prenant la précaution de ne pas les séparer entièrement du tronc, mais de laisser de l'écorce et un peu de fibre pour conserver la communication entre la tige abattue et la souche qui la portait; ce canal suffit pour livrer passage à la sève, qui s'introduit tout le long de cette tige étendue sur la terre, en sorte qu'on peut l'écorcer au printemps, et que tout est fini avant le mois de juillet.

On calcule de la manière suivante le produit des

essarts qui sont en bon état. En supposant que le bois contienne soixante hectares, on coupe dix hectares par an; il y a des brins de trois âges différents dans un taillis que l'on va exploiter; ceux de dix-huit ans, les seuls que l'on doive couper, produisent 180 fr. par hectare, ce qui fait pour une coupe de dix hectares 1800 fr. de revenu ou 30 fr. par hectare.

L'entretien de ces bois exige, comme on le voit, l'emploi d'une certaine industrie; les vices d'exploitation, notamment le défaut d'écorcement de la partie supérieure des souches, sont examinés avec sévérité, et soumis à des évaluations de dommages qui sont à la charge des exploitants.

J'ai reconnu que les bois qui avoisinent ces *essarts* sont généralement peuplés de hêtres. Une simple ligne en marque la séparation. Les brins de hêtre qui croissent dans les essarts sont impitoyablement détruits. C'est par ce moyen de l'expulsion des essences étrangères que le massif de chênes se maintient dans toute sa pureté; il y a peu de semis, mais la longue durée des souches fait que la forêt n'en demande pas davantage pour rester suffisamment peuplée.

SECTION 2.

DU FURETAGE.

Le *furetage* est le mode d'exploitation que nous allons décrire.

Les bois où il s'exerce sont peuplés principalement de hêtres; on n'y laisse point de futaies, parce qu'elles sont regardées comme nuisibles. Il y a cependant une exception en faveur du châtaignier; on réserve actuellement des baliveaux dans ces taillis, mais en petit nombre.

L'exploitation revient tous les dix ans dans la même partie de la forêt. Sur une même souche il y a des brins de trois âges différents. On coupe tous ceux qui ont plus d'un pied de circonférence, et on laisse subsister les autres. On réserve tous les brins de semence.

Les coupes nouvellement furetées sont couvertes d'herbes, de genêts, de brins cassés ou pliés ; mais, quelques années après, on n'aperçoit aucune trace des dégâts qu'avait occasionnés l'exploitation.

La valeur des brins coupés dans l'exploitation au *furetage* est à celle des brins restants comme quatre est à un, tandis que le nombre des brins que l'on coupe est à celui des brins restants comme un est à quatre : en sorte que le brin moyen que l'on coupe vaut seize fois le brin moyen qui reste. Celui qui n'aurait eu aucune valeur, si on l'eût coupé, croît avec force après l'exploitation.

Les bûcherons chargés de l'exploitation coupent les brins branchus, difformes ou traînants ; mais cette espèce de nettoiement est incomplète, parce que l'on ne coupe ni les houx, ni les genêts, ni les fougères, ni les bruyères, ce qui fait qu'il y a plus de vides dans les *furetages* que dans les *essarts* ; on perfectionnerait l'exploitation en faisant donner des labours à la pioche pour détruire les plantes nuisibles ; mais toutes n'étouffent pas également le semis, car on voit beaucoup de plants de châtaigniers lever au milieu des houx.

Le hêtre s'accommode parfaitement de ce genre d'exploitation. On a essayé d'exploiter en coupe pleine des bois de cette espèce qui depuis trois siècles étaient traités par la méthode du furetage, mais les souches n'ont point repoussé ; à peine quelques-unes ont-elles donné des jets frêles et languissants, que les genêts ont été étouffés presque aussitôt qu'ils ont paru ; le bois s'est entièrement dépeuplé ; ce n'est plus qu'un vaste champ de genêts et de bruyères. Soit que ces plantes aient épuisé les sucs qui auparavant se portaient aux racines des arbres, soit que l'ardeur du soleil ait desséché la terre à l'entour des souches qui y étaient exposées pour la première fois, elles sont mortes peu d'années après la coupe pleine.

Un taillis prêt à être exploité, et dont les brins les plus âgés ont trente ans, paraît presque aussi beau qu'un taillis ordinaire de cet âge, dans lequel on n'a jamais rien coupé. Le produit annuel des bois exploités par le furetage est bien supérieur à celui des taillis qui sont soumis à la méthode ordinaire ; et quoique la difficulté d'enlever le bois, de faire du charbon dans les coupes, d'exercer une surveillance exacte sur l'exploitation, soit un obstacle à l'adoption générale de cette méthode, elle est excellente pour les terrains arides. Le taillis qui garnit continuellement le sol procure aux rejets un abri contre les vents desséchants, contre les gelées printanières, contre l'excès des chaleurs. Il empêche la multiplication du genêt, plante naturelle au Morvan, laquelle couvre en trois ou quatre ans tous les terrains abandonnés.

Dans un bois exploité suivant l'usage du Morvan, on fait trois coupes dans l'espace de 24 ans ; ces trois coupes donnent, au total, un produit en matière plus considérable que celui que l'on retirerait d'un taillis de 24 ans exploité suivant la méthode ordinaire. La raison en est que le terrain n'est jamais découvert dans l'exploitation partielle, et que la nourriture des souches y est, par conséquent, beaucoup plus abondante.

La différence du volume est, d'après de nombreuses vérifications, dans le rapport de 4 à 5, en faveur de l'exploitation partielle.

Ainsi un bois taillis aménagé d'après cette méthode rend, tous les 24 ans, 1000 fr. par hectare, tandis qu'un taillis ordinaire ne vaut que 800 fr. L'hectare de chaque coupe faite à huit ans vaut, par conséquent, 333 fr.

Il y a, il est vrai, une compensation à établir : les frais d'exploitation dans la méthode du furetage sont plus considérables que dans la méthode des coupes pleines ; l'administration est plus difficile, moins uniforme, sujette à plus d'abus ; mais ces inconvénients sont rachetés par de précieux avantages, surtout dans les terrains de fertilité médiocre où les exploitations partielles maintiennent le sol forestier en bon état.

Le procédé du furetage, tel qu'il se pratique actuellement, ne parait pas remonter plus haut que l'invention du flottage des bois de chauffage sur les ruisseaux ; auparavant, les forêts du Morvan ne servaient qu'au pâturage, à fabriquer de l'écorce, à nourrir des porcs et des bestiaux. Il n'y a même guère plus d'un demi-siècle que l'on ne trouvait d'autre moyen de tirer parti du bois, dans les forêts éloignées des rivières, que de les abattre, de les brûler, et d'en conduire les cendres à Nevers ou à Paris pour les vendre. C'est au développement des moyens de transport que l'on doit la bonne conservation actuelle de ces forêts.

CHAPITRE VI.

DU NETTOIEMENT DES TAILLIS ET DES ÉCLAIRCIES.

La plupart des espèces d'arbres qui existent dans nos forêts ne sont pas celles qui sont le mieux appropriées au sol, mais celles qui ont le mieux résisté aux coupes prématurées et au traitement qu'on a fait subir à ces forêts. Les espèces qui résistent à ce traitement ne sont pas non plus celles qui rendent le plus de profit; le charme, par exemple, sert à remplir les lacunes; de grands espaces seraient vides s'il n'y était propagé; plus les taillis sont coupés jeunes, plus les espèces sont nombreuses.

Toutes les méthodes tendent à faire dégénérer les forêts si des travaux assidus ne les rétablissent.

Les neuf dixièmes des forêts de la France sont exploités aujourd'hui en taillis avec des réserves de baliveaux; mais les bois blancs, les épines, qui n'ont qu'une courte durée, s'accommodent beaucoup mieux d'une courte période que le chêne et le hêtre, qui sont destinés à parcourir une longue carrière; aussi ces grandes espèces disparaîtraient-elles si elles n'étaient maintenues par des moyens artificiels. L'enlèvement du bois mort et des brins dépérissants est toléré dans beaucoup de lieux, sous la condition, toutefois, de respecter les bonnes espèces. Le pâturage fait aussi périr les rejetons de ces sous-bois qui sont à la portée de la dent des bestiaux; c'est par ces moyens-là seulement que les bonnes espèces ont pu se maintenir dans les forêts; mais, si l'on renonce à ces méthodes irrégulières de nettoiement, il faut nécessairement faire extirper toutes ces plantes envahissantes, épines, arbrisseaux, essences inférieures, etc.

Un taillis de cinq ans est composé d'un nombre infini de brins dont un dixième tout au plus parviendra à l'âge de vingt-cinq ans. L'art du forestier doit avoir pour objet de faire tourner exclusivement au profit de ceux-ci toutes les forces de la végétation. Pour y parvenir, il faut les débarrasser de tout ce qui peut nuire à leur croissance.

Ainsi l'on coupera, 1° les épines, les ronces, les viornes, les genêts et les bruyères; 2° les brins traînants, branchus, viciés, qui croissent sur les mêmes souches que les brins bien venants; 3° le coudrier, le nerprun, la bourdaine et autres arbrisseaux semblables, qui n'ont qu'une courte existence.

On aura l'attention de laisser d'autant plus de brins sur chaque souche qu'elle sera plus grosse et plus vigoureuse; les brins qui tiennent à la terre par leurs racines doivent être ménagés plus que les autres.

Quant au jeune plant de semis, on peut receper près du sol celui qui est languissant ou rabougri; on éclaircira à l'entour les brins de souche, pour donner de l'espace au plant; l'un des avantages du nettoiement est de favoriser la croissance du semis naturel. Le chêne a besoin surtout de l'air et de la lumière.

Cette opération exige beaucoup de prudence; il faut avoir l'attention de ne pas trop enlever de bois ; car, si les brins restants étaient trop éloignés l'un de l'autre, ils élargiraient leur tête au lieu de s'élever : il vaut mieux laisser subsister des arbustes ou des brins défectueux que d'avoir de grands intervalles vides, à moins qu'on ne les cultive, en y semant de bonnes essences.

Les nettoiements sont, depuis un temps immémorial, en usage dans quelques localités pour les bois des particuliers; et s'ils ne sont pas pratiqués partout, c'est que dans beaucoup de contrées on coupe les taillis trop jeunes, et que, par conséquent, les éclaircies profiteraient peu; c'est que l'on n'a pas su éviter les inconvénients que les nettoiements peuvent présenter et que nous allons examiner.

Le plus grave de tous est que le pied des brins que l'on a coupés pousse des rejets si l'opération n'est pas bien exécutée. On prétend que ces rejets épuisent les brins restants, autant qu'auraient pu le faire ceux que l'on a enlevés dans le nettoiement; mais, ce dernier effet fût-il réel, la destruction des épines et des buissons n'en serait pas moins accomplie, et par conséquent le taillis en profiterait mieux.

Il y a plusieurs moyens de détruire les productions qui affaiblissent les brins restants. Le premier est de ménager assez d'ombrage pour étouffer ces rejets parasites, et de conserver, dans cette vue, des brins que l'on pourra couper à l'époque d'un second nettoiement, ou qui seront exploités avec le taillis. Le second est de faire pâturer le bétail dans les parties qui viennent d'être éclaircies; mais, pour ménager le semis, ce pâturage doit cesser quelque temps avant l'exploitation définitive du taillis.

L'expérience apprend que, dans les bois qui ont été éclaircis avec adresse et prévoyance, le défaut dont nous venons de parler n'existe pas.

On reproche encore à cette méthode que, lorsqu'on exploite définitivement le taillis, les acheteurs ne trouvent pas autant de fagots et de menues branches que la coupe leur en aurait fourni si elle n'avait pas été éclaircie. Cette objection ne mérite pas qu'on s'y arrête. Il suffit de remarquer que, dans la coupe définitive d'un taillis qui a été nettoyé, on trouve un stère de gros bois de plus pour trois fagots que l'on a de moins; que le stère vaut 8 fr., et que les fagots auraient valu 10 sous.

Le nettoiement n'est désavantageux que lorsqu'il est très-mal exécuté et à grands frais; c'est ce qui arrive lorsque l'opération n'est pas bien surveillée. Nous allons donner ici quelques règles fondées sur l'expérience pour en assurer la bonne exécution : 1° le garde ou le chef des élagueurs fera, tous les jours, deux ou trois visites à des heures différentes près des ouvriers, pour juger de leur travail. 2° Il empêchera qu'ils n'emportent aucun bois, sec ou vert, sous quelque prétexte et en si petite quantité que ce soit. 3° Les ouvriers devront être pourvus de bons instruments, et ils couperont proprement sur le tronc les rejets traînants. 4° Le garde fera compter les fagots, pour que l'on puisse reconnaître si des maraudeurs n'en dérobent pas quelques-uns. 5° Il tiendra une note exacte du travail de chaque ouvrier. 6° Il veillera particulièrement sur l'extirpation des épines. 7° Les brins restants, destinés à former le massif de taillis, ne seront élagués que dans la partie inférieure de leur tige; car il est indispensable que le sol reste couvert par les branches supérieures des arbres et des brins taillis et qu'il soit aéré au-dessous; on remplit ainsi un double objet, celui de prévenir l'évaporation de l'humidité qui nourrit les plantes, et celui de favoriser la venue du semis naturel qui doit remplacer les souches à mesure qu'elles périssent.

L'usage est de payer les ouvriers à raison de la quantité de bois qu'ils ont coupée ; on leur donne ordinairement 20 fr. par mille de fagots. On pourrait aussi fixer leur salaire par arpent de bois qu'ils auraient nettoyé. Mais la meilleure manière est de prendre des ouvriers à la journée pour couper, sous la surveillance d'un homme intelligent, tous les brins inutiles ou nuisibles, et de faire faire les fagots *à tant* le mille, en séparant les brins propres à faire des cercles, des échalas, ou à tout autre service.

Le produit net des éclaircies pratiquées dans un taillis de six à sept ans varie de 20 à 60 fr. par hectare, suivant que l'on en retire des échalas, des fagots, ou que l'on se sert des menues branches pour fabriquer de la chaux ou de la tuile, ou pour des usages analogues, ou enfin pour le chauffage (1).

J'ai reconnu que, dans les années qui suivent le nettoiement, l'épaisseur des couches ligneuses, qui marquent la croissance annuelle des brins restants, augmente dans une forte proportion, et qu'un taillis de 24 ans, qui avait été nettoyé quinze ans avant l'exploitation définitive, a produit cent quatre-vingt-

(1) Le principal obstacle à l'adoption générale du mode de nettoiement des taillis consiste dans la difficulté d'employer utilement les menus bois qui en proviennent ; mais, dans tous les lieux où l'on pourra fabriquer de la chaux, le bois qui est propre à cette fabrication acquerra de la valeur lorsque les cultivateurs français sauront retirer de cette substance les mêmes avantages qu'on en retire en Angleterre, où elle forme l'engrais principal des terres.

dix stères par hectare, tandis qu'un taillis semblable, qui n'avait pas été éclairci, n'en a produit que cent quarante-huit.

Les opinions des auteurs forestiers sont unanimes sur l'utilité des éclaircies. M. de Perthuis assure que la différence du produit en argent d'une futaie éclaircie à celui d'une futaie non éclaircie est d'environ six septièmes en faveur du premier.

Duhamel a fondé sa méthode de culture forestière sur le principe de l'utilité des éclaircies.

En Allemagne, des forêts dont les arbres avaient été rabougris par les gelées ont été restaurées par les élagages des gardes.

Autrefois, en Angleterre, la seule précaution qu'on prit pour les jeunes plants était de les défendre des bestiaux; mais, depuis quelque temps, on éclaircit les bois en coupant les broussailles et les plants tortus. Cette opération ne se fait guère que lorsque les brins que l'on ôte peuvent être de quelque utilité. Les nettoiements se renouvellent tous les dix ans. On a reconnu que, dans les bois traités de cette manière, les arbres acquièrent en peu de temps de belles dimensions. Ils aiment un courant d'air libre, qui circule à travers leurs branches.

Un seul nettoiement suffit ordinairement dans les forêts qui s'exploitent en taillis.

Le nettoiement des jeunes sapins n'est pas pratiqué dans les forêts de Vosges, ni dans celles du Jura. C'est un préjugé généralement répandu dans ces contrées, que plus les sapins viennent serrés, plus ils croissent vigoureusement; cependant il est évident, au premier aspect, que ces arbres, groupés à deux ou trois pieds l'un de l'autre, se gênent mutuellement. Le véritable motif qui fait négliger les éclaircies, c'est que l'extraction des jeunes sapins serait dispendieuse et peu productive. Il est juste, cependant, d'observer que des bois chargés, tous les ans, de neiges abondantes demandent à être tenus dans un état serré.

CHAPITRE VII.

DE L'ÉLAGAGE DANS LES FORÊTS.

Les auteurs forestiers étaient autrefois divisés d'opinion sur l'utilité de l'élagage pour les grands arbres. Ils avaient remarqué que ceux qui viennent dans les haies et sur le bord des routes, et qui sont élagués, n'ont presque jamais de belles tiges, et qu'ils sont gâtés par des plaies et des bourrelets; que les branches coupées sont remplacées par une foule de rejetons qui épuisent la séve; et qu'enfin la taille rapetisse à la longue les dimensions des plantes, comme le témoignent les arbres fruitiers et la vigne. Mais des observations plus approfondies, en même temps qu'elles développaient la théorie de l'élagage, ont démontré les vices de l'ancienne méthode, et fait connaitre les différences qui caractérisent le traitement des arbres fruitiers comparé à celui des arbres forestiers.

Le but que l'on se propose en cultivant les arbres fruitiers est d'avoir beaucoup de fruits dont on améliore la qualité, et dont on augmente la grosseur par les efforts de l'art. Le moyen principal est d'arrêter l'essor vertical de la tige et de développer les branches latérales. Au contraire, dans les forêts, on veut supprimer des branches latérales au profit de la tige, et l'art atteint également à ce but. Il ne s'agit que de bien faire, et l'on y est parvenu.

Une des premières règles générales est d'ébourgeonner les jeunes tiges, en enlevant avec la main les pousses nuisibles à mesure qu'elles paraissent; d'ôter les boutons qui sortent à côté de la pousse principale, et qui lui enlèveraient sa nourriture.

La seconde est d'élaguer le plus fréquemment possible, et de couper les branches proprement sur l'écorce de la tige, sans l'endommager.

La troisième est de ne couper que les branches inférieures, de manière à ne pas dépouiller l'arbre d'une partie de sa tête.

Passons à quelques applications.

Le premier élagage peut se faire en même temps que le nettoiement du taillis; il suffit de couper les rameaux qui déparent les jeunes tiges.

Douze ou quinze ans après, lorsqu'on procède à l'exploitation définitive du taillis, on élague et les jeunes baliveaux et les anciens.

La saison où l'élagage réussit le mieux est celle où commence l'ascension de la sève; car la plaie se cicatrise, et la sève se dirige vers la cime, où elle est attirée par les feuilles naissantes. Un point essentiel, c'est de ne jamais couper que les branches qui prennent une direction verticale et tendent à rivaliser avec le sommet de la tige; car le principal but de l'élagage des arbres à feuilles caduques est de garantir la tige principale de l'influence des branches qui tendent à l'épuiser.

On peut revenir dans la même coupe tous les trois

ans, et parcourir ainsi toute la forêt à chaque période.

Les arbres résineux exigent encore plus de ménagements que les autres; il faut seulement les débarrasser des branches inférieures dépérissantes, et laisser un chicot au lieu de couper les branches contre la tige.

L'élagage des futaies sur taillis était pratiqué autrefois régulièrement dans une partie des forêts des communautés religieuses; cette opération favorisait le développement de la tige des chênes, et produisait les plus beaux arbres.

Indépendamment de ce dernier avantage, on en obtient un autre d'une grande importance; le taillis qui reçoit l'influence de l'air et du soleil donne un produit bien autrement considérable que le taillis qui en est privé par l'ombrage des arbres touffus. Ce bénéfice seul doit suffire pour décider les propriétaires à faire élaguer leurs baliveaux; le seul obstacle consiste dans la difficulté de bien faire exécuter l'opération, en évitant les déprédations qu'elle peut occasionner; mais un peu de vigilance et l'établissement d'un mode régulier de surveillance suffiront pour prévenir les abus.

J'ai vu souvent des futaies élaguées sur lesquelles on avait coupé des branches de trois à quatre pieds de tour; une aussi épouvantable mutilation ne pouvait qu'être funeste aux arbres; mais, dans un bois qui sera bien tenu, on ne doit jamais trouver que de petites branches à élaguer.

Les préventions contre l'élagage sont nées de la mauvaise exécution de ce travail. Cependant l'exemple de ce qui se fait en Angleterre et en Flandre démontre que cette opération est très-utile; on y voit des arbres acquérir une hauteur prodigieuse sans que leur qualité en soit altérée.

Les futaies surtaillis portent souvent un ombrage préjudiciable aux taillis. On en diminue l'influence en coupant les branches inférieures des baliveaux de tous âges, mais il ne faut pas attendre qu'elles soient trop grosses. On les tranche sur l'épiderme de la tige principale d'où elles sortent, ou bien, si l'on juge à propos de laisser un chicot, il faut l'enlever l'année suivante; le nœud se recouvre quand l'opération a été bien faite. La règle générale est de couper les branches avant qu'elles aient acquis un pouce de diamètre.

L'élagage des chênes, des hêtres et des autres arbres forestiers est pratiqué depuis longtemps dans les grandes forêts de la Belgique. On procède ordinairement à cette opération avant le mouvement de la séve. Un auteur anglais pense qu'elle doit se faire en été, lorsque la séve est stationnaire. La pratique apprendra bien vite quels sont les meilleurs procédés de détail.

CHAPITRE VIII.

DE LA SUCCESSION DES COUPES DE BOIS.

L'une des parties les plus difficiles de l'art forestier est celle qui enseigne à renouveler les espèces sur le même sol à mesure que l'on y fait des coupes, mais on se trompe souvent sur les causes de cette difficulté; par exemple, lorsqu'on l'attribue à l'épuisement qui aurait lieu par l'effet d'un long séjour d'une même espèce sur le même sol ; car l'expérience nous montre des forêts de chêne, de hêtre, de sapin, existant depuis bien des siècles dans le même lieu.

L'usage apprend qu'il faut arracher toutes les racines des vieux arbres avant d'en planter de nouveaux, mais cette méthode est impraticable sur les pentes : d'ailleurs c'est un expédient très-coûteux ; il serait plus simple de différer la plantation jusqu'à ce que les vieilles racines fussent pourries, mais alors on perdrait dix à douze ans.

Une troisième méthode consiste à ouvrir des trous d'une dimension au moins double de celle qui est nécessaire pour planter des arbres sur un sol ordinaire.

On peut planter, dans les futaies d'arbres résineux, du sous-bois d'essences feuillues douze à quinze ans au moins avant l'époque où l'on doit exploiter ces arbres ; après l'abatage, on recèpe le jeune taillis, et comme ses racines sont déjà bien affermies dans le sol, il forme un taillis dans lequel on réservera plus tard des baliveaux. Ces brins maigres et effilés présentent, avant le recepage, une chétive apparence ; mais leurs racines poussent de beaux jets que l'on élague et éclaircit en temps opportun.

Lorsque l'accès des plantations de pins sylvestres récemment exploitées est interdit au bétail, on y voit bientôt paraître une foule de jeunes plants de semis provenant des cônes qui ont répandu leurs graines dans le cours des années antérieures. Ces semis, qui réussissent presque toujours, doivent être soigneusement protégés, tant à cause de leur propre

valeur qu'à raison de ce qu'ils pourront un jour servir d'abri aux plants d'autres espèces. On complète
le repeuplement par des semis artificiels.

L'un des moyens les plus efficaces de perpétuer les
bonnes essences dans les taillis consiste à faire des
nettoiements bien ménagés, de manière que le semis
forestier trouve un espace suffisant pour lever et se
développer. L'élagage des grands arbres favorise aussi
ce moyen de propagation par la voie des semis; le sol
ne tarde pas à se garnir d'une quantité prodigieuse de
jeunes plants qui régénèrent la forêt. Ce moyen est
infaillible.

CHAPITRE IX.

DE LA MANIÈRE DE CULTIVER LES FORÊTS QUI N'ONT PAS ÉTÉ PLANTÉES.

Olivier de Serres, après avoir donné des règles
très-détaillées pour planter des forêts et des bois
taillis, prescrit de les labourer, surtout dans les
premières années, *la vertu de la culture se manifestant non-seulement au bois des arbres sauvages,
mais à leurs fruits*; il recommande de les arroser
dans les sécheresses par *de petits canaux à ce appropriés.*

Il est encore peu de contrées où l'on ait profité
de cet enseignement; mais, dans tous les pays industrieux où la culture des arbres forestiers est en
vigueur, la richesse qu'ils procurent va toujours
croissant.

Pour arriver, sans autre préambule, à ce qu'il y a de

plus remarquable dans cette culture, nous parlerons d'abord de la Flandre, d'après un excellent mémoire de M. Cordier sur l'agriculture de ce pays.

Les jardins et les bâtiments sont entourés d'arbres fruitiers ; les terres sont bordées d'arbres de haute futaie ; le sol est partout également cultivé et boisé. Un arbre forestier de quarante ans vaut 40 fr.; l'élagage paye au delà de la rente de la terre, et la récolte est plus abondante que si le sol était nu.

L'agriculteur cultive les bois comme les plantes céréales ; jamais il ne les met en masse ou en forêts, mais il remplace l'arbre qu'il abat par un autre arbre qu'il place toujours à une grande distance de la souche du premier, que l'on enlève d'ailleurs avec ses racines, il entoure ses prairies et ses champs de plantations dont la croissance est prodigieuse.

Un hectare planté en bois de choix, et bien cultivé, rend, au bout de dix ans, quelquefois 5000 fr., et au moins 3000 fr. Les frais de culture sont couverts par les récoltes des pommes de terre qui sont plantées dans l'intervalle des lignes.

Un bois taillis bien conservé, et en bon sol, ne rendrait guère, après dix ans de croissance, que 300 fr. par hectare.

Les hautes futaies pleines du département du Nord ne produisent que des arbres de mauvaise qualité, roulés, noués, viciés, et qui pourrissent rapidedement ; tandis que, sur des terrains semblables, les bois de même essence, plantés sur le bord des champs, sont excellents pour la charpente et pour tous les emplois utiles auxquels on les destine.

Le cultivateur ouvre des tranchées ou fossés pour arrêter l'extension des racines, qui, moyennant cette précaution, n'endommagent point les cultures. Ces belles plantations procurent tous sortes d'avantages. La gelée perd son intensité à une grande distance des arbres; les habitants n'emploient point leur temps en charrois pour le transport des bois qui leur sont nécessaires.

Cet état de la culture des arbres en Flandre était déjà connu dans sa généralité; mais M. Cordier l'a constaté avec soin pour enseigner comment on doit cultiver les bois. Nous allons présenter quelques observations du même genre que nous avons faites dans le pays de Caux, qui, par sa richesse agricole, rivalise avec la Flandre.

Cette belle partie de la Normandie offre partout des plantations grandes et petites, qui sont placées sur des berges d'une dizaine de pieds de largeur, situées entre les fossés limitrophes des propriétés; un sentier passe ordinairement entre les deux rangs d'arbres pour servir de communication d'une maison à l'autre, et d'une ferme à une ferme voisine; ainsi, point de perte de terrain; une autre partie des plantations sont disposées en quinconce; d'autres forment de longues avenues; d'autres bordent les chemins vicinaux.

On plante des hêtres pris dans les pépinières, lorsqu'ils ont acquis environ quatre pouces de tour. Ils s'élèvent très-haut et forment des tiges très-droites. Le frêne et l'orme réussissent aussi très-bien. L'orme est considéré dans ce pays comme le meilleur bois pour le chauffage.

Une grande partie des bois taillis, surtout ceux des communes, paraissent être dans un état de dégénération ancienne et complète. La bruyère a presque tout envahi, et l'on ne voit plus que des bouleaux et quelques arbres épars.

Le terrain employé aux plantations est réservé en même temps au pâturage ; il rapporte, pour ce dernier usage, presque autant que s'il était cultivé ; le succès des plantations est toujours assuré, et par la fécondité naturelle de la terre, et par l'habileté et les soins des planteurs, qui possèdent déjà une longue tradition de pratiques économiques.

Les plantations forment une partie importante de la valeur de chaque domaine. Elles rapportent trois et quatre fois plus que des forêts d'une égale étendue qui seraient en bon état.

On cultive dans le département de la Gironde les taillis destinés à fabriquer des cercles pour les futailles. La croissance en est très-rapide, et ils sont exploitables régulièrement à l'âge de cinq ans.

C'est à la culture que la France doit les bois de chênes-liége qu'elle possède. On écorce ces arbres dès l'âge de vingt ans ; mais ils ne donnent un plein produit qu'à trente ans.

Les cultivateurs anglais ont reconnu que la culture a un effet extrêmement marqué sur l'accroissement des arbres ; ils font plus que de cultiver les plantations ; ils mettent de l'amendement, notamment de la marne, dans les terrains plantés. L'entrelacement des bois et des terres en culture caractérise le paysage anglais. Un observateur a remarqué qu'en France, en Italie, en Espagne, et dans la plupart des autres États de l'Europe, la culture et les forêts ont leurs bornes marquées, mais qu'en Angleterre la coutume de séparer les possessions par des haies, et de planter des palissades d'arbres, est si générale, que, presque partout où il y a des terres cultivées, il y a aussi des bois, et qu'une grande quantité de chênes bordent les champs.

C'est en dire assez sur l'utilité de la culture pour les arbres. Tout le monde est à portée de comparer les dimensions d'un arbre venu au milieu d'un bois avec les dimensions analogues d'un arbre qui a crû dans un espace libre. Nous ne présenterons qu'un seul exemple de ce genre.

Un pin-weymouth, âgé de vingt-un à vingt-deux ans, planté dans un parc à Argilly (Côte-d'Or), avait quarante-un pieds de hauteur ; la tige, propre au service sur une longueur de vingt-quatre pieds, avait un volume de six pieds et demi cubes en grume ; il restait une flèche de dix-sept pieds de longueur avec toutes ses branches.

Un brin de même espèce, qui croît dans un massif âgé de vingt-deux ans, situé dans un bon sol, a environ un pied de tour et une tige de vingt-quatre pieds de longueur ; sa solidité est, par conséquent, de sept huitièmes de pied cube en grume, ce qui ne fait que la huitième partie du volume de la tige de l'arbre qui croît en liberté.

Comme nous nous occupons spécialement, dans ce chapitre, de la culture des forêts, nous allons faire, à ce sujet, quelques observations.

I.

Supposons un massif de haute futaie que l'on veut exploiter prochainement.

On fait enlever au râteau la feuille et les mousses, on les met en petits tas et on les brûle ; mais, si la bruyère et les herbes dominent, il faut les arracher et les brûler en petits fourneaux; ce travail est peu dispendieux. Guyot, dans son *Manuel forestier*, dit qu'il est avantageux de le faire dans l'une des trois années qui précédent l'exploitation, pour que les arbres aient le temps de verser leurs semences sur le terrain; les abatis, qui durent plusieurs années, éclaircissant successivement la coupe, permettent au semis de se développer.

II.

Un bois rempli de bruyères exige une réparation complète; il faut y mettre le feu dans un temps sec, avant l'exploitation du taillis ou de la futaie, après avoir pris les précautions convenables pour que l'incendie ne dépasse pas les limites qu'on veut lui assigner. Ces précautions consistent à enlever les feuilles et les herbes sur une ceinture assez large, entre le terrain que l'on veut incendier et celui que l'on veut préserver des flammes.

III.

Supposons actuellement une coupe de bois taillis qui vient d'être exploitée et qui est dans un état ordinaire.

La culture consistera à enlever les herbes à la pioche, à extirper les épines et les broussailles, à remuer le sol autour des jeunes plants.

Ce travail aura une double utilité, celle d'ameublir un terrain durci et de lui rendre sa fertilité première, en le soumettant à l'action des météores; celle de détruire les épines et les mauvaises espèces d'arbres ou d'arbrisseaux; ce dernier objet, il est vrai, n'est pas toujours atteint immédiatement ; les épines repoussent des drageons, mais on les coupe lorsque le taillis a atteint sept ou huit ans, et ces plantes nuisibles sont entièrement détruites.

Ce dernier mode est applicable à la généralité des bois.

On peut facilement amener un taillis à n'être composé que des meilleures espèces d'arbres ; il suffit, pour y parvenir, d'en favoriser les semis naturels, et, à mesure que ceux-ci se propagent, d'arracher les plants de mauvaise espèce. C'est une partie essentielle de l'art du forestier ; c'est ce que les Allemands entendent à merveille. Un terrain leur paraît-il plus propre à une essence de bois qu'à une autre, ils font d'abord prospérer le semis, et presque en même temps ils travaillent à la destruction des essences qu'ils ont condamnées ; bientôt celles qu'ils ont admises règnent seules dans la forêt ; une simple ligne les sépare ; nulle confusion n'est désormais à craindre. La culture fait pour les arbres ce qu'elle fait pour les céréales ; les plantes de prédilection profitent seules des sucs nourriciers, et les autres, repoussées par les efforts de l'industrie, disparaissent ; le produit des premières est incomparablement plus considérable que celui des secondes.

Soit un taillis composé de chêne, de charme, de tilleul et de tremble, qui s'exploite périodiquement à vingt-cinq ans, et qui vaut 900 fr. l'hectare.

Supposons que le tilleul et le charme soient remplacés par le chêne et le tremble, en sorte que ces deux dernières espèces subsistent seules dans la forêt ; supposons encore qu'il y ait trois brins sur chaque souche de chêne, terme moyen : les brins de tremble croissent un à un, mais ils ont peu de branches, et viennent très-serrés ; le nombre total des brins des deux espèces sera d'environ neuf mille par hectare ; comme ils seront droits et bien venants, ils vaudront environ 50 centimes chacun : la valeur totale de l'hectare serait donc de 4,500 francs, si tout ce bois pouvait se débiter pour la charpente ou pour des usages semblables. On objectera avec raison que l'on n'a pas besoin d'une si grande quantité de bois de service ; cela est vrai ; mais il faut considérer qu'un stère de gros bois de chauffage vaut moitié plus qu'un stère composé de petits brins, quoique le volume total soit le même (sauf la différence des vides). L'avantage d'avoir de beaux bois de service ou de chauffage est donc bien important pour les propriétaires et pour les consommateurs.

Si l'on avait à traiter une forêt composée de frênes et d'ormes, de coudres (1) et d'épines, on favoriserait les semis naturels des deux premières espèces, et l'on détruirait les dernières. C'est ainsi que l'on se prépare de riches produits. Tout le monde sait que les ormes et les frênes se vendent ordinairement fort cher, et que leur bois, précieux pour le charronnage, n'est pas encore employé généralement pour la confection des voitures rurales, par l'unique motif que les plantations de ces arbres ne sont pas assez multipliées pour les besoins de l'agriculture.

(1) On doit conserver le coudrier dans les contrées où son bois sert à faire des cercles de tonneau. On le cultive en grand dans le comté de Kent, et ses fruits se vendent dans toute l'Angleterre ; le sol où il croît est labouré ; on détruit les bourgeons qui sortent du collet, de manière que cet arbrisseau n'ait qu'une seule tige et qu'il acquière de belles dimensions.

Voici quelques détails sur les frais de la culture des forêts : un labour à la pioche, dans une coupe qui vient d'être exploitée, coûtera, y compris l'écobuage, 50 francs par hectare ; une forêt de cinq cents hectares, aménagée à vingt-cinq ans, donne une coupe annuelle de vingt hectares, que l'on peut évaluer 20,000 francs, en y comprenant les anciens baliveaux que l'on coupe avec le taillis. La dépense annuelle est de 1,000 francs, ou du vingtième du revenu ; mais elle est déjà compensée en partie par les mauvaises souches que l'on fait arracher ; le reste des frais est couvert avec un assez grand profit, si l'on sème des grains ou des plantes oléagineuses dans la coupe ; enfin, comme la culture a pour objet d'accélérer de beaucoup la croissance du recru, elle prépare pour l'avenir une augmentation considérable de revenu ; et, dussent les frais être plus élevés que nous ne le pensons, cette dépense serait toujours très-faible en comparaison du bénéfice dont elle est la cause immédiate.

Un bon cultivateur ne laisse ni ronces, ni épines, ni herbes sauvages dans ses champs. Pourquoi de pareils soins ne s'étendent-ils pas sur les bois? La différence n'est-elle pas bien grande entre un arpent de chênes et un arpent d'épines? Il est vrai que l'on trouve rarement des espaces de terrains considérables qui soient entièrement couverts d'arbrisseaux nuisibles, mais la perte est toujours proportionnée à la portion d'espace qu'ils occupent. C'est un motif suffisant pour engager un propriétaire à ne pas épargner les frais d'un travail dont le succès est assuré, et qui doit doubler les revenus. L'importance du sujet exige quelques développements.

Tout observateur pourra reconnaitre que dans les forêts bien tenues, suivant l'ancien usage qui tolérait le pâturage et l'enlèvement des épines et du bois mort, les essences inférieures disparaissaient; le bétail détruisait les broussailles et les ronces; le bois blanc ne tardait pas à être dominé par le chêne, ou par d'autres espèces de grands arbres qui, dégagés des buissons, croissaient avec force; le semis n'était pas étouffé; mais depuis la suppression presque générale du pâturage dans les taillis, depuis la prohibition plus générale encore de l'enlèvement du bois mort et des brins traînants, les taillis forment des massifs impénétrables, dans lesquels les espèces inférieures, comme le charme et les arbrisseaux, qui poussent latéralement, oppriment les plants de chêne et usurpent leur place. L'effet de ce changement est tel, qu'un taillis où le pâturage et l'enlèvement du bois mort sont absolument défendus, ne vaut guère que moitié d'un autre taillis où ces usages s'exercent dans de justes bornes. Mais la culture et les nettoiements donnent des résultats incomparablement plus avantageux.

Les propriétaires soigneux arrêteront cette dégénération en détruisant les mauvais plants et en faisant pulluler les bons. Il est facile de juger des espèces qu'il faut conserver; ce sont celles qui, dans un temps donné, acquièrent le plus de volume, ou dont le bois a la plus grande valeur intrinsèque, celles qui sont le mieux appropriées au sol et aux besoins locaux. Le chêne et le mélèze seront mis au premier rang (si le sol le permet pour ce dernier arbre). En ménageant les bonnes essences d'après les principes de l'art, en favorisant les semis, on ne doit pas craindre d'arracher les mauvaises essences : leur place sera remplie immédiatement, et l'on trouvera même à côté de leurs souches plusieurs plants qui se disputeront la possession du sol. Livrez donc aux grands arbres tout le terrain qu'ils peuvent occuper; chaque espèce a une telle tendance à se multiplier, qu'il suffit, pour propager celle que l'on préfère, de détruire celles qui occupent le sol; ce ne sont pas les semences qui manquent au terrain, c'est le terrain qui manque aux plantes. Pour détruire des arbustes nuisibles, il faut mettre à leur place des plantes utiles. Par exemple, pour faire disparaître la bruyère, il faut planter des arbres verts.

Un propriétaire qui emploierait à cultiver ses bois la vingtième partie du revenu qu'il en retire placerait ainsi son argent à douze ou quinze pour cent par an. Il ferait d'abord instruire des ouvriers sur les nettoiements, les labours et les semis. En peu de temps ils auront acquis les connaissances indispensables, et ils sauront même perfectionner les procédés qu'on leur aura enseignés. Ce sont des familles que le propriétaire s'attachera en leur donnant des moyens d'existence. Le métier de *forestier* planteur, cultivateur, élagueur, ressemblera à celui de jardinier, de vigneron, ou à celui de bûcheron, suivant le degré d'instruction des individus qui l'exerceront; on pourra les employer aux soins des champs, des vignes et des jardins, lorsque les forêts n'exigeront pas leur présence.

Le propriétaire de la forêt, ou ses agents, dresseraient une instruction fondée sur les principes d'une bonne culture et appropriée aux localités pour guider les planteurs dans l'ouvrage qui leur serait confié.

Le mode que nous proposons ne détruit pas, il ne fait qu'améliorer ; on peut l'introduire dans toutes les forêts, en observant que, dans les parties de bois qui sont situées sur des coteaux rapides, il ne faut pas labourer, mais seulement gratter quelques parties du sol pour avoir du semis naturel.

Les arbres et les arbrisseaux agréables par leur forme réclament une exception au principe qui exige la destruction de tous les plants peu productifs.

Il faut aussi laisser subsister intactes les lisiéres placées aux limites des bois , pour les défendre contre les vents.

CHAPITRE X.

DES PARCS OU JARDINS PLANTÉS D'ARBRES.

On a longtemps discuté sur le mérite comparé des distributions symétriques et des divisions fondées sur la convenance et l'utilité. Le genre des jardins symétriques a été admiré et ensuite jugé digne de pitié. Cependant les plantations régulières sont toujours belles lorsqu'elles sont bien soignées ; mais ce qui est partout et toujours rebutant , c'est la malpropreté , la négligence , le désordre. Les jardins se ressembleront rarement si les espéces d'arbres sont bien appropriées au sol. Les longues avenues de beaux arbres seront toujours imposantes, n'importe qu'elles soient courbes ou droites. Elles sont certainement plus dignes d'admiration que ces plantations faites, au hasard, d'arbres qui n'ont pas le moindre rapport ni entre eux, ni avec le sol ; que ces massifs disposés de manière à laisser les habitations exposées aux pernicieuses influences des vents du nord et de l'ouest, tandis qu'ils leur dérobent les expositions salutaires de l'est et du sud.

En général, le principal soin pour former un parc est de bien choisir, planter et entretenir les arbres, de les émonder et de les cultiver.

La dénomination de *jardins naturels* a égaré la plupart des planteurs ; car, si l'on veut exclure les travaux de l'homme, il est certain que les plus beaux jardins seraient les forêts natives de l'Amérique ; mais le sol n'est qu'un vaste marécage où pullulent les insectes et les reptiles. Il faut, au contraire, que le travail de l'homme se fasse apercevoir, que le sol soit nettoyé, que les arbres soient débarrassés de leurs branches sèches, que la culture donne de la force à la végétation. Il faut que les parcs soient cultivés avec art, non avec cet art qui rapetisse les formes, mais avec celui qui agrandit tout ce qu'il touche.

L'art fait presque tout ; car, sans la culture, le chardon croîtrait dans les parcs et les ruisseaux seraient bordés de marécages.

On renouvellera donc les gazons, on enlèvera les mousses, on retranchera les branches sèches et même les branches basses des arbres. On évitera l'inconvénient trop commun d'entasser les arbres au point qu'ils s'affament réciproquement et qu'ils deviennent hideux par leur rachitisme.

Plus le local est petit, plus il faut mettre de soin dans le choix des arbres, plus la culture doit en être minutieuse. Des engrais mélangés avec le sol et enfouis, pendant l'hiver, activeront la croissance des arbres. Comparez un acacia de trente ans, à écorce raboteuse , qui n'a que 10 à 12 pieds de haut et donne à peine un peu d'ombrage, avec un arbre de la même espèce et du même âge , qui, placé dans un sol qui lui convient, présente de hautes dimensions , une écorce unie et légère , une tête à belles proportions, vous croirez à peine que ces deux arbres soient de la même espèce.

Si les tiges d'un parc de haute futaie présentent une uniformité peu agréable à la vue, on peut y mettre un peu de variété en plantant des sous-bois. Le sorbier, le bouleau commun ou le bouleau pleureur, l'yeuse, l'églantier, le troëne, le coudrier, le framboisier et la ronce, conviennent très-bien pour cet emploi.

Le lilas croît aussi très-bien sous l'ombrage des arbres, et n'est pas difficile sur la qualité du terrain. On le fait venir de marcottes. Il pousse de drageons et tend ainsi à se multiplier.

Le lierre est bon pour décorer les rochers, mais il endommage les arbres ; il n'en est pas de même du chèvrefeuille, qui leur fait peu de tort. Le houx convient aussi très-bien ; mais, comme c'est une plante pivotante, il faut le semer ou le planter très-jeune. Les fruits de ces sous-bois nourrissent les oiseaux.

On a imaginé, il y a quelques années, en Angleterre, de créer un parc presque aussi rapidement que l'on bâtit une maison, et pour parvenir à ce but, on arrache de grands et gros arbres que l'on fait transporter à grands frais ; mais il est plus simple de hâter la croissance des jeunes arbres par des procédés artificiels : ces moyens, d'un succès assuré, ne sont, à raison de la cherté de l'exécution, praticables que sur de petites étendues superficielles.

1° On choisit dans la pépinière les plants les plus vigoureux, les mieux conformés, ceux dont l'écorce est d'une couleur claire, unie et sans tache, dont les branches sont saines jusqu'à leur extrémité, dont les racines sont nombreuses et bien pourvues de fibres.

2° On défonce le sol, on y apporte de la terre végétale, on le mélange de sable ou de marne s'il est trop compacte, on y ajoute de l'argile s'il est trop léger, on l'enrichit d'engrais et d'amendements, tels que chaux, terreau, etc. On donne un écoulement aux eaux qui séjourneraient dans le sol jusqu'à la profondeur où les racines pourront s'étendre.

3° Les engrais devront être incorporés et mélangés avec la terre dans toute la profondeur des tranchées destinées à recevoir les arbres.

4° Il est absolument nécessaire que le terrain soit nettoyé de toutes les mauvaises herbes ; cinq ou six labours à la houe seront donnés chaque été.

Nous ne parlons pas des élagages et des nettoiements que l'on pratiquera en temps convenable.

CHAPITRE XI.

DES DÉBOUCHÉS ET DES ROUTES FORESTIÈRES.

Les plus beaux arbres vivent et meurent inutilement, s'ils ne servent à aucun de nos besoins ; et les neuf dixièmes de ceux qui couvrent le globe sont absolument perdus, faute de débouchés. Smith dit que, dans l'intérieur de l'Écosse, il est des contrées où l'écorce est la seule partie des bois qui, vu le manque de grands chemins et de rivières, puisse entrer dans le commerce; que le bois de charpente se détériore et pourrit sur la terre. Depuis que l'auteur du *Traité de la richesse des nations* a écrit, les choses ont bien changé de face : l'Écosse est percée de routes dans tous les sens; les arbres ont pris de la valeur, et on en a planté des millions.

Des améliorations plus rapprochées de nous ont eu le meilleur succès. Suivant les auteurs des *Annales forestières*, les percées établies depuis quelques années dans les environs de Saint-Gobain ont fait diminuer de plus de moitié les frais de transport, tant aux ports de la rivière d'Aisne qu'aux usines et villes environnantes.

Si nous examinons des forêts bien aménagées suivant les idées ordinaires, et coupées de routes qui les traversent dans tous les sens, nous verrons que, pendant l'été et l'automne, les voitures peuvent y circuler assez facilement, mais que, durant les six autres mois, il faut quatre chevaux pour traîner péniblement une voiture que dans un chemin commode un seul cheval conduirait aisément. Ce ne sont que fondrières et ornières profondes; partout on reconnaît l'absence de l'industrie.

On croit avoir beaucoup fait lorsqu'on a ouvert une route de sept à huit mètres de largeur, bordée de fossés; mais les arbres et les taillis adjacents la tiennent à l'ombre, et le sol, une fois pénétré d'eau, ne peut jamais se dessécher complétement.

Le meilleur parti à prendre est d'arracher le bois sur une largeur à peu près quadruple de celle de la route. Cet espace, de chaque côté du chemin, sera livré à la culture des prairies artificielles, des blés, des pommes de terre, ou d'autres plantes utiles, et il y aura du profit, si ce terrain, cultivé en céréales, donne plus d'argent qu'il n'en produirait s'il était en bois; mais, en produisit-il beaucoup moins, le seul avantage d'assainir la route serait immense.

Objectera-t-on que le gibier détruirait les récoltes? Mais pourquoi ne pas réduire le gibier à une quantité si petite, qu'il ne puisse occasionner de dégât?

Le terrain n'est-il pas propre à la culture des céréales, on peut y laisser croître un taillis que l'on coupe tous les cinq à six ans pour faire des échalas ou des fagots.

On peut se rappeler d'avoir lu, dans quelques ouvrages des hommes les plus éclairés du dernier siècle, que ces grandes routes, qui font l'ornement de la France, qui ont servi de modèles pour toutes les routes de l'Europe, employaient mal à propos un terrain précieux perdu pour l'agriculture. Ainsi l'établissement de ces grandes voies publiques, qui ont porté partout l'abondance et la vie, qui ont doublé les produits agricoles et industriels, a trouvé des détracteurs! Qu'on imagine cependant ce que serait la France, ce que serait l'Europe, si ces routes n'existaient pas!

Il en sera de même des routes forestières. Mille obstacles empêcheront de les établir; mais partout où une volonté ferme parviendra à surmonter les difficultés, on admirera des travaux dont on n'avait pas plus soupçonné l'utilité que l'on ne pressentait, il y a cent ans, les avantages que devaient procurer les grandes routes qui se construisaient alors.

On peut, en défrichant la trentième partie de la superficie des forêts, se procurer des débouchés commodes. De larges espaces qui ouvriront un libre cours aux vents contribueront à l'assainissement de la contrée environnante. Ces routes serviront non-seulement au transport des bois, mais à la circulation de toutes les denrées du pays; on pourra interdire une foule de chemins tortueux que le besoin ou des combinaisons momentanées avaient tracés dans tous les sens pour l'exploitation des forêts ou pour le trajet d'un village à l'autre.

Les forêts ne seront plus ce qu'elles sont aujourd'hui. Ces masses confuses, informes, monotones, peu productives, présenteront un accès facile, des passages commodes, des distributions bien entendues, une agréable variété et une riche production.

Quel homme instruit pourrait objecter que l'on perdrait ainsi jusqu'à la trentième partie du sol forestier sans compensation suffisante? Il serait bientôt convaincu, en y réfléchissant, que la production s'accroîtra bien au delà du dixième par l'effet des améliorations, et qu'elles peuvent, dans un grand nombre de localités, doubler le revenu, en diminuant d'autant les frais de transport, en mettant à la portée des consommateurs ce qui n'y était pas auparavant. On doit bien se persuader qu'un pays industrieux ne manque jamais de ce qui lui est nécessaire, et qu'arracher un bois dans une plaine fertile est le meilleur moyen de faire planter un coteau stérile. L'État gagne doublement à cette opération.

Il y a trois espèces de routes dans les bois : routes d'exploitation et de communication entre les villes et villages ou entre la forêt et les lieux de consommation des bois; routes d'aménagement, qui marquent la séparation des coupes ; routes de décoration et de promenade.

Les chemins seront droits dans les plaines, parce qu'ils conduisent plus promptement au but et qu'ils occupent moins de terrain que les routes sinueuses ; mais, dans les montagnes, les routes de communication et d'exploitation suivront nécessairement les pentes et les sinuosités des vallons ; elles devront être généralement bordées de fossés, soit pour les assainir, soit pour en fixer invariablement la direction.

Les séparations des coupes seront marquées par de petits sentiers tracés en ligne droite et bordés d'une lisière continue de brins de taillis ou d'arbres réservés.

On objecte contre ce plan que les percées, les éclaircies dans les forêts, favorisent les délinquants en leur procurant le moyen de se dérober aux regards du garde ; mais ces mêmes percées lui donnent de grandes facilités pour apercevoir et surprendre les maraudeurs ; il lui suffit de les reconnaître pour verbaliser contre eux. Le propriétaire qui peut parcourir sa forêt dans tous les sens reconnaît aisément les délits que le garde n'aurait pas constatés. L'œil du maître peut pénétrer dans toutes les directions presque aussi bien que dans un champ découvert.

On a rarement pensé à disposer les routes des bois de manière à en faire des promenades commodes et agréables. On a négligé l'art d'embellir les sites et de profiter des perspectives.

Pour mieux expliquer les idées qui vont être exposées, il faut présenter d'abord quelques observations sur l'impression que l'on éprouve en traversant une belle campagne et en parcourant des lieux moins agréables.

Si nous arrivons dans une plaine fangeuse, coupée de chemins mal entretenus, nous n'y marchons qu'avec répugnance; nous aimons en tout ce qui est propre et commode. Si nous voyons des eaux stagnantes et sales, nous sommes repoussés autant par leur aspect que par l'odeur qu'elles exhalent; mais, si elles sont claires et vives, leur transparence, leur mouvement, nous plaisent. Si nous entrons dans une haute futaie de chênes ou de hêtres, nous éprouvons du plaisir à contempler ces arbres; et si nous trouvons de distance à autre des sapins, des mélèzes, des bouleaux, des châtaigniers, cette diversité a des charmes pour nous. Si des fleurs tapissent le sol, si les bois sont peuplés d'oiseaux, le paysage est encore embelli.

Nous aimons à gravir les rochers élevés, les montagnes du sommet desquelles on découvre des villes, des habitations champêtres, des rivières et des lacs. On serait bien maladroit si l'on négligeait de tracer des routes ou des sentiers pour arriver aux plus beaux points de vue à travers la forêt.

Les bois qui offriront des communications faciles et bien entretenues, de beaux ombrages, une verdure variée, plairont à tout le monde. Le reste n'est pas essentiel. Que les allées soient droites ou courbes, que les ruisseaux serpentent ou se rapprochent de la ligne droite, n'importe, pourvu qu'il y ait eu un motif suffisant de les tracer comme on l'a fait. Toutes les beautés factices qui sont du domaine de la mode ou du caprice doivent être bannies de la grande distribution d'une forêt, qui ne doit rien présenter de mesquin.

Il y a un genre de jardin ou de parc différent pour chaque période de la civilisation. Les beautés de la nature n'ont que des attraits passagers et presque insensibles pour les hommes qui ne songent qu'à pourvoir à leur subsistance, et qui sont dépourvus d'instruction ; le plus petit effort de l'art les frappe bien davantage. Ainsi le peuple admire les jardins où tout est compassé, aligné, symétrisé; il s'extasie devant des arbres taillés en diverses formes grotesques; il médite sur la puissance du génie de l'artiste qui a créé ces statues, ces jets d'eau, ces vertes palissades; il ne voit pas que ce sont des efforts de l'art mal employés. Il a précisément les mêmes idées qu'avaient là-dessus, un siècle et demi avant lui, les beaux génies dont nous admirons aujourd'hui les ouvrages littéraires ou scientifiques. C'est ce que tout le monde éprouve encore dans ces contrées de l'Inde qui offrent des paysages si variés, des bois si majestueux. Après avoir marché dans ces forêts sauvages et sans bornes, on n'entre jamais dans un jardin sans être vivement et agréablement affecté. L'industrie humaine, dit un voyageur, est si rare dans cette région, que ses plus faibles efforts font un plaisir inexprimable.

Les beaux parcs français attestent, sans doute, une très-haute civilisation à l'époque où on les planta, et l'on ne peut que regretter ceux qui sont détruits, comme on regrette un monument que l'on voit abattre.

La distribution des forêts doit être peu dispendieuse; il suffit qu'elle soit simple et gracieuse. On plantera quelques bosquets d'arbres étrangers; on profitera de tout ce que le site peut offrir d'agréable; on ornera à peu de frais les bâtiments des gardes et des bûcherons ; les clairières seront cultivées en céréales ou en herbages, ce qui rompra l'uniformité des massifs forestiers. Les fontaines, les grottes, seront ornées de quelques groupes de grands arbres ; des arbustes sur le bord des ruisseaux, des cabanes pour se mettre à l'abri de la pluie, de petits jardins à l'entour des maisons des bûcherons, tels sont les embellissements secondaires dont les bois sont susceptibles; mais ce qui constitue la véritable beauté d'une forêt, c'est la vigueur des arbres, c'est un sol nettoyé de ronces, d'épines, de branches rampantes et de plantes inutiles ; c'est le choix des espèces ; c'est le soin avec lequel les grands arbres sont élagués, dirigés ; ce sont des exploitations qui opèrent une régénération perpétuelle ; ce sont des routes constamment entretenues.

CHAPITRE XII.

DES CANAUX, DES RUISSEAUX ET DES COURS D'EAU DANS LES FORÊTS.

Nous distinguerons plusieurs espèces de canaux : ceux de desséchement, ceux d'irrigation, et ceux de transport.

1°.

CANAUX DE DESSÉCHEMENT.

Les canaux de cette classe sont creusés dans la vue

de rendre à la production des marais stériles, ou de préserver de la gelée des terrains refroidis par le séjour des eaux stagnantes. Plus un taillis est jeune, plus il est exposé aux funestes effets des gelées printanières; il semble que le contraire devrait arriver, puisque le froid a plus d'intensité à dix pieds qu'à un pied au-dessus du sol; mais il faut considérer l'exposition et la délicatesse des bourgeons. Il est certain que la gelée leur fait plus de tort à un pied qu'à deux pieds de hauteur, en sorte qu'il faut une gelée bien violente pour gâter les bourgeons qui sont éloignés de terre de plus de quatre pieds.

C'est une erreur de croire que les baliveaux occasionnent toujours la gelée dans les taillis. Voici ce que l'expérience apprend là-dessus. Si vous laissez un très-grand nombre de baliveaux qui se touchent, ou qui soient peu éloignés les uns des autres, de manière à former une espèce de massif, le recru est à l'abri de la gelée et de ces vents desséchants qui arrêtent la végétation, et dont l'haleine est souvent mortelle pour les jeunes plants. Si les baliveaux sont clairsemés, ils abriteront mal les rejetons qui les environnent. Les jeunes pousses sont fort exposées si elles se trouvent au grand air ou dans les courants d'air resserrés par ces vallons étroits que l'on nomme *combes* dans le midi de la France.

On peut encore remarquer qu'il ne gèle point dans un taillis lorsque le thermomètre n'est qu'à deux ou trois degrés au-dessous de zéro dans la plaine environnante; il ne gèle point sous des groupes de grands arbres toutes les fois que le thermomètre ne descend qu'à un degré ou deux au-dessous de la glace. L'herbe qui croît sous ces arbres conserve toute sa verdure après une gelée blanche, tandis que celle qui n'a pas un semblable abri en est fortement atteinte.

Les belles expériences que M. Arago a consignées dans l'Annuaire des longitudes expliquent ces phénomènes; elles font voir que les plantes au-dessus desquelles il existe un corps qui les garantit du rayonnement échappent ordinairement à la gelée. C'est ainsi que la tête des baliveaux met à l'abri les jeunes plantes qu'elle couvre.

Lorsqu'il se trouve dans une forêt quelques parties de terrain exposées aux gelées, on doit les exploiter par la méthode du *furetage*, ou les planter en arbres résineux.

Nous allons indiquer un moyen facile de dessécher une forêt, lorsque des fossés ordinaires suffisent. Il est inutile de se livrer à des opérations de nivellement, toujours difficiles à pratiquer dans des taillis; mais, après une grande pluie, on peut envoyer un garde ou un ouvrier intelligent pour observer le cours des ruisseaux qui traversent les endroits marécageux; il plante des jalons tout le long de ces petits courants qui conduisent aux courants principaux; et, lorsque la sécheresse est arrivée, on fait creuser des fossés plus ou moins larges dans les directions qui sont marquées par ces jalons, et en dressant les lignes autant que possible; c'est le meilleur système de desséchement qu'il soit possible de tracer, et l'on peut se dispenser de donner beaucoup de largeur aux fossés.

On est quelquefois obligé de creuser profondément pour ne pas faire de trop longs détours. Ces fossés portent rapidement dans les ruisseaux et les rivières des eaux qui, avant qu'ils ne fussent ouverts, n'y arrivaient que par une lente infiltration.

Nous devons faire observer qu'un desséchement subit nuit aux forêts, surtout lorsqu'elles sont peuplées d'aunes, de marseaux ou d'autres arbres semblables ; on voit souvent périr ces arbres dans les forêts que l'on a desséchées.

2°.

CANAUX D'IRRIGATION.

Les arbres, et les plantes en général, redoutent les eaux stagnantes. Presque toutes aiment les eaux courantes. Les chênes, comme les frênes et les ormes, croissent rapidement sur le bord des ruisseaux. Ainsi, lorsqu'on peut, par le moyen de quelques écluses, arroser un bois, comme on arrose une prairie, cette irrigation produit le plus grand bien ; elle permet de multiplier les précieuses espèces que nous venons de nommer, et beaucoup d'autres qui ne sont guère moins utiles.

On élève un barrage à travers les courants, et l'on conduit les eaux par des aqueducs et des rigoles dans tous les endroits trop secs.

3°.

CANAUX DE TRANSPORT.

En Allemagne, on emploie des moyens fort ingénieux pour transporter les bois. Dans le pays de Saltzbourg, on amasse les produits d'une forêt entière dans des bassins situés au-dessus des écluses que l'on a élevées pour arrêter le cours des ruisseaux et des torrents, qui forment des cascades de deux ou trois cents pieds de hauteur. Lorsqu'on ouvre les écluses, ces amas de bois se précipitent avec les torrents, et se retrouvent à de grandes distances.

En Bavière, on pratique dans les montagnes des

canaux composés d'une pièce ou de plusieurs pièces de bois, dans lesquels on conduit les eaux pour charrier les taillis.

Le bois abonde dans quelques districts de la Saxe; dans d'autres, il est très-rare : on obtiendrait un double avantage si des canaux bien disposés conduisaient le superflu là où manque le nécessaire. La basse Lusace est couverte en grande partie d'une forêt à fonds marécageux, dont le dessèchement, par un canal qui servirait à la circulation, serait de la plus grande utilité.

Les canaux de flottage doivent, suivant M. de Burgsdoff, avoir une largeur qui excède de deux pieds la longueur de la bûche; mais il sera toujours difficile d'établir un ruisseau artificiel dont la largeur excède celle du ruisseau qu'il remplace. C'est la largeur normale de ce dernier qui doit servir de base pour le tracer.

On devrait bien se garder de construire de longs canaux bien droits dans des vallons profonds et sinueux : car il faut creuser beaucoup dans quelques endroits, et ailleurs transporter des terres; bientôt des éboulements tendent à faire rentrer le ruisseau dans son premier lit. Il vaut mieux suivre les mouvements du terrain, si cela est praticable.

Nous ne terminerons pas ce chapitre sans dire un mot de la manière de former les mares artificielles : il suffit de choisir un endroit plus bas que le sol environnant, de creuser une surface plus ou moins étendue, et de la couvrir d'une couche de glaise. Une rigole sert à amener les eaux pluviales d'un chemin ou d'une pente naturelle. Ces eaux sont très-bonnes pour arroser les semis des pépinières forestières.

QUATRIÈME PARTIE.

DES SEMIS ET PLANTATIONS,

ET DE LA CULTURE FORESTIÈRE

COMBINÉE AVEC L'AGRICULTURE.

CHAPITRE PREMIER.

OBSERVATIONS SUR LES PRINCIPALES ESPÈCES D'ARBRES FORESTIERS.

Nous nous étendrons peu sur les motifs qui doivent déterminer le choix des diverses espèces d'arbres. La règle générale est de planter les plus belles, les plus grandes, les plus utiles, celles dont le bois se débite le plus facilement et avec le plus d'avantages.

Ainsi le chêne, les sapins, les mélèzes, les pins, les peupliers, le bouleau, sont susceptibles de mille emplois divers, et presque indispensables à nos besoins, et se vendent facilement, même lorsqu'on les possède en grande quantité.

Il n'en est pas de même du hêtre, du tilleul, de l'érable, du charme, qui ne sont propres qu'à des usages restreints.

Ce qu'il y a de remarquable, c'est que les grands arbres, qui donnent le meilleur bois de charpente, fournissent aussi un excellent chauffage, et en plus grande quantité dans un temps donné que les arbres d'une croissance lente, qui ne sont propres qu'au chauffage.

Les mêmes principes qui dirigent le choix des espèces d'arbres, pour une forêt que l'on plante, doivent être suivis pour la culture d'une forêt existante, dans laquelle on ne doit laisser subsister, en définitive, que des essences du premier ordre, appropriées au sol, et dont le nombre soit en rapport avec la facilité du débit.

Nous allons parler succinctement de ces arbres principaux.

Aune. A. Fornaïni, qui a écrit sur les forêts de la Toscane, parle de l'aune en ces termes : « Un ancien usage semble avoir destiné le bois d'aune à alimenter les cheminées des riches ; il est très-recherché pour ce seul objet ; on le vend très-cher, parce qu'il est préféré à tout autre bois, et qu'on en fait une consommation excessive. Lorsqu'il est parfaitement sec, il brûle facilement et même sans le secours d'aucun autre bois, et donne un feu doux, léger et bienfaisant. »

Cet arbre, précieux pour faire des ouvrages qui doivent rester dans la terre ou dans l'eau, sert aussi à fabriquer des sabots.

Bouleau. Le bouleau est l'un des arbres qui ont le plus de mérite : propre à la charpente, au chauffage, il est peu d'usages auxquels il ne convienne. On peut en former des bois taillis en peu de temps, et presque sans frais. Il convient à merveille pour faire les plantations dans les fonds sujets à la gelée, puisque cet arbre se voit au nord de Tornéo, où il n'y a plus de sapins ni pins. Il est très-bon pour la construction et le chauffage, lorsqu'il a été coupé en séve.

M. Cotta prétend que le bouleau planté ne repousse pas de souche. C'est une erreur; les souches repoussent lorsqu'elles ont été coupées un peu haut.

Cet arbre, en vieillissant, étouffe tout ce qui l'entoure, et ne forme jamais des massifs épais. Cette propriété destructive ne permet de l'admettre qu'en petit nombre dans les forêts plantées.

CHÂTAIGNIER. Tout ce que l'on dit du châtaignier employé comme bois de construction dans les anciens édifices est erroné; ces belles charpentes que l'on admire aujourd'hui sont en chêne blanc.

Les gros châtaigniers sont rarement sains. La plupart deviennent creux comme de gros pieds de saule. On fabrique du merrain de châtaignier qui se vend un tiers de moins que celui de chêne; cependant les tonneaux de châtaignier sont excellents pour la conservation du vin.

On ente les rejetons du châtaignier sur les chênes indigènes. C'est une remarque que M. Kasthofer a faite dans les Alpes helvétiennes.

L'art avec lequel on cultive les châtaigniers est proportionné à l'utilité que l'on en retire. Dans le Siennois, on les arrose, en été, par le moyen de sources que l'on dirige convenablement. Chaque famille a sa châtaigneraie.

Les habitants des montagnes de Pistoie, du Casentin, de la Romagne et des Maremmes, qui n'ont pas d'autre nourriture que des châtaignes et de l'eau pure, sont, au dire de Fornaïni, la race d'hommes la plus saine et la plus robuste du monde; mais ils sont exposés à la famine lorsque les récoltes de leurs arbres manquent. Ils ont éprouvé ce désastre en 1800, 1816 et 1817. Il serait bien à désirer que, dans ces contrées âpres, froides et pierreuses, on pût introduire quelque culture qui remplaçât en partie les châtaignes, ou mieux encore quelque industrie qui, en procurant du travail aux habitants, leur donnât le moyen d'acheter du blé, qui ne manque jamais à ceux qui peuvent le payer.

Les châtaigniers réussissent mal dans les terrains où le calcaire domine ; on en voit néanmoins d'assez beaux dans les sols calcaires du Haut-Languedoc. Ils viennent difficilement à l'exposition du midi, à moins qu'ils ne soient abrités.

On rencontre, dans le Limousin, de nombreux massifs de châtaigniers, plantés de main d'hommes et étêtés ; on plante les jeunes sujets à la même place qu'occupaient les vieux arbres que l'on vient d'arracher. Leurs feuilles servent de litière au bétail.

Un châtaignier de trente ans, qui croît dans un sol granitique, au milieu d'un bois, a ordinairement deux pieds et demi de tour. Isolé, il atteint cette grosseur dès l'âge de dix-huit ans.

Chêne. Il reste encore, dans les forêts de France, quelques chênes d'une grosseur considérable. L'un des plus remarquables des forêts de la Haute-Marne se trouve dans la forêt du Der, dans le canton de bois dit de Brancourt. Son volume, y compris l'écorce, est d'environ six cents pieds cubes. La solidité de la partie propre à être équarrie est de trois cents pieds cubes.

On a coupé, dans la même forêt, il y a environ cinquante ans, un chêne qui a été employé dans la machine de Marly ; il avait soixante-douze pieds de longueur sur une grosseur moyenne de trois pieds d'équarrissage à chaque face ; son volume était, par conséquent, de six cent quarante-huit pieds cubes , non compris la découpe et les branches.

M. Rauch cite, d'après la collection de Bath , un chêne qui contenait mille quarante-cinq pieds cubes, indépendamment de sa tête. Il cite aussi le chêne de Boddington, qui avait cinquante-quatre pieds de tour, mesuré au pied. Le calcul des pieds cubes présenterait un nombre presque incroyable.

Les besoins pour la charpente et l'industrie ne réclament pas un grand nombre de ces arbres à dimensions colossales ; mais on ferait bien d'en réserver quelques-uns jusqu'à ce qu'ils tombassent en dissolution, pour reconnaître quel âge et quelle grosseur ils peuvent atteindre. Ce serait un ornement, une curiosité de plus dans une belle forêt.

Le chêne se trouve toujours fort bien d'une sorte de culture. Le passage que nous allons extraire d'un voyage de M. Simonds fera comprendre notre idée.

« Près de San-Germano (dans les environs de Capoue), de belles forêts couvrent la partie des mon» tagnes, et l'on y remarque des chênes tels que l'on » n'en rencontre guère que dans les parcs anglais. » Ceux des forêts d'Amérique, croissant trop près les » uns des autres pour se déployer près de terre, » cherchent un peu d'espace dans les airs , et per» dent ainsi les belles formes de la nature. » Cependant ces chênes des montagnes du royaume de Naples ne doivent l'espace qu'ils occupent qu'aux éclaircies occasionnées par le pâturage et par l'enlèvement irrégulier des bois dont les habitants ont besoin.

La culture du chêne-liége pourrait s'étendre dans nos départements méridionaux de manière à fournir de son écorce la France entière.

ERABLE, PLANE, SYCOMORE. L'érable, qui donne l'un des plus beaux bois indigènes pour faire des meubles élégants, le plane, susceptible d'un beau poli, pourraient être avantageusement plantés en massifs de dix à douze hectares, dans les environs des villes, où, par la facilité des transports, on peut cultiver ces arbres avec profit. Walter les classe dans les bois de charpente du premier ordre.

Le sycomore s'élève jusqu'à cent quarante pieds de hauteur dans les forêts des bords de l'Ohio.

En France, dans une position libre, il grossit de six lignes par an sur son diamètre.

L'érable-négundo est un arbre du plus grand mérite, qui vient très-bien dans les terrains frais.

FRÊNE. On plante beaucoup de frênes en Bourgogne, dans les haies, sur les ruisseaux, presque uniquement pour la feuille, qui sert à la nourriture des moutons. Son bois, si précieux pour le charronnage, l'est encore davantage pour fabriquer des meubles dont la beauté surpasse peut-être celle des meubles d'acajou. Rien de plus aisé que de multiplier le frêne par des semis en pépinières et des plantations.

La tonte d'un frêne âgé de quarante ans rapporte quatre francs tous les trois ans.

HÊTRE. Le hêtre, cet arbre dont le port est majestueux, l'écorce lisse, le feuillage d'un vert charmant, cet arbre admirable dans les forêts, n'est pas de la première utilité comme bois de service. Il ne peut servir à la charpente qu'après avoir subi une préparation, il s'altère promptement : il a bien moins de valeur comparative que le chêne.

On conserve les plateaux de hêtre en les faisant séjourner dans l'eau, ou en garnissant leurs extrémités soit de résine, soit d'une petite planche qui empêche l'influence d'un air imprégné d'humidité. On peut aussi les passer à la fumée pour obtenir le même résultat.

En Normandie, on voit de magnifiques massifs de hêtres plantés symétriquement autour des habitations. On a soin de choisir des plants assez forts pour ne pas perdre le pâturage du sol pendant la jeunesse de ces arbres. Ils ont communément deux mètres de tour à l'âge de soixante-douze ans, ce qui fait le quadruple du volume d'un hêtre du même âge venu dans un massif.

Une erreur qui a eu des suites déplorables dans les forêts est de couper ces arbres très-près de terre, comme le prescrivait l'ordonnance de 1669. On a exploité de même les taillis; presque toutes les souches qui ont subi ce traitement ont péri, et l'espace qu'occupaient les hêtres est souvent livré à des espèces d'arbres inférieures, comme le charme ou le cornouiller.

Mélèze (*larix*). M. Kasthofer, qui a fait des plantations d'arbres résineux, a reconnu que le mélèze de montagne, considéré comme bois de construction, dure quatre fois plus que le pin qui aurait crû dans un même degré d'élévation. L'importance de cet avantage devrait, suivant lui, engager les montagnards des petits cantons et des Alpes rhétiennes à substituer peu à peu aux forêts de pins des plantations de mélèzes.

Le mélèze ne nuit point aux bois qui l'avoisinent ; il s'élève très-haut, aime à croître dans un état serré et occupe peu d'espace. Il se mélange assez bien avec le hêtre, sur les montagnes. On en fait du merrain pour les tonneaux destinés à contenir des liqueurs spiritueuses. Ses feuilles font un excellent engrais qui fait croître les espèces d'herbes les plus nutritives à la place des bruyères.

Murier. Les richesses que procure le mûrier aux départements du sud-est sont déjà considérables ; elles pourraient s'accroître encore pendant plusieurs siècles ; il sera toujours profitable de le multiplier tant que nous ferons venir des soies écrues d'Italie. La culture de cet arbre s'associe parfaitement à celle des céréales.

Noyer. La lenteur de la croissance du noyer ne serait plus un obstacle à sa propagation si l'on élevait beaucoup de jeunes plants ; on ne tarderait pas à en avoir de tous les âges, et l'on finirait par posséder assez de gros arbres pour les mettre en coupes réglées. On ne doit pas oublier qu'un pied cube de noyer se vend trois ou quatre fois plus cher qu'un pied cube de chêne.

J'ai lu dans un ouvrage forestier que le noyer ne se plaît pas dans les bois, c'est une erreur : il y vient comparativement aussi vite que quelque autre arbre que ce soit; mais qu'est-ce que l'accroissement d'un arbre au milieu d'un épais taillis, comparé à celui qu'aurait pris ce même arbre dans un sol cultivé?

Il y a en Amérique des forêts de noyers.

ORME. Les plantations d'ormes se multiplient en proportion des besoins. Des ormes de trente ans, plantés en avenue ou en massif, à une distance de vingt à vingt-cinq pieds l'un de l'autre, ont quatre pieds et demi de tour, tandis que, dans un massif de taillis, ils n'ont que vingt-quatre pouces; le rapport du volume des deux arbres est un à cinq, en supposant une hauteur égale; mais la valeur du gros arbre est décuple de celle du petit.

PEUPLIER. Un peuplier du Canada, âgé de vingt-huit ans, a produit des planches pour une valeur de 72 fr., non compris le bois de frâche (*fractura*), qui formait une petite voiture. Cet arbre vient bien dans les forêts et ne se laisse pas épuiser par les taillis environnants.

La croissance des peupliers d'Italie placés sur le bord d'une rivière est de deux pouces et demi par an sur la circonférence, lorsqu'ils sont assez espacés.

Je ne sais si l'on a observé que les boutures d'un an ou de deux ans sont le meilleur moyen de propager le peuplier. Les tiges de dix à douze pieds que l'on plante sans racines ne donnent jamais de beaux arbres. Ces dernières n'ont, au bout de douze ans, que six à sept pouces de tour, tandis que des arbres de même espèce de boutures, et placés à côté de celles-ci, ont, au bout de dix ans, près de quinze à dix-huit pouces de circonférence. Il y a presque autant de différence sur la hauteur, en sorte que le volume de ces derniers arbres est huit fois plus considérable que celui des premiers.

Pour durcir le bois de peupliers, il faut le mettre dans un lieu sombre où la circulation de l'air soit bien établie; il arrive promptement à un degré suffisant de dessiccation; il offre l'avantage de ne pas avoir de retrait. Le peuplier d'Italie a moins de bois mou que celui de Virginie.

Le blanc de Hollande et l'ypréau tiennent le premier ou le second rang parmi les peupliers, suivant la nature des terrains où ils sont plantés.

Dans le département du Pas-de-Calais, on voit d'anciennes charpentes et des planchers en peupliers parfaitement conservés.

Pins, Sapins, Épicias. Le pin maritime vient bien dans les terrains secs, et le pin silvestre dans les sols humides aussi bien que dans les terrains secs.

Les sapins du nord de l'Europe sont excellents, ceux du Canada ne valent rien. En général, les arbres des terres un peu desséchées sont de meilleure qualité que ceux des forêts sauvages, qui sont presque toujours marécageuses.

On a détruit dans les montagnes une grande quantité de forêts de sapins, qui sont remplacées par des bois de charmes, de hêtres, de trembles, ou par des broussailles, des genêts et des bruyères. Les propriétaires qui veulent éviter de semblables désastres font extirper dans leurs sapinières les charmes et les autres bois semblables.

Les forêts d'épicias empiètent facilement sur les

terrains qui les avoisinent, parce que le bétail, à moins d'être affamé, ne mangeant pas les plants d'épicias, les graines prospèrent, et le bois s'étend de proche en proche. Ces accrues s'emparent du sol assez rapidement dans les *prés-bois* des montagnes du Doubs. Le hêtre et le sapin croissent à l'abri des épicias. Si ces terrains cessaient, pendant quelques années, d'être fréquentés par les bestiaux, et que l'on n'en fauchât pas l'herbe, ils seraient bientôt couverts de bois.

Le sapin en massif ne croît que d'un demi-pouce par an dans les vingt premières années.

Un épicia âgé de trente-cinq ans, dans un jardin et entouré d'arbres plus faibles et d'arbrisseaux, a soixante huit pouces de tour à un mètre du sol.

Les pépiniéristes qui cultivent les arbres résineux les sèment très-épais, repiquent le petit plant à deux ans et les vendent deux ans plus tard. Il est certain que ces plants, âgés alors de quatre ans, seraient beaucoup plus grands s'ils étaient restés en place ; mais les racines se fortifient et deviennent propres à acclimater le sujet lorsqu'il est planté à demeure.

Le cèdre du Liban est encore si rare, que l'on ne peut guère espérer d'en voir bientôt former des forêts ; mais, en attendant, il faut le cultiver dans les jardins et dans les parcs.

PLATANE. Le célèbre platane de Cos a trente-cinq pieds de circonférence. Son âge remonte à plus de vingt siècles, s'il est vrai que ce soit le même arbre dont parle Pline comme d'un monument végétal admirable. M. Rauch dit que les naturalistes les plus sceptiques accordent à cet arbre l'âge de neuf cents ans au moins.

Le platane acquiert promptement des dimensions colossales ; son bois est bon pour la charpente lorsqu'il est à l'abri du contact de l'humidité. Il croît d'un pouce et demi par an sur sa circonférence, terme moyen. Un platane âgé de trente ans et placé dans un terrain frais a environ seize décimètres de tour ; la circonférence d'un sycomore de cet âge qui croît dans le même sol est de onze décimètres.

Des platanes plantés dans les promenades de Beaune ont été abattus à l'âge de cinquante-quatre ans ; quelques-uns avaient vingt pouces d'équar-rissage. C'est trois fois autant de volume qu'en auraient eu des chênes du même âge, dans le même terrain.

Le platane aime les sables calcaires.

Pommier. Le pommier est excellent pour les ouvra-ges de tour. Il prend très-bien les couleurs. Son bois vaut beaucoup mieux que celui du poirier.

Robinier ou faux acacia. Un taillis de robiniers âgé de quatre ans et venu sur souche a communé-ment quinze pieds de hauteur. On en fait d'excellents échalas.

On peut voir dans le département du Bas-Rhin, à Burckheim, un très-beau bois d'acacias qui a été planté il y a environ vingt-deux ans, et dans lequel on a déjà fait une exploitation. Un taillis de huit ans a de vingt-cinq à trente pieds de hauteur, et vaut près de 1200 fr. l'hectare. Il est vrai que ce bois est situé dans l'excellent sol de la plaine d'Alsace, et que les brins s'emploient dans les houblonnières.

Saule, Marseau. Le saule et le marseau ne doivent pas être négligés dans les plantations. Ils croissent rapidement, et disparaissent lorsque les bonnes espèces d'arbres sont devenues assez fortes et assez épaisses. Leur bois sert à faire des sabots et des planches.

Sophora. Un *sophora japonica*, planté en 1773, avait en 1832, c'est-à-dire à 59 ans, une circonférence de trois mètres vingt-cinq centimètres. Son branchage était très-étendu.

Sorbier. Le sorbier et le cormier méritent d'être cultivés en grand nombre.

Le cormier est plus dur que le sorbier.

On ne doit pas oublier de placer quelques aliziers et merisiers dans une plantation forestière. Ces arbres croissent lentement; mais l'excellente qualité de leur bois, la beauté de leur feuillage et l'utilité de leurs fruits compensent en partie ce désavantage.

Les sorbiers, aliziers, etc., se greffent sur l'aubépine.

Tilleul. Le tilleul parvient à une grosseur étonnante. Son bois, propre à faire des boiseries, des sabots, etc., est toujours d'un débit assuré. On n'en plantera sans doute pas de grandes forêts; mais quelques massifs au milieu des pâturages d'une ferme sont parfaitement placés.

On a tiré, d'un seul tilleul qui se trouvait sur la

place publique d'un village du Jura, pour 600 fr. de marchandises.

TREMBLE. Le tremble, méprisé à tort, est excellent pour la charpente légère. A égalité d'âge, dans sa jeunesse, il se vend plus cher que le chêne. M. Rauch a vu dans la commune de Werth, sur les bords du Rhin, trois trembles, le premier de vingt-huit pieds, le second de trente-quatre pieds, et le troisième de quarante-deux pieds de contour.

TULIPIER, AYLANTE, HIPPOCASTANE, MICOCOULIER. Le tulipier pourra un jour figurer dans les espèces forestières acclimatées en France; il en sera de même de l'aylante ou vernis du Japon. Ils sont encore trop rares pour les planter ailleurs que dans les parcs.

Le bois du marronnier d'Inde (hippocastane) est excellent pour les boiseries. Quelques massifs d'arbres de cette espèce ne seraient point déplacés dans une forêt

Il faut aussi planter quelques bosquets de micocouliers.

CHAPITRE II.

DE LA PRATIQUE DES SEMIS ET DES PLANTATIONS.

L'art de planter et de traiter les arbres fruitiers avait fait peu de progrès avant le quatorzième siècle. Aujourd'hui, ceux que la France possède ne rapportent guère moins de soixante millions par an (en comptant les oliviers) : cependant la totalité de ces arbres n'occupe pas une étendue égale à la cinquantième partie du sol forestier, qui ne produit que cent vingt millions. L'art des plantations forestières est beaucoup plus moderne encore. Dans le siècle dernier, on a décuplé le revenu de plusieurs terres en plantant des bouleaux et d'autres arbres; ces exemples n'étaient suivis que de loin en loin ; mais depuis quelques années on a fait des progrès rapides, parce que l'on est parvenu à les planter presque sans frais.

L'encouragement le plus efficace, et même le seul que les plantations puissent recevoir du gouvernement, consiste à assurer l'exécution des lois contre les dévastations auxquelles elles sont exposées. Une garde sévère et la punition des malfaiteurs épargneront les frais de clôtures.

S'il y a pour le planteur un effrayant intervalle entre le brin qu'il vient de planter et l'arbre de haute futaie, il n'en existe pas moins un motif suffisant pour engager un propriétaire à se livrer à ces travaux : car, immédiatement après la plantation, il possède dans son terrain toute la valeur qu'il y a dépensée, valeur qui s'accroît sans cesse, et qui se confond dans son patrimoine. On vend une jeune plantation comme un autre bien rural.

On a employé divers modes pour créer des bois.

1° Sans faire labourer le sol, sans arracher les buissons et les genièvres qui s'y trouvent, on plante, à l'aide d'une pioche, des brins enracinés, on jette des semences çà et là, et on abandonne la plantation à elle-même, en y interdisant sévèrement le pâturage.

Cette méthode est à peu près aussi lente que la

formation des accrues dans les terres abandonnées sur le bord des bois; il faut un demi-siècle pour obtenir un taillis égal à celui qu'une plantation de dix-huit ans faite avec soin aurait donné.

2º On sème des bois de chène avec une simple culture à la charrue, sans aucun autre travail ultérieur; la croissance est lente, les plants sont difformes; ce n'est qu'après un recepage qu'ils deviennent droits et vigoureux; une plantation aurait donné deux ou trois fois plus de produit dans le même temps.

3º Si vous voulez obtenir aux moindres frais possible les plus grands résultats, faites cultiver le terrain, et plantez-y des brins de semis que vous vous serez procurés dans les forèts, et mieux encore dans des pépinières.

Il faut planter, dans chaque localité, l'espéce de bois demandée pour la consommation ou pour l'exportation.

En général, les bois blancs sont ceux qui donnent le plus de profit; cependant il est utile d'avoir dans la proportion des demandes, de l'exportation, et du besoin local, des chênes, des frênes, des ormes, des châtaigniers. On plantera des arbres résineux dans les terrains médiocres ou mauvais, et même dans les bons sols, si l'on a uniquement en vue le profit que l'on peut en tirer.

Si le sol est sec, les arbres seront tenus très-épais, sauf à éclaircir. S'il est humide, on les plantera à la distance où ils doivent rester, sauf à les cultiver. Des bois blancs peuvent remplir les intervalles.

Il n'y a point de ménagement à garder avec la bruyère, dont les racines entrelacées forment avec la terre une espéce de croûte presque imperméable. Il est indispensable de l'arracher et d'écobuer le sol. Cette dernière opération est de la plus grande utilité dans toutes les terres compactes. Le terrain étant pelé à quatre pouces d'épaisseur, on en forme de petits fourneaux que l'on brûle : par là on détruit les herbes, les gazons, les mousses et les insectes, ce qui permet de cultiver les céréales avec les bois.

Les forestiers anglais nous enseignent que l'emploi de la chaux dans les terres que l'on sème en bois peut être d'une grande utilité; cette substance hâte la décomposition des racines des plantes arrachées, elle détruit les insectes et divise le sol. Il faut en employer une certaine quantité à la fois, et ne répéter cette opération qu'après un long intervalle.

Nous allons actuellement parler des pratiques relatives aux principales espèces de plantations; elles peuvent servir de modèles pour toutes les autres.

SECTION 1re.

DU CHATAIGNIER.

Il est facile de se procurer du plant de châtaignier en faisant remuer le sol dans les forêts de cette espèce par un léger labour.

Mais la culture que nous allons décrire produit les plus beaux arbres; c'est elle qui se pratique en Toscane et en Portugal, où elle a atteint le plus haut degré de perfection.

Les pépinières sont établies dans un terrain gras et meuble, amélioré par des engrais. On choisit les plus belles châtaignes sauvages, et on les sème dans les mois de décembre, février ou mars, en les plaçant à une distance respective de deux pieds; on les cou-

.vre d'un pouce de terreau. Elles lèvent dès le printemps suivant, s'il ne survient pas de gelée. On les sème quelquefois avec du blé.

La terre est cultivée autour des jeunes plants. Après la troisième année, on élague les rameaux inférieurs autour de la tige. Cette opération est répétée deux fois par an, jusqu'à ce que le jeune arbre, parvenu à la hauteur d'environ huit pieds, soit propre à la transplantation, ce qui arrive ordinairement entre la cinquième et la sixième année.

Quelques mois avant d'exécuter la plantation, on ouvre des trous de trois pieds en carré sur deux pieds de profondeur. Exposée à l'action des météores, la terre devient meilleure; on a soin de l'ameublir et de la mélanger avec du terreau. En plantant les arbres, on étend les racines avec précaution.

Deux ou trois ans après, les châtaigniers sont ordinairement en état d'être greffés. Cette opération se fait au mois de mai, et l'on a ensuite le plus grand soin d'élaguer les sujets pendant plusieurs années. Ils donnent du fruit au bout de trois ou quatre ans; et, lorsqu'ils sont devenus gros, on émonde les branches superflues. Ces arbres s'élèvent à une hauteur prodigieuse, due aux effets combinés des labours et de l'élagage.

Dans une plantation symétrique et bien espacée, la distance moyenne des gros châtaigniers est de vingt-quatre pieds; ceux qui ne sont destinés qu'à donner du bois de charpente sont placés à une moindre distance.

Dans le Haut-Rhin, pour se procurer des bois de châtaigniers qui ne se greffent pas et qui s'exploitent en taillis, on sème les châtaignes au printemps; on lève les brins de semis au bout de trois ans pour les replanter en les espaçant d'un mètre et demi, et on les recèpe au bout de quatre ans. La coupe vaut communément 1200 fr. l'hectare, lorsque le recru a atteint l'âge de quinze ans.

SECTION 2.

DU PIN.

Le pin est l'un des arbres les plus dociles à la culture et les plus productifs. J'ai fait semer du pin sylvestre dans un sol granitique et d'une aridité telle qu'il n'y venait pas même de l'herbe. Un labour grossier, la graine jetée sans mélange, une herse d'épines passée sur le semis, tel est le travail qui a suffi, qui n'a été suivi d'aucun autre, et qui a réussi complétement. Les plants, âgés de dix ans, sont magnifiques, et couvrent entièrement le sol, qui est exposé au midi, et qui n'est abrité d'aucune manière.

Mais cette méthode si simple, excellente pour les mauvais terrains granitiques, n'est pas applicable dans ceux où il vient beaucoup d'herbe ; il faut absolument la couper, si l'on ne veut pas l'extirper par des labours.

On peut semer de la graine de pin dans un champ couvert de genêts, en remuant légèrement le sol entre ces plantes; les jeunes plants de pins étouffent en peu d'années et les genêts et les autres arbustes.

En Allemagne, les plantations de pins embrassent de vastes étendues ; elles sont traitées par des méthodes qui ont subi l'épreuve du temps.

Il faut labourer légèrement le sol, et enlever les herbes, les mousses, les aiguilles et les feuilles. C'est la première règle et la plus essentielle. On sème la graine de pin dans des raies tracées en ligne droite, autant que possible ; cette disposition permet de cultiver le semis, et d'enlever facilement les plants surabondants pour les replacer à demeure dans un autre terrain, lorsqu'ils ont quatre ou cinq ans. On a soin, pour les coteaux rapides, de laisser entre les raies des intervalles incultes, afin de retenir la terre. Cette disposition convient aussi lorsqu'on veut éviter des frais ; on rejette dans ces intervalles le gazon qui provient des parties semées, et on le retourne. Dans la suite, lorsque l'herbe y croît, on peut la récolter sans endommager les jeunes plants. On peut semer la graine de pins avec de l'avoine ou de l'orge. En général, il vaut mieux semer épais que semer clair, lorsqu'on n'est pas parfaitement sûr de la graine, et que l'on craint les dégâts du bétail.

Dans la transplantation, on laisse ordinairement cinq pieds de Saxe (un mètre et demi) d'intervalle entre les brins. M. de Sponeck recommande de les placer à un pied les uns des autres, dans la vue de les garantir contre la sécheresse, contre les vents froids, et contre la gelée, qui attaque quelquefois les semis de pins dans les montagnes ; mais ce mode, s'il était adopté, serait excessivement dispendieux ; il faudrait vingt-cinq fois plus de plants qu'il n'en faut en suivant l'usage ordinaire, et cette considération est d'un grand poids en Allemagne, où l'on fait tant de plantations. D'ailleurs ce serait épuiser le terrain en pure perte ; il faut, autant que possible, espacer les arbres, en les plantant, comme ils doivent être espacés au moment où on les coupera.

Telle doit être la règle générale, mais elle subira

de nombreuses exceptions ; car, si le terrain est peu fertile et exposé aux sécheresses, on ne peut se dispenser de planter très-épais, afin de tenir constamment le sol couvert et de prévenir l'évaporation de l'humidité, sauf à éclaircir successivement la plantation.

On ne peut trop blâmer l'usage d'arracher les plants à la main : car les racines sont toujours endommagées, et quelquefois cassées. Cet inconvénient, résultat nécessaire d'une routine invétérée, est la véritable cause de la préférence que l'on donne, en général, aux semis faits à demeure, et de l'opinion erronée, mais très-accréditée, que les pins replantés ne viennent jamais droits.

On peut planter le pin en tout temps, excepté pendant les gelées et les grandes chaleurs. Quelques agriculteurs pensent que les plantations d'automne, étant favorisées par l'humidité de l'hiver, réussissent mieux que celles du printemps ; mais, si ces dernières reçoivent de la pluie ou de l'humidité, ce sont les meilleures : ainsi, dans les climats où les printemps sont secs, c'est en automne qu'il faut planter.

Si l'on veut mettre le plant à l'abri des grandes chaleurs et du froid dans un terrain sec, on le plante au fond de rigoles ou fossés d'un pied de largeur et d'une profondeur proportionnée ; mais, si le sol est humide, on place le plant sur la berge de ces petits fossés, laquelle est disposée en talus double, de manière que les eaux s'écoulent de chaque côté. Ce procédé, que j'ai vu pratiquer avec succès, est applicable aux plantations de toute espèce d'arbres.

Nous ne pouvons nous dispenser, en traitant ce sujet, de parler des nombreux semis de pins que

M. Delamarre a fait exécuter dans le département de l'Eure, et des procédés qu'il a employés.

Les motifs de sa prédilection pour les pins sont qu'ils n'exigent qu'une médiocre préparation du sol, et que, suivant son opinion, il est toujours inutile et qu'il pourrait même être nuisible de donner aux semis des sarclages, binages, ou autres soins semblables ; il était séduit par la facilité avec laquelle on peut créer des bois de cette espèce, par la modicité des dépenses et la grandeur des profits, par la facilité que les arbres à aiguilles ont de se défendre contre le bétail ; il avait remarqué que les pins croissent dans les plus mauvais terrains ; qu'ils fournissent dans un temps égal un volume presque double de celui que produiraient des bois durs à feuilles caduques ; que les pins subsistent dans un état tellement serré, qu'un certain espace de terrain, un hectare par exemple, nourrirait deux ou trois fois plus de pins qu'il ne nourrirait de chênes ou de hêtres ; que les bois résineux sont excellents pour toute espèce de constructions, et qu'ils supportent longtemps les intempéries. Il a semé avec succès des forêts de pins, qu'il a léguées à la Société royale et centrale d'agriculture.

Il considérait les semis à demeure comme la seule voie à prendre pour de grandes plantations forestières, et il regardait la transplantation comme un moyen tout à fait exceptionnel. Son système ne serait réellement avantageux que dans le cas où l'on pourrait arracher les plants surabondants pour les replanter ; mais, si on ne les arrache que pour faire du feu, c'est un triste emploi que la combustion pour un pin de cinq à six ans.

Nous pensons cependant que sa méthode de semis

à demeure est convenable dans les régions du sud et de l'ouest de la France, où l'on trouve tant de terrains incultes qui sont livrés au pâturage; il suffit, après avoir donné un labour grossier, sans arracher les buissons, s'il y en a, de répandre la graine, de herser, et d'interdire le parcours du bétail.

Mais, dans tous les terrains compactes, qui se chargent d'herbes, il convient de faire des plantations, après avoir élevé du semis dans une pépinière, d'espacer le plant comme il restera en définitive, et de le cultiver par de légers labours, dont les frais seront remboursés par les récoltes de quelques plantes alimentaires placées dans les intervalles des plants.

En Champagne, on plante les pins à neuf pieds les uns des autres, ce qui ne vaut rien parce qu'ils se chargent de branches et ne croissent point en hauteur et peu en grosseur, à moins qu'on ne les élague. On sème quelquefois de l'avoine, tous les trois ans, entre les rangées; mais il vaudrait mieux planter les arbres plus épais ou mettre des marseaux dans les intervalles.

La culture des sapins et des mélèzes se fait par des moyens analogues à ceux que l'on emploie pour les pins : ce sont les arbres des terrains secs et arides, comme le peuplier, l'orme et le frêne sont les arbres des terrains frais; et, sous ce rapport, l'utilité de ces derniers est moins grande que celle des arbres résineux, qui se contentent d'un sol inutile à l'agriculture.

Dans les montagnes du Jura, sur les plateaux où le rocher n'est couvert que d'un pouce de terre, on place le plant immédiatement sur cette pierre et près d'une fissure s'il est possible. On pose sur les racines de la terre que l'on recouvre de pierres tout à l'entour de la tige. Cette couverture empêche l'évaporation du peu d'humidité qui doit aider à nourrir le jeune sujet. Mais il faut observer que, si c'était simplement de la terre, l'effet serait bien différent, parce qu'il pousserait des racines au-dessus de celles qui existaient déjà et que celles-ci souffriraient.

On pratique sur le penchant des montagnes des rigoles assez espacées entre elles, et l'on renverse le gazon de manière à préparer au plant un abri contre les rayons du soleil; l'espace intermédiaire demeure inculte pour prévenir l'entraînement des terres. Les graines sont déposées dans ces espèces de petits fossés qui retiennent l'humidité nécessaire à la prospérité du semis dans les terrains naturellement secs. Si, au contraire, le sol est en plaine et humide, il faut, comme nous l'avons déjà dit, semer non dans les rigoles, mais sur les intervalles qui les séparent.

Si l'on donnait à toute l'étendue du sol une préparation complète, le semis coûterait quatre fois plus cher que lorsqu'on le fait par bandes ou par carrés d'un mètre et demi de côté.

Les plantations de pins qui existent dans les plaines arides du département de la Marne ont été faites, en général, depuis le commencement de ce siècle; on a pris des plants dans des pépinières, et on les a placés symétriquement dans les champs : ils fournissent du bois aux habitants, qui étaient obligés d'en aller chercher jusqu'à une distance de sept ou huit lieues pour leur chauffage et leurs constructions. Ces bosquets donnent de l'ombrage, brisent le cours des vents, diminuent l'étendue des terres incultes, et augmenteront les moyens de cultiver celles qui restent. Déjà la culture du marseau dans ces plaines a produit une partie de ces effets salutaires.

En exploitant les bois de pins, on pourrait arracher les souches et les racines ; le terrain, engraissé par le dépôt des feuilles ou aiguilles, et par d'autres débris végétaux, serait labouré et semé de blé ; on y ferait de bonnes récoltes de céréales ou de prairies artificielles. Mais en arrachant un arpent de bois, il faudrait en planter une étendue égale dans une friche. Si l'on a la précaution d'établir des pépinières locales, les frais de plantation, y compris l'achat du plant, ne dépasseront pas 50 fr. par hectare, dépense bien faible comparativement au produit de la coupe des bois joint à celui de la récolte des parties qui auront été arrachées et mises en culture : ainsi, par l'effet de cette espèce d'assolement, on aurait chaque année du bois à couper, un nouveau terrain livré à l'agriculture, et une plantation à renouveler.

Les frais d'entretien du plant sont très-peu considérables dans une terre qui ne pousse point d'herbe.

La culture du pin sylvestre pourrait facilement être introduite sur tous les coteaux calcaires des départements du nord-est de la France. M. de Buffon avait pressenti qu'il est facile de faire croître des bois dans les plus mauvais terrains. Il a planté quelques arbres résineux avec de grands soins et de grandes dépenses ; mais, depuis, ces mêmes arbres en ont produit des milliers d'autres sans semis, sans frais et presque sans culture.

Il possédait une forêt au nord de la ville de Montbard, sur un plateau élevé où il gèle dans toutes les saisons de l'année, et qui est coupé de petites gorges ou *combes* qui s'élargissent en descendant jusqu'au vallon. Le fond de ces combes est encore plus exposé aux gelées que le sommet du plateau. M. de Buffon attribuait ce phénomène au défaut de circulation des vents dans ces gorges resserrées, et c'est probablement d'après cette observation qu'il voulait qu'on n'y laissât ni baliveaux, ni arbres surtaillis. Les chênes y étaient languissants, chétifs et rabougris. Il y a planté des pins sylvestres dont les graines se sont répandues sur les terrains voisins qu'elles occuperaient entièrement sans les dégâts du pâturage.

Le succès de ces plantations démontre clairement quel est l'avantage de substituer les pins sylvestres aux chênes dans toutes les positions où ces derniers souffrent des gelées printanières.

La moindre trace de culture produit des effets surprenants. On remarque, de distance à autre, dans la même forêt, de jolis boqueteaux épais formés de jeunes pins infiniment plus vigoureux et plus élevés que les autres ; ils occupent de petits espaces où l'on a pioché pour chercher des truffes. Mais voici un fait qui doit exciter toute l'attention des forestiers.

Le côté oriental de ce bois était bordé par un champ étroit d'une terre pierreuse et aride. La culture en fut abandonnée comme trop peu productive, il y a environ vingt-cinq ans ; les graines de pins sylvestres se sont répandues sur ce champ délaissé, et ont donné des plants qui ont prospéré au point qu'il est garni uniquement de jeunes pins de vingt pieds de hauteur, de huit à douze pouces de grosseur, espacés de deux pieds à deux pieds et demi. La plantation la mieux faite dans un bon terrain ne serait ni mieux garnie, ni plus belle. Si on l'exploitait aujourd'hui, elle rendrait un volume de bois trois fois plus considérable qu'un taillis de chêne et de charme du même âge qui croîtrait dans le même lieu.

SECTION 3.

SEMIS DE PINS MARITIMES.

La création de forêts de pins maritimes est devenue populaire dans le Maine ; tout le monde, dans ce pays, connaît les procédés qui assurent la réussite ; il ne s'agit que de choisir ceux qui sont le mieux appropriés aux circonstances locales.

On fait labourer le sol s'il est en plaine, on le fait piocher si la charrue ne peut y manœuvrer, et l'on procède à un écobuage ; mais on peut se dispenser de cette dernière opération en faisant extirper la bruyère qui couvre ordinairement le sol ; le terrain est défoncé à la bêche ou à la pioche.

Les frais se répartissent à peu près ainsi qu'il suit, pour l'étendue d'un hectare :

Écobuage , quarante journées à 1 fr. 25 c. . . . . 50 fr. » c.

Pour répandre les cendres et casser les mottes, dix journées. 12 50

Pour un labour à la charrue . . . . 18 »

On emploie de très-fortes charrues attelées de quatre à cinq chevaux. S'il faut piocher la terre, la dépense est plus forte ; mais, si l'étendue de l'espace à ensemencer est un peu considérable, on peut toujours en labourer une bonne partie.

Pour semer les graines. . . . . 2 »

A reporter. . . . 82 50

D'autre part. . . . 82 fr. 50 c.

Pour herser. . . . . 6 »

On emploie 45 kilog. de graine par
hectare, à 30 c. le kilog. 13 50

Total. . . . . . . 102 »

La graine de pin sylvestre coûte 4 fr. la livre ou
8 fr. le kilog.; mais on n'en emploie que 5 à 6 kilog.
par hectare. On sème ordinairement ces graines avec
du seigle dont la récolte rembourse une partie des
frais.

On pourrait semer à meilleur marché, mais une
petite épargne d'argent est souvent une grande perte
de temps.

La récolte des graines se fait à très-peu de frais;
on détache les cônes en hiver, en se servant d'une
petite serpe emmanchée d'une longue gaule. On étend
ces cônes, en été, sur une aire exposée au soleil, et
on les retourne à l'aide d'un râteau pendant plusieurs
jours.

On évite de se servir de vieille graine ; elle
a perdu une grande partie de sa faculté germinative.

On laisse ordinairement un intervalle de quinze
jours entre le labour et le semis. Après cette dernière
opération, on procède au hersage, en faisant passer
en travers des labours une herse ferrée et attelée de
quatre chevaux.

Dès que les pins ont atteint l'âge de six ans, on
pratique dans la plantation des éclaircies et des
élagages qui donnent déjà un produit annuel.

En élaguant les jeunes pins on laisse un chicot
d'environ un demi-pouce qui tombe toujours. Cette

opération se fait jusqu'aux deux tiers de la hauteur de la tige.

Les bourrées provenant de l'élagage se vendent de 8 à 9 fr. le cent, sur quoi il faut déduire la façon de 2 fr.

La coupe d'un hectare de pins maritimes vaut ordinairement 600 fr. par hectare à l'âge de vingt ans; une plantation de pins de trente-cinq ans est évaluée 2000 fr. l'hectare. On compte mille arbres par hectare à 2 fr. chacun.

On fait arracher ce bois; les frais de cette opération sont couverts et au delà par la valeur des souches et des racines; le cultivateur fait plusieurs récoltes sans engrais et exécute ensuite une nouvelle plantation.

L'opinion générale des planteurs, appuyée sur un grand nombre de faits, est qu'il est bien plus avantageux de ressemer les bois de cette espèce par des moyens artificiels, par la préparation du terrain, par des semis bien faits, que d'attendre le repeuplement uniquement des semis naturels; ils évaluent à sept ans sur vingt ans le temps que l'on gagne en faisant labourer le sol au lieu d'attendre la régénération du semis naturel, qui, cependant, est toujours assez abondant dans les bois éclaircis.

La supériorité du produit de ces forêts sur les taillis de bouleaux, et même sur les taillis de chêne, provient uniquement de ce que les pins ont la propriété de croître très-serrés, de manière qu'un grand nombre de ces arbres n'occupent qu'un espace comparativement peu étendu.

On peut calculer ainsi le bénéfice que donne un semis de pins :

Un hectare de terrain vaut, en moyenne, 300 fr. Cette somme, avec intérêts cumulés sur le pied de 4 p. 100, pendant vingt ans, s'élève à . . 657 fr. » c.

La somme de 102 fr. déboursés pour semis s'élève, au bout de vingt ans, avec les intérêts cumulés, à 4 p. 100, pendant vingt ans, à 223 38

Total. 880 38

A l'expiration des vingt années, on aura :
1° La coupe évaluée. . . . . 600 fr.
2° Le sol, qui, étant amélioré, vaut. 400

Total. 1000

La mise de fonds et les déboursés ne s'élevant qu'à 880 fr. 38 c., le bénéfice est de 119 fr. 62 c., indépendamment de l'intérêt à 4 p. 100 cumulé, qui est prélevé sur le produit.

La récolte de seigle, les élagages et le produit des éclaircies, compensent les déboursés pour les contributions et les frais de garde.

En général, l'aménagement de ces plantations est assez facile : on arrache le bois lorsqu'il a atteint sa vingtième année, en réservant quelques boqueteaux destinés à s'élever en futaie. Le sol est suffisamment engraissé pendant vingt ans pour être avantageusement cultivé ensuite.

Cependant il peut y avoir, suivant la rareté comparative du bois de chauffage et du bois de service, de l'avantage à couper les massifs à trente-cinq ou quarante ans, au lieu de les abattre à vingt ans.

Supposons un hectare de pins âgés de vingt ans. Serait-il avantageux de les couper à trente-cinq ans, époque à laquelle ils vaudraient 2000 fr. ?

Si on les coupe à vingt ans, on aura quinze ans après :

1° Le produit de la coupe que nous supposons de 600 fr. avec intérêts cumulés à 4 p. 100 pendant quinze ans, 1080 fr. 1080

2° Le produit net de la culture des trois récoltes de céréales évaluée 1000 fr. pour les trois années, produit que nous compensons avec les frais d'ensemencement du sol en bois.

3° Un semis de pin de onze ans, qui vaut par hectare. 270

Total. 1350

La valeur de l'hectare devant être de 2000 fr. à l'âge de trente-cinq ans, il y aurait, dans cette supposition, un profit remarquable à différer l'exploitation; mais le désir qu'éprouvent presque toujours les cultivateurs de livrer plus fréquemment les terrains à la culture détermine généralement des coupes plus rapprochées.

La culture du pin maritime est confinée dans les contrées du sud-ouest de la France; on peut l'étendre dans tous les terrains siliceux; mais le pin sylvestre croît parfaitement dans les terrains calcaires; sa culture exige les mêmes procédés que celle du pin maritime, et peut procurer à peu près les mêmes avantages. Il reste peu de chose à dire là-dessus après

M. Delamarre, qui a fait sur cette culture un traité spécial.

SECTION 4.

PLANTATIONS DE BOULEAUX, CHÊNES, ORMES, FRÊNES, etc.

Nous allons exposer le procédé qui est employé habituellement dans des contrées où les plantations sont aussi considérables par leur étendue qu'intéressantes par leurs produits, et où la pratique en est devenue générale. Ce n'est que lorsqu'un art est parvenu à ce point que l'on peut en attendre de grands et utiles développements. Un simple ouvrier achète dans le territoire de son village un fonds de peu de valeur; il le cultive et le plante en bois pendant la saison où les autres travaux de la campagne sont suspendus, et deux ou trois ans après, lorsque le succès de la plantation n'est plus douteux, il vend le fonds et la superficie avec un profit qui l'engage à renouveler de semblables entreprises. Un grand nombre de planteurs travaillent pour le compte des propriétaires moyennant un salaire. En rapportant les faits que j'ai étudiés et comparés avec soin dans différentes localités, je ne dois pas encourir le reproche d'enseigner une méthode dispendieuse et impraticable.

Il ne faut pas se dissimuler toutefois que cette pratique ne s'étendra que de proche en proche, comme la culture des prairies artificielles. Les cultivateurs et les ouvriers n'agissent, en général, que par imitation, et ne se décident que lorsqu'ils ont vu et vérifié le succès; mais les propriétaires qui veulent faire des plantations trouveront dans ce que je vais indiquer les moyens les plus économiques, et par conséquent les seuls qui soient praticables pour opérer sur une grande échelle : ce sera lever l'obstacle le plus puissant, celui qui provient de la comparaison des frais avec le produit résultant de la plantation.

La contrée où cette méthode est répandue comprend les départements de l'Aisne et de la Marne, et une partie des départements de l'Yonne, de l'Aube et de la Haute-Marne. Voici les détails relatifs à ces plantations :

Sol.

A l'exception de la plaine qui environne la ville de Châlons-sur-Marne, à une grande distance, on trouve une argile plus ou moins mélangée de calcaire, et quelques localités où le terrain est pierreux.

Choix du terrain.

En général, on ne plante que dans les terres de qualité inférieure, dans celles qui sont éloignées des villages ou qui s'étendent sur la rampe des coteaux.

Choix des espèces d'arbres.

On plante du bouleau, du marseau, de l'aune, mélangés d'un peu de frêne, d'orme et de chêne. Les plants de cette dernière espèce réussissent difficilement s'ils ne sont pas arrachés avec soin. On sème du gland dans les intervalles des plants.

Le marseau, par la promptitude de sa croissance, procure l'avantage d'utiliser la terre en attendant que le bois dur soit assez fort pour dominer.

Il est certain que, si les bois durs croissaient aussi rapidement que les bois tendres, le choix serait bientôt fait ; mais il faut considérer que la valeur respective des bois de chauffage est proportionnée à leur pesanteur spécifique lorsqu'ils sont secs. La plupart des bois durs, et même le chêne, viennent très-bien dans les terrains humides, pourvu que les eaux n'y soient pas stagnantes. Tous croissent rapidement lorsqu'ils sont arrosés par des eaux vives.

L'appréciation de la valeur respective des bois de chaque espèce, combinée avec la durée de leur accroissement, est de la plus grande importance pour déterminer le choix des arbres à planter dans chaque localité.

Choix du plant.

On se sert de plant âgé de deux, trois ou quatre ans, provenant en totalité des forêts où il croît naturellement. En général, il est mal arraché. Du plant de pépinière serait bien préférable.

Ce qui se pratique en Normandie pour les plantations de hêtres et en Limousin pour les plantations de chênes et de châtaigniers semble infirmer toutes les théories. En général, les plants de chêne et de hêtre viennent mal lorsqu'on les replante à l'âge de huit à dix ans ; cependant ils réussissent dans ces contrées. Si l'on employait la méthode de recréer les forêts par les semis naturels, on épargnerait de l'argent, mais on perdrait beaucoup de temps. Au surplus, ces plantations ne peuvent réussir que dans des terres siliceuses assez profondes, ou dans des terres calcaires humides et fraiches.

Dans le Limousin, les plants de chêne ont ordinairement de huit à dix pieds de hauteur et deux pouces de tour à l'époque où on les plante.

En Belgique, on élève les chênes dans une pépinière jusqu'à l'âge de trois ans ; on les met dans une batardière jusqu'à huit ans. Les ormes se traitent à peu près de la même manière : on les transplante à l'âge de huit ou dix ans; on retranche la tête, et, l'année suivante, on choisit la plus forte branche pour la remplacer, en coupant successivement les autres branches du sommet.

Prix du plant.

Une foule de gens vont arracher le plant à la main dans les forêts, et le vendent jusque sur les marchés publics, au prix de 2, 3 et 4 francs le mille, suivant la qualité et l'espèce des arbres.

Les espèces les plus rares et les plus recherchées, dans chaque localité, coûtent 5 francs le mille.

Préparation du plant.

Suivant l'ancien usage, on coupe le pivot, on retranche les racines brisées et l'extrémité de la tige.

Préparation du sol.

On cultive le terrain pour y semer du blé, et l'on exécute la plantation forestière lorsque le blé est semé.

Les fossés de clôture sont devenus inutiles depuis qu'il y a beaucoup de plantations.

Saison des plantations.

On plante principalement en automne; cependant

on plante aussi au printemps en semant de l'orge.

Manière de planter.

On lève la terre à la bêche, en formant un triangle par le moyen de trois coups de bêche, sans briser la motte de terre; on place un plant de chaque côté : il faut, pour cet ouvrage, deux personnes dont l'une ouvre la terre et l'autre place le plant dans l'ouverture.

Travaux accessoires et entretien.

Si la plantation a besoin de clôture ou d'assainissement, on creuse des fossés sur le pourtour, et l'on remarque toujours que les plants qui croissent dans la terre de la berge sont beaucoup plus beaux que ceux de l'intérieur.

On ne fait ni sarclage ni labour dans les endroits où la terre ne pousse pas assez d'herbe pour étouffer les plants; on moissonne cette herbe à la faucille quand elle en mérite la peine.

Les arbres à racines pivotantes viennent assez bien sans culture. Il n'en est pas de même des arbres à racines traçantes, comme les ormes, les platanes, les robiniers, etc. Il faut les cultiver pour faire prospérer la plantation. On évite de donner des labours pendant les gelées et les sécheresses.

En moissonnant les blés, on a soin de ne pas endommager les jeunes plants.

Frais de plantation par hectare.

1° Achat du plant à 2 fr. 50 c. le mille, terme moyen, ce qui fait, pour dix mille plants par hectare, la somme de. . . . . 25 f.

2° Frais de plantation, à raison de 2 fr. 50 c.
le mille.. 25

3° Les frais d'ouverture de fossés, s'il en est
besoin, et les frais accessoires, sont de 10 fr.
environ par hectare.. 10

Total. 60

La récolte du blé suffit pour rembourser la plus
grande partie de ces frais, indépendamment du prix
des labours et des semences.

Les habitants des campagnes sont devenus si industrieux, que, si l'on possédait des pépinières où ils pus-
sent trouver du plant en abondance et à bon marché,
il se chargeraient volontiers de le planter et de l'entretenir pendant deux ou trois ans sans rétribution,
avec la seule faculté qui leur serait accordée de semer
des pommes de terre et du blé dans le terrain.

Dans quelques cantons, le propriétaire qui veut
faire une plantation paye 60 fr. par hectare à des ouvriers qui fournissent le plant, qui le plantent, et en
répondent pendant trois ans. Ils doivent mettre vingt
mille plants par hectare, et les placer sur des raies
alignées et séparées par un intervalle de trois pieds.

En éloignant les plants de cinq pieds, il n'en faut
que trois mille six cents par hectare, ce qui réduit de
beaucoup les frais de plantation, surtout si l'on sème
du gland ou quelques autres graines dans les intervalles : cela suffit, puisqu'un taillis très-bien peuplé
n'offre pas plus de trois mille souches par hectare.
La culture qui se fait entre des allées de cinq pieds
de largeur est commode et productive, en même

temps qu'elle accélère prodigieusement la croissance du plant.

Si l'on veut avoir de grands arbres, il faut au moins cinq mètres de distance. Des peupliers plantés en massif, à trois mètres les uns des autres, languiront; ils viendront bien si on les met à six mètres, et produiront dans un espace égal beaucoup plus de bois que dans le premier cas.

On peut planter épais et éclaircir graduellement.

Les plantations dans lesquelles on sème annuellement des pommes de terre, des haricots, du colza, etc., et qui sont binées tous les ans, deviennent très-belles. J'ai reconnu qu'après avoir été cultivées pendant sept à huit ans, les plants dont elles sont formées présentent douze à quinze fois plus de volume que ceux des plantations qui sont restées incultes.

Mais, dans les localités où il y a assez de terres en culture pour la population, le marseau, que l'on plante dans la vue de remplir le terrain et d'étouffer l'herbe, est un produit précoce que l'on se prépare, et qui ne manque jamais.

Comme il n'y a point de succès durable sans profit dans les entreprises de ce genre, il faut éviter de faire travailler les ouvriers à la journée, à moins que ce ne soit pour les instruire. On les paye par milliers de plants repris et entretenus pendant trois ans, ce qui doit coûter très-peu lorsqu'on leur accorde la culture du terrain.

Exploitation.

Dix ans après la plantation, on exploite le bois, qui rend environ cinquante stères par hectare; on trouve beaucoup de cercles de tonneaux, d'échalas, etc.

Il est inutile et il serait nuisible de réserver des baliveaux.

Cette première exploitation remplace le recepage, que les anciens forestiers avaient tant recommandé.

SECTION 5.

DES MOYENS DE SE PROCURER DU PLANT FORESTIER, SOIT PAR LES SEMIS NATURELS, SOIT DANS UNE PÉPINIÈRE.

Les taillis âgés de trente ou quarante ans, n'étant pas très-épais, permettent aux semis de lever sous leurs branches; mais, lorsqu'on coupe les taillis trop jeunes, ils sont encore embarrassés de ronces, d'épines et d'arbrisseaux qui étouffent les semis des seules espèces d'arbres qu'il conviendrait de conserver.

Pour favoriser l'ensemencement naturel, on peut pratiquer le moyen suivant, dont le succès est infaillible.

Deux ou trois ans avant l'exploitation d'une coupe, ou même pendant cette exploitation, on cultive le sol à la pioche sous les arbres porte-graines, et on enlève les herbes; peu d'années après, ces espaces qui ont été mis en bon état de culture sont garnis d'une prodigieuse quantité de jeunes plants dont on peut lever une grande partie pour les replanter ailleurs. Le parcours du bétail doit être sévèrement interdit dans les terrains ainsi disposés. Une seule année où les graines forestières sont abondantes fournit pour longtemps au repeuplement d'une forêt.

Un garde peut facilement, par de légers travaux, ménager des semis naturels; il peut faire des marcottes en jetant de la terre sur les souches, en couchant à terre des brins traînants pour repeupler des places vagues ; ces soins suffisent pour fournir tout le plant nécessaire à l'entretien de la forêt.

Mais, pour se procurer du plant des espèces exotiques ou de celles qui ne se trouvent que dans d'autres forêts, il faut établir une pépinière (1). Par là on évite les frais de transport du plant, le dessèchement des racines, tous les inconvénients et toute la dépense qu'entraînent les achats que l'on ferait dans des lieux éloignés de celui où l'on veut planter. Ajoutons que le plant d'une pépinière est infiniment préférable à celui qui vient dans des bois à l'ombre des arbres. Une pépinière est donc l'accessoire indispensable d'une forêt. Il suffit qu'elle ait le millième de l'étendue superficielle des bois qu'elle est destinée à entretenir ou à régénérer.

Ainsi un propriétaire de cent hectares de bois n'a besoin que d'une pépinière de dix ares (un cinquième d'arpent) pour y trouver tous les plants nécessaires au repeuplement de sa forêt et à la naturalisation des espèces qu'il voudra y introduire.

Tout le monde connaît les précautions qui assurent le succès des semis. L'une des principales est la conservation des graines lorsqu'on ne les sème pas aussitôt qu'elles sont recueillies. On les cache profondément dans la terre, ou bien on les dépose dans un lieu sec, ou enfin, ce qui est le plus ordinaire, on les étend dans le sable pour les préserver du contact de l'air et de leur propre contact ; on évite de les mettre à découvert dans un lieu où l'air ne peut circuler.

(1) En plaçant la résidence d'un garde dans la forêt ou dans une position qui en soit peu éloignée, on lui épargne, chaque jour, une marche de deux à trois heures ; ce temps suffirait à l'entretien d'une pépinière.

Le choix de l'emplacement d'une pépinière exige toute l'attention du propriétaire. Si le sol était trop sec, les semis réussiraient mal ; trop humide, ils seraient étouffés par les herbes malgré les binages. Mais comme il ne s'agit que d'un petit espace, on peut, sans beaucoup de frais, défoncer les terres et les mélanger. On les ameublit avec des marnes, des sables, des cendres lessivées et de la chaux. On leur donne de la consistance en y apportant de l'argile.

Les graines doivent être semées dans des rayons tracés au cordeau.

Une règle dont l'observation est indispensable, c'est de tenir toujours la pépinière bien nettoyée et bien cultivée.

Les soins secondaires consistent à arroser les semis, à les garnir de mousse ou de branches d'arbres pour les préserver des chaleurs, à les couvrir quand on craint de fortes gelées, à leur procurer de l'ombrage, enfin à ne négliger aucune des petites précautions que l'expérience a enseignées aux jardiniers.

Le semis de trois ans est replanté à demeure dans les forêts ; mais, si l'on veut des sujets de fortes dimensions pour en former des massifs ou des avenues, on choisit des plants que l'on transplante dans un autre endroit de la pépinière, en observant de les espacer à dix-huit pouces ou à deux pieds, de les cultiver et de les élaguer chaque année avant de les replanter définitivement.

L'un des objets importants d'une pépinière consiste à se procurer l'espèce qui convient le mieux au sol de la forêt ; on élèvera aussi des arbres exotiques, surtout des arbres verts, pour en former des bosquets qui rompront la fatigante uniformité des grands bois.

On achètera les graines des espèces étrangères ;

mais il sera facile de se procurer à peu de frais de la semence de frênes, d'ormes, de bouleaux et des autres arbres forestiers, en chargeant des femmes, des enfants de la récolter moyennant un léger salaire. Les graines légères se recueillent sur les branches, dont on coupe les extrémités, que l'on secoue ensuite pour en tirer la graine. On peut ramasser des cônes de pins, et attendre le printemps pour les exposer au soleil afin de les faire ouvrir.

L'automne est la saison de la maturité des graines pour les espèces suivantes : chêne, hêtre, bouleau, aune, frêne, érable, plane, tilleul, mélèze, sapin et pin ; mais, pour cette dernière espèce, elles ne sont mûres que dans le mois d'octobre de la seconde année.

Les graines d'orme, tremble, peuplier, saule et marseau sont mûres dans les mois de mai et juin.

SECTION 6.

DE L'AMÉNAGEMENT DES PLANTATIONS.

Si la conversion des taillis sous futaies en massifs successivement éclaircis ne peut s'opérer qu'à la longue, puisque la plupart de nos taillis sont dégénérés, et n'offrent pas la dixième partie des sujets nécessaires pour former une futaie pleine ; si les futaies surtaillis sont encore une nécessité pour soixante ou quatre-vingts ans, rien n'empêche d'aménager les plantations de la manière la plus convenable : ainsi on n'y réservera point de baliveaux surtaillis ; ainsi on y maintiendra les espèces d'arbres du premier ordre, en les défendant contre les envahissements des espèces inférieures.

On aura un massif de bouleaux que l'on nettoiera à six ans, à douze ans, et ainsi de suite jusqu'au terme où le taillis sera propre aux usages auxquels on l'emploie ordinairement dans le pays; on aura une futaie de la même espèce qui sera successivement éclaircie jusqu'au moment de l'exploitation définitive, qui se fera sans réserve de baliveaux.

On aura des massifs de chênes, de frênes, d'ormes, d'aunes, de platanes, qui seront traités de la même manière.

On aura des massifs de pins, de sapins et de mélèzes qui seront exploités définitivement à soixante ans.

On aura un massif de hêtres qui sera traité par la méthode du *furetage* si on veut le conserver en taillis: une coupe pleine ferait périr les souches.

Chaque massif sera composé d'une espèce unique ou de deux au plus.

SECTION 7.

DU PROFIT OU DU REVENU DES PLANTATIONS.

Suivant l'estimation de Thomas Vaux, rapportée par M. Moreau de Jonnès, le revenu des biens-fonds s'estimait en Angleterre, en 1823, ainsi qu'il suit :

Un hectare de froment rend. . . . . 58 f.

Un hectare d'herbages rend. 86

Un hectare de jardins rend. 233

Un hectare de bois en plantations rend.. . 466

Nous négligeons les fractions, parce qu'elles sont sans importance.

En France, le produit d'une plantation ne peut s'évaluer que d'après des faits isolés et des observations partielles, puisque nous ne possédons point de grandes plantations qui soient cultivées et successivement éclaircies. Ce que nous allons rapporter résulte de recherches partielles; mais chacun est à portée de reconnaître, soit sur des arbres d'avenue et de bosquet, soit dans des massifs, la justesse de nos remarques en ce qui concerne la grosseur et la valeur des arbres.

I.

Des platanes, des sycomores, des ormes, espacés de quatre mètres, ont trente-six pouces de tour à l'âge de trente-six ans, et valent 10 fr. chacun; et, comme on peut mettre six cent vingt-cinq arbres par hectare, la valeur totale d'un hectare est de 6250 fr.

Les frais de plantation, avec les intérêts cumulés jusqu'à l'époque de la coupe, ne dépasseront pas 250 fr.

Les frais de labour et d'entretien sont remboursés par les récoltes et par le pâturage.

Un hectare de bon taillis inculte, âgé de trente-six ans, ne vaut pas plus de 1500 fr.

II.

Dans un terrain convenable aux frênes, on peut en élever deux mille par hectare (non compris les brins défectueux et rabougris). Ces deux mille jeunes frênes vaudront, à l'âge de vingt-cinq ans, 3 fr. chacun; la valeur moyenne de la coupe sera donc de 6000 fr., ce qui fera un revenu annuel de 240 fr. par hectare.

III.

Un hectare de taillis de chênes de trente-six ans, qui a été éclairci, peut renfermer quinze cents beaux brins qui ont de vingt-quatre à trente pouces de tour, et qui valent 3 fr. chacun, ce qui fait 4500 fr. l'hectare.

IV.

Un bois de sapins âgé de quarante ans, situé sur une montagne ou sur un coteau peu fertile, renferme deux mille trois cents brins par hectare, de la grosseur moyenne de vingt-sept pouces, qui valent 1 fr. 50 cent. chacun, ce qui fait 3450 fr. l'hectare.

Un hectare de taillis de bois feuillus, dans une semblable position et du même âge, ne vaudrait pas plus de 1200 fr. l'hectare à l'âge de quarante ans. Il y a donc une raison puissante pour engager à planter en arbres résineux les coteaux et les montagnes arides.

V.

Une plantation de frênes, ormes et peupliers (1), située dans un terrain humide et de médiocre qualité, contenant sept hectares, est divisée en douze coupes; on en exploite, chaque année, une coupe, dans laquelle on abat environ deux cent douze arbres, outre le taillis. Le produit annuel et moyen de cette coupe, qui contient cinquante-huit ares, est de 1100 fr., ce qui fait un revenu de 157 fr. par hectare sur toute l'étendue de la plantation, revenu bien supérieur à celui des meilleurs bois incultes.

SECTION 8.

PLANTATIONS D'ARBRES RÉSINEUX POUR BALIVEAUX.

Prenez, pour exemple, une forêt aménagée en taillis exploité selon la méthode ordinaire à l'âge de dix-huit à vingt-cinq ans. Le quart de l'espace total

(1) Cette plantation existe sur le territoire de la commune de Possesse, département de la Marne.

est ordinairement occupé par des épines, des arbrisseaux, des branches traînantes, de vieilles souches, des clairières, des mares, etc. Les espèces dominantes de ces taillis sont le chêne, le charme, le hêtre, le bouleau, le tremble, etc.

Entre les souches un peu éloignées les unes des autres, et partout où il se trouvera un espace vide ou inutilement occupé, on extirpera les buissons et toutes les plantes nuisibles, et on plantera un mélèze, un pin ou un épicia. Ces arbres tendant à s'élever, croissant très-bien dans un état serré et même à l'ombre, ne gêneront en rien la croissance des arbres voisins et n'en seront pas opprimés.

Il est peu d'espaces de 50 mètres carrés dans chacun desquels on ne puisse placer un plant; on pourrait, par conséquent, en mettre au moins 200 par hectare sans nuire au taillis.

En faisant la part des accidents et des mécomptes, on peut compter sur la réussite de 150 plants par hectare; ces arbres vaudront, à l'âge de vingt-cinq ans, 1 fr. chacun; ce sera donc une valeur de 150 fr. par hectare qui sera ajoutée au revenu des bois.

De toutes les espèces d'arbres, ce sont les conifères qui produisent le plus grand volume dans un espace donné.

On a essayé, mais presque toujours sans succès, d'associer des peupliers aux bois durs; il est rare qu'ils ne soient pas étouffés ou épuisés par ces derniers. Mais, si l'on plante des arbres verts dans un taillis ordinaire, ils se contenteront du plus petit espace qui leur sera abandonné. On pourra les placer par groupes serrés dans toutes les clairières et dans les chemins devenus inutiles.

Le terrain demandera à être préparé avec soin par deux labours, dont le premier se fera avant l'hiver dans la vue de détruire les herbes qui seraient nuisibles au semis.

Les semis d'arbres verts réussissent ordinairement bien dans les jeunes taillis.

On trouve dans quelques bois du département du Loiret le mélange que je conseille.

SECTION 9.

DES HAIES PLANTÉES D'ARBRES.

Dans certains départements réputés très-peu boisés, les haies plantées d'arbres fournissent aux habitants tout le bois qui leur est nécessaire, en sorte que, dans des contrées où il n'existe plus de massifs de forêts, les habitants sont aussi abondamment pourvus de combustible et de bois de charpente que ceux qui habitent le voisinage des belles forêts qui figurent dans nos statistiques.

Aux environs de Mayenne, d'Ambrières, d'Ernée, et en général dans les départements de la Mayenne, de Maine-et-Loire et dans les contrées voisines, le pays est divisé en fermes de 15 à 50 hectares, qui sont partagées en six ou sept champs à peu près égaux, et en deux ou trois petites prairies. Chaque champ, chaque pré est clos d'un bon fossé et d'un talus de terre formé par le rejet de la terre du fossé et par ses curages successifs. Ce talus est planté d'arbres de haute futaie, chênes, hêtres, châtaigniers, qui, exposés à l'air de tous côtés, offrent une superbe végétation; on a soin d'émonder quelques-uns de ces arbres lorsqu'ils sont trop serrés ; les branches servent au chauffage des fermiers avec les épines et le taillis qui garnissent le talus entre les grands arbres. Cette haute ceinture d'arbres n'empêche pas les champs de donner d'abondantes moissons ; on les plante même de pommiers et de poiriers suffisamment espacés pour ne pas gêner la culture.

Dans une ferme de 600 fr. de rente, par exemple, lorsque le bois a été bien soigné, on peut en vendre à certaines époques pour 8 à 9,000 fr., en laissant tous les arbres nécessaires à l'entretien de la ferme. Ces haies-futaies se renouvellent naturellement par les petits arbres que les fermiers laissent en coupant les épines et le taillis ; quoique le pays offre peu de forêts, le bois y est à bon marché.

A l'approche de l'hiver, on a soin de rassembler avec des râteaux et des balais d'épines les feuilles d'arbres éparses sur les prairies et les champs, pour en faire de la litière et de l'engrais.

En Normandie, toutes les maisons isolées sont entourées de plantations d'ormes, frênes, chênes, bois blancs, marseaux, etc., placés sur un terre-plein entre un double fossé qui enclôt le terrain. Ce rideau d'arbres met la maison à l'abri des vents. On laisse aussi des ceintures d'arbres à l'entour des bois, ce qui est une bonne précaution pour protéger les taillis contre les ravages des vents de mer si funestes aux grands végétaux.

En Angleterre, l'usage est de creuser d'abord un fossé et de planter sur le talus une haie d'aubépine mélangée d'érables, de pommiers sauvages, coudriers, aunes, chênes, frênes et ormes. Les deux bords sont garnis d'épine noire, ronces, et buissons

si serrés que les chiens et même des animaux beaucoup plus petits ne peuvent y pénétrer.

Ces espèces de haies, que l'on tient à une hauteur
d'environ dix pieds, rendent, lorsqu'on les coupe à
un certain âge, une forte somme d'argent. En attendant qu'elles aient repoussé, on forme une espèce de
clôture en jetant des branches entre les troncs coupés;
les rejetons ne tardent pas à s'élever, et au bout de
deux ans la haie est impénétrable comme auparavant.

L'épine noire est très-estimée pour cet usage ; elle
croît serrée et dure très-longtemps ; le frêne et l'orme
se multiplient de semences et de drageons. Dans l'exploitation d'une jeune haie, on ne coupe pas les jeunes
arbres ; on se borne à les élaguer ; plus tard on les
émonde pour en obtenir du bois à brûler et pour
donner de l'espace aux arbres moins élevés.

Cet usage de planter des haies de grands arbres est
excellent, car il réunit deux conditions essentielles,
le bois occupe très-peu d'espace et il est à la portée
des consommateurs.

Les haies vives de pins et d'épicias sont assez communes en Suisse ; ces espèces supportent très-bien la
taille.

Dans le Languedoc, les sarments des vignes produisent plus de bois que les forêts de chênes verts
qu'elles remplacent. Les haies et les émondages des
mûriers fournissent, dans plusieurs contrées du midi,
tous les bois nécessaires au chauffage.

SECTION 10.

DES SEMIS, PLANTATIONS ET DE L'EXPLOITATION SUIVANT LA MÉTHODE DES FORESTIERS ANGLAIS.

Ce qui distingue les procédés employés dans les

plantations forestières en Angleterre et en Écosse de ceux qui sont usités sur le continent, c'est une recherche minutieuse des moyens les plus sûrs et les plus ingénieux de faire croître promptement les arbres et d'en assurer la reproduction. Nous pensons qu'on ne lira pas sans intérêt un exposé succinct de ces méthodes ; nous le puiserons dans les ouvrages de Monteath et de Cruickshank.

Les grandes masses de plantations sont formées, en Angleterre, de pins et de mélèzes. On ne cultive le chêne qu'à l'abri de ces deux dernières espèces.

Récolte et conservation des semences. — Les graines des espèces résineuses doivent se récolter aussitôt que l'écaille donne passage à la semence ; on étend les cônes sur des claies que l'on expose au soleil ou dans une chambre convenablement chauffée ; mais il faut que la chaleur soit très-modérée.

Les semences de mélèze exigent une chaleur plus élevée et une forte percussion ; on les cueille pendant l'hiver, on les place dans un four et on les bat avec un fléau.

Les semences d'orme se récoltent au mois de juin. Celles de pin, mélèze, bouleau, frêne et aune mûrissent en automne.

Les glands se ramassent dans cette dernière saison ; on les fait un peu sécher au soleil, et on les conserve pendant l'hiver en les mettant dans un lieu sec ou dans des trous recouverts de terre, et où l'humidité ne puisse pénétrer.

Les semences de hêtre se traitent de la même manière.

Les autres graines se conservent dans un lieu sec, et on les remue de temps en temps.

Les graines des arbres résineux s'altèrent très-promptement lorsqu'elles sont mises dans des sacs ou en tas.

Époque et mode des semis. — On fait les semis au printemps pour préserver les graines des fortes gelées et des ravages des animaux. Ceux des graines légères ne s'opèrent qu'au mois de mai sur un terrain labouré à la pioche ou à la charrue ; on traine sur le sol une herse garnie d'épines pour enterrer légèrement les graines. On ne doit jamais semer les graines d'espèces résineuses avant le 15 avril.

Sur les terrains inclinés, on cultive des bandes de deux tiers à un mètre de largeur alternées avec des bandes incultes ; la profondeur du labour est d'environ un sixième de mètre ; on herse avec des branches d'arbres ou des râteaux. Cette disposition, par laquelle on épargne beaucoup de frais, convient particulièrement pour les pins.

Les semences de pins, sapins et mélèzes ne demandent à être couvertes que de six à sept millimètres de terre. On passe ordinairement un rouleau sur le semis.

Éclaircie des semis. — Il ne faut pas éclaircir les plants trop tôt, car il en périrait beaucoup. Les plantations trop claires viennent mal ; les arbres s'étendent latéralement au lieu de croitre en hauteur ; la tige grossit peu ; sa nourriture est dévorée par les branches inutiles, ou enlevée par l'évaporation si le sol est trop aéré.

Pépinières. — Le moyen de procurer aux plants de fortes racines est de les placer dans une pépinière de transplantation avant de les mettre à demeure. Le plant des pépinières est infiniment préférable à celui qu'on lève à l'ombre des taillis ou des arbres dans les forêts.

Les pépinières forestières ne doivent être placées ni dans un sol trop riche, ni dans un terrain trop aride. Les graines lèvent plus facilement, et les plants se conservent mieux dans un terrain léger que dans un sol compacte.

Une pépinière qui renferme du terrain humide et du terrain sec présente l'avantage d'élever des plants de nature diverse.

Les herbes doivent être soigneusement extirpées et brûlées. On peut rejeter la terre des allées sur les planches, et assainir quelques parties par des fossés couverts.

Les replantations successives dans des bâtardières sont d'ingénieuses inventions qui ont pour objet de rendre la culture des arbres plus compliquée et plus dispendieuse ; cependant il faut convenir qu'elles rendent la réussite du plant mieux assurée, surtout celle des espèces à feuilles caduques.

Préparation du terrain et écobuage. — Les terrains destinés à recevoir les plants tirés des pépinières sont ordinairement défoncés à la charrue.

Avant de planter, on brûle le gazon après l'avoir fait sécher, et on aide à la combustion en employant de la bruyère sèche. On peut couper le gazon en tranches, au moyen d'un rouleau armé de lames tranchantes que l'on charge d'un fort poids en pierres.

On juge du degré convenable de cuisson par la couleur de la flamme ; la combustion est convenablement opérée aussitôt que les morceaux de gazon sont réduits en petites parcelles qui retiennent une couleur jaune ou rouge ; les cendres possèdent alors toutes leurs qualités fécondantes.

Une chaleur trop forte altérerait cette qualité. Une condition essentielle, c'est que le gazon soit bien desséché avant d'être soumis à la combustion.

La terre n'est pas seulement améliorée par les cendres, mais par l'action de la chaleur des fourneaux.

Immédiatement après que l'incinération est terminée, on creuse des trous d'un fer de bêche de profondeur, et on mélange les cendres avec la terre.

La véritable saison pour entreprendre le défoncement et l'écobuage est la mi-mai. On a remarqué qu'un intervalle de trois ans, entre cette dernière opération et celle de la plantation, favorise la crue du plant forestier.

La bruyère et le genêt doivent être arrachés lorsque ces plantes sont pourvues de fortes racines, car l'écobuage serait alors insuffisant pour les détruire.

Les clôtures que l'on emploie ordinairement sont des fossés dont le bord intérieur est surélevé avec des mottes gazonnées, ou des pierres disposées de manière à former un talus fortement prononcé. Une clôture sèche peut durer assez pour que le plant craigne peu les attaques du bétail, lorsque cette espèce de haie est tombée de vétusté.

Epoque des plantations. — Lorsque la terre est sèche et suffisamment couverte, il est plus avantageux de planter en automne qu'au printemps ; mais, dans les terres humides qui se soulèvent pendant la gelée, ou dans un sol découvert, il vaut mieux planter au printemps.

Les plants d'arbres résineux doivent être mis en place lorsqu'ils ont deux ans ; la réussite est mieux assurée que si le plant était plus âgé, et on gagne beaucoup sur les frais.

Les arbres à feuilles caduques reprennent encore à l'âge de dix ou douze ans ; les arbres résineux périssent en grande partie, si on les plante à cet âge par les procédés ordinaires.

De l'arrachement. — Il ne faut pas choisir dans une pépinière les plants les plus forts ; on rejettera tous ceux qui sont venus dans un état trop serré, et qui sont mal pourvus de racines ou languissants ; la flétrissure des feuilles, les taches sur l'écorce, la faiblesse du dernier jet sont des signes de défectuosité.

Les plants seront arrachés par un temps sec ; on conservera les racines le plus soigneusement possible ; on coupera proprement l'extrémité de celles qui sont endommagées, et l'on retranchera une partie des branches inférieures de la tige. La plantation doit suivre l'arrachement d'aussi près que possible ; on recouvrira les racines de terre si on ne plante pas immédiatement.

Les mélèzes sont assez forts pour être transplantés lorsqu'ils ont quarante millimètres de haut, et les sapins lorsqu'ils ont atteint l'âge de deux ans.

Manière de planter. Les trous destinés à recevoir les plants doivent être assez spacieux pour que les racines puissent s'y étendre librement ; mais, pour éviter des frais trop considérables et assurer le succès, on choisit de très-jeunes plants que l'on repique non au plantoir, mais avec un instrument dont nous parlerons plus bas.

Dans un terrain cultivé, on peut planter à la bêche en levant la terre de manière à laisser l'espace nécessaire pour placer ce plant ; on la laisse retomber ensuite et on la foule. Une seule personne peut planter cinq à six cents plants par jour.

On a inventé un outil dont l'emploi est très-expéditif ; un homme peut planter trois à quatre mille plants par jour ; cet outil ressemble à une très-petite bêche que l'ouvrier manie d'une seule main, tandis qu'il place le plant de l'autre et le consolide avec le pied. Les frais sont réduits des trois quarts. Ce système n'est praticable que pour les plants qui n'ont pas plus de deux ans et dans les terrains ameublis.

Dans les marais, on évitera de faire les trous dans le sol, mais on les ouvrira dans la terre extraite des fossés.

On met ordinairement huit à neuf mille plants par hectare. Les personnes qui voient superficiellement ont regardé ce nombre comme trop considérable, parce qu'alors il ne faut pas tarder à éclaircir la plantation. Cependant l'expérience prouve que les plantations abritées sont préférables aux autres ; elles doivent être épaisses, sauf à les éclaircir ensuite, et d'autant plus épaisses, que le sol sera d'une moins bonne qualité.

Si les plants sont trop chers, on les mettra à la distance où ils doivent définitivement rester, mais on remplira les intervalles de pins, bois blancs, etc.

La coutume de planter les arbres en lignes droites comme des rangées de choux a été abandonnée avec raison. Une telle disposition donnait entrée aux vents et favorisait l'évaporation de l'humidité du sol.

Dans les terres meubles et légères, il ne faut pas faire les trous d'avance.

Assujettir fortement les plants dans la terre pour leur donner une position parfaitement verticale, étendre les racines sur toute leur longueur, rogner proprement celles qui sont brisées, telles sont les précautions que ne doit point négliger le planteur.

Du choix des espèces. La convenance d'assortir le choix des plants à la nature du sol est reconnue par tout le monde; mais la plupart des règles posées par les auteurs sont démenties par l'observation. Cependant on peut recourir à quelques faits généraux :

Le pin sylvestre ne vient pas bien dans les terrains humides ni dans les sols argileux et compactes. Il croit parfaitement dans les terrains granitiques les plus secs. Son bois est poreux dans les sols riches.

Le mélèze craint moins les terres compactes et vient aussi moins bien dans les terrains légers et arides.

Le sapin aime l'humidité ou au moins la fraîcheur; c'est pour cela qu'il prospère sur les pentes des montagnes argileuses où l'on voit l'eau suinter à la surface du sol.

Le chêne est l'un des arbres qui réussissent le mieux dans les terrains de diverses natures. Il supporte un degré considérable de sécheresse et d'humidité.

Le frêne aime les terres légères, surtout les sols d'alluvion. Il vient mal dans les terres argileuses où l'orme prospère, pourvu qu'il y ait de l'humidité.

Le bouleau se trouve depuis le sommet des montagnes jusqu'aux vallées.

Les terrains montueux et pierreux seront plantés

de chênes, de pins et de sapins mélangés. Les racines de ces derniers arbres s'étendent à la surface, tandis que celles des chênes s'enfoncent dans les crevasses des rochers ; mais cette association ne dure que jusqu'à l'époque où les pins sont bons à exploiter, et les chênes demeurent sur le sol.

L'exposition du nord est, en général, meilleure pour les arbres que celle du midi.

La hauteur du sol où l'on plante doit, plus encore que la nature du terrain et l'exposition, être prise en considération. Il faut aussi distinguer les montagnes abritées de celles qui ne le sont pas.

Un terrain couvert de genêt est ordinairement assez fertile pour la culture du bois ; il y est très-propre si cette plante a une haute stature. On tire de la présence de la fougère les mêmes indications.

Abatage des bois. En abattant les jeunes chênes dont les souches doivent donner des rejetons qui fourniront de nouveaux arbres, l'emploi de la scie doit être recommandé. On prétend que la percussion répétée de la cognée tend à briser les petites racines. On doit les traiter de manière que l'eau ne puisse s'insinuer entre le bois et l'écorce (1).

(1) Le ravalement des souches, tel qu'il s'exécute en France et en Angleterre, fait sortir les rejets près de terre, de manière qu'ils sont pourvus de leurs propres racines et qu'ils ne tirent pas leur nourriture uniquement de la souche ; mais plusieurs espèces d'arbres ne souffrent pas cette amputation ; elle fait périr le hêtre, et, dans la plupart des autres espèces, affaiblit la faculté productive de la portion restante de la souche. Cependant elle convient assez bien pour le charme, qui se reproduit facilement ; elle ne nuit point au tremble ; mais les sou-

La souche est ensuite abandonnée à elle-même pendant deux ou trois ans ; on éclaircit alors les rejets de manière à en laisser six à huit sur chaque souche. Cette opération se fait à l'aide d'un ciseau dont le manche a environ deux pieds de long, et d'un maillet en bois. L'ouvrier plie et contient les rejets avec le pied, place le ciseau à l'insertion des rejets sur la souche et frappe de son maillet de manière à abattre les rejets. C'est la meilleure manière de les couper près de la souche. Un ouvrier peut élaguer de cette manière mille souches par semaine.

Les rejets restants doivent être soigneusement élagués. Si l'on dégarnissait la souche tout d'un coup en ne laissant que le nombre de brins qui doit définitivement demeurer, elle aurait assez de force pour

ches d'orme, de frêne, de tilleul, d'aune, lorsqu'elles sont intactes, fournissent une grande quantité de bois taillis. Une condition essentielle de réussite est que l'exploitation des bois qui partent de ces souches soit faite de manière que les rejets sortent du pied des brins coupés, comme on le voit sur les têtes de saules.

C'est incomparablement la meilleure méthode pour obtenir des produits considérables ; toutefois, lorsque ces souches sont sur leur déclin, ce que l'état de leurs derniers rejetons indique parfaitement, il faut les ravaler près de terre au risque de les voir périr. Dans ce système d'exploitation, il est indispensable de pourvoir au repeuplement par des nettoiements qui permettent le développement des semis naturels.

L'expérience journalière apprend qu'une souche non entamée conserve infiniment plus de force de végétation que celle qui a subi une coupe transversale. Un bois taillis qui serait composé entièrement de grosses souches non entamées produirait beaucoup, surtout si l'on prenait la précaution d'abattre tous les rejets surabondants, ainsi que le pratiquent les forestiers anglais.

pousser de nouveaux jets qui ne feraient qu'un sous-bois inutile.

La même souche peut porter plusieurs tiges, parce que la force de l'accroissement est à peu près la même que si l'arbre n'eût pas été coupé ; cette force peut suffire à produire cent brins dans la première année ; la seconde, il en restera quatre-vingts et ainsi de suite. Il faut les abattre au lieu d'attendre qu'ils tombent naturellement.

L'expérience suivante, faite par un habile observateur, doit être consignée ici : Un peuplier avait été étêté ; chaque année ensuite, on avait coupé tous ses rejetons, excepté celui du milieu. En trois ans ce rejeton est devenu une tige de quatorze centimètres de diamètre et de cinq mètres de haut avec de fortes branches qui à elles seules étaient plus fortes et plus nombreuses que celles que le tronc aurait fournies dans le même espace de temps.

On peut ranimer les vieux arbres en défonçant la terre autour du pied et en la remplaçant par de la chaux mélangée de terreau ; bientôt des rejetons viennent donner à l'arbre déjà flétri par le dessèchement du sommet des branches une sorte de vigueur.

Monteath a essayé d'enlever des lambeaux d'écorce à des distances régulières sur les troncs d'arbres coupés, afin de limiter le nombre des rejets. Cette méthode peut avoir ses avantages.

Destruction des espèces inférieures. L'avantage d'avoir des bois uniquement peuplés de chênes a inspiré l'idée d'extirper les espèces inférieures. Voici la méthode la plus sûre et la moins coûteuse.

Faites couper pendant l'été, ou pendant que l'on

procède à l'écorcement, tous les plants que vous voulez extirper.

Aussitôt que ces plants seront abattus, un ouvrier, muni d'un outil en fer propre à peler ou écorcer, dépouillera la souche et les racines de leur écorce le plus profondément possible.

L'instrument sera dirigé de manière que l'écorce soit enlevée tout autour de la souche jusqu'au-dessous de la surface du sol. Ce travail étant bien exécuté, son effet sera immanquable, et tout le travail qui se faisait après l'exploitation pour détruire les rejets du mortbois, pour en arrêter la croissance, sera désormais inutile, car presque toutes les souches ainsi traitées périront.

De l'élagage. Suivant quelques auteurs, l'élagage ne convient pas aux pins ni aux mélèzes, ni en général aux arbres résineux.

Cependant Pontey soutient que l'on peut sans dangers élaguer les arbres résineux, chez lesquels la résine couvre et ferme la plaie. Cruiskank soutient le contraire.

Les instruments propres à l'élagage sont le ciseau armé d'un long manche et la scie; les haches et les serpes ne doivent être employées sous aucun prétexte; car il est presque impossible de s'en servir sans endommager l'écorce.

Les arbres doivent être élagués dès leur jeunesse et même en pépinière. L'élagage tardif laisse toujours dans l'arbre des traces que l'on aperçoit lorsqu'il est mis en œuvre. Cette opération sera répétée tous les deux ans. Il y aura très-peu de branches à enlever, quelquefois une seule, quelquefois deux ou trois.

On a remarqué qu'il est avantageux d'élaguer les arbres en été dans le temps qui s'écoule entre les deux mouvements de la séve. La plaie exsude un fluide gommeux qui se coagule et la ferme.

Ébourgeonnement. Quelques forestiers pensent qu'il faudrait substituer l'ébourgeonnement à l'élagage, en enlevant tous les bourgeons inutiles qui croissent sur la tige après un élagage fait dans la jeunesse de l'arbre.

Leur opinion est que la plaie de l'élagage ne se recouvre jamais lorsqu'il y avait déjà du bois dur ou du bois rouge dans la branche, mais qu'elle se guérit facilement lorsque la jeune branche n'est encore qu'un bois tendre.

Nouvelle culture du chêne. Le premier soin à prendre, quelques années avant de semer le gland, est de planter des pins sylvestres ou des laricios pour couvrir le sol. Ces plants, âgés de deux ans, doivent être espacés de quatre pieds. On attendra cinq ans avant de semer le gland, de manière que ces arbres protecteurs aient au moins atteint quatre pieds de hauteur.

Cet abri protége les jeunes chênes contre la violence des vents, contre les gelées et les dégels subits et contre l'ardeur du soleil. Le revenu de cette plantation fait d'ailleurs attendre celui des chênes.

On se trouvera bien de mettre de la chaux dans le terrain où le gland sera placé. On plantera cinq glands dans chaque trou, à un pied les uns des autres, en en mettant un au centre ; on les couvrira d'un pouce de terre. La chaux se prépare comme on le fait pour les autres cultures.

Les glands doivent être plantés épais, car les souris en dévorent une partie, le gibier ronge le plant, etc.

Après la deuxième année, il faut arracher les plants superflus ou nuisibles. On peut les couper à trois pouces au-dessous du sol avec un instrument semblable à celui qui sert à sarcler les blés, mais plus tranchant. Un homme peut nettoyer ainsi plusieurs acres par jour.

On élague les arbres protecteurs; on les coupe même au besoin. Les jeunes plants de chênes sont soumis à l'élagage dès qu'ils ont l'âge de cinq ans.

Les plants venus de glands et non transplantés deviennent, dans un temps égal, beaucoup plus forts que ceux qui ont été transplantés.

Une broussaille de houx, épines, etc., peut très-bien être plantée de chênes, en laissant subsister une assez grande quantité de ces arbrisseaux pour former un ombrage.

CHAPITRE III.

DE LA CULTURE DES FORÊTS COMBINÉE AVEC L'AGRICULTURE.

L'attention des agriculteurs, des forestiers et des économistes allemands s'est portée sur un nouveau système d'économie forestière et champêtre qui est établi jusqu'à un certain point dans la Flandre française, et sur lequel M. Cotta a fait un excellent traité. Les principes sur lesquels il s'appuie sont incontesta-

bles, les moyens reposent sur l'expérience ; les résultats sont aussi certains qu'avantageux. Il n'y a guère
d'autres obstacles à l'exécution complète de ce plan
que la force d'inertie et que l'absence d'un besoin
assez impérieux et assez urgent pour la vaincre.

Il s'agit de répartir les forêts selon les besoins du
pays, selon la nature du sol, de céder à l'agriculture
les parties des forêts qui lui conviennent, de placer
les arbres où ils viendraient le mieux, de rendre la fertilité à un sol épuisé, de cultiver celui qui est engraissé
par un long repos et par l'accumulation de débris
végétaux, et de remplir dans ces différentes transfor-
mations la condition essentielle que la terre ne cesse
jamais de produire des végétaux utiles.

Tel est, quant à son objet, le plan de M. Cotta. Il
embrasse à la fois et l'agriculture et la culture forestière. C'est l'enseignement d'une meilleure direction
donnée au travail. Il se rapporte donc à tout ce qui
compose la richesse d'un État.

C'est en vain qu'en France les sociétés d'agriculture, les économistes, les écrivains forestiers enga-
gent à planter d'arbres les bords des ruisseaux et des
chemins. On ne fera jamais de vastes plantations tant
que la culture ne s'étendra pas à son tour sur le domaine forestier par le mélange des plantes de toute
espèce.

Nous allons présenter ce système, que M. Cotta appelle du mot allemand *baumfeldwirthschaft*, que nous
traduirons : *alliance de la culture des bois à celle
des champs*, faute d'une autre expression qui nous
paraisse plus convenable.

Nous diviserons le sujet en plusieurs articles.

§ 1er.

Exposé de la méthode.

Le but de nos efforts est d'augmenter la quantité des récoltes de blé et la quantité des bois : nous remplirons ce double objet en combinant la culture des champs avec la culture des forêts.

Nous allons exposer notre méthode :

1° On choisit une forêt propre à l'objet que l'on se propose, on la divise en un certain nombre de coupes déterminé d'après les rapports du terrain, du climat et de l'espèce d'arbre que l'on veut élever.

2° Chaque année, on abat le bois de l'une de ces coupes, on la défriche, et on en dispose le sol pour la culture des céréales. On traite et l'on cultive ce terrain défriché comme un champ ordinaire.

3° On choisit ensuite une espèce d'arbres convenable au lieu, au but que l'on veut atteindre et aux besoins locaux. On plante ces arbres en raies dans le sens des sillons, de manière que les rangées soient espacées entre elles de 10 à 30 mètres, selon que l'on aura plus ou moins besoin de bois, de fourrages ou de grains.

Les tiges des arbres qui formeront ces rangées seront éloignées entre elles de 2 pieds et demi à 4 pieds. (Le pied est de 28 centimètres.)

4° Entre ces rangées d'arbres on cultivera du blé ou d'autres plantes, tant que les arbres ne s'y opposeront pas.

5° Aussitôt que les arbres seront assez gros pour se nuire mutuellement, on en coupera la moitié.

6° On cessera de cultiver le terrain lorsque les arbres porteront un ombrage nuisible aux récoltes ; on continuera d'en couper jusqu'à ce qu'il ne reste que le nombre convenable ; l'espèce des arbres et le but que l'on se proposera détermineront l'espace définitif qu'ils doivent occuper et leur distance respective.

7° Quand les arbres ont atteint l'âge déterminé, on les coupe, on arrache leurs souches, on en replante d'autres ; mais on les place dans les lignes où l'on avait auparavant planté les céréales, et ensuite on récolte des céréales dans les lignes où étaient les arbres.

8° On dirige autant que possible les rangées d'arbres du midi au nord ; elles doivent être espacées de manière à permettre facilement la culture des champs ou des prairies artificielles.

Les motifs qui déterminent le choix des espèces d'arbres sont l'emploi que l'on veut faire des fruits ou du feuillage pour nourrir le bétail, et plus encore l'utilité respective des bois dans chaque localité.

Il est essentiel de ne choisir que les parties de forêt qui conviennent par leur situation, leur exposition et leur voisinage des habitations.

Et, comme il y a beaucoup de forêts qu'il sera avantageux de convertir en terres labourables, il y a aussi beaucoup de terres qui seront propres à être plantées et que l'on plantera, lorsque la pratique de l'association des cultures sera bien connue.

Nous ajouterons quelques détails sur le mode d'exécution :

Les espèces d'arbres à planter de préférence sont les bouleaux, les pins, les mélèzes et les cerisiers.

On sème et l'on transplante le bouleau à peu de frais et avec la plus grande facilité. On peut semer aussi les pins et les mélèzes par rangées, et après quelque temps on arrache les plants superflus, de manière que ceux qui restent soient espacés comme s'ils avaient été transplantés.

Lorsque les arbres grandissent, on les éclaircit, en enlevant successivement ceux qui empêchent les autres de croître. On arrache leurs souches, et l'on cultive des céréales à leur place partout où cela est praticable.

En cessant de cultiver le blé, on sème, avec celui de la dernière année, des graines de foin, de trèfle et de sainfoin.

Les arbres cultivés sont soumis à l'élagage, s'ils en ont besoin.

<h2 style="text-align:center">§ 2.</h2>

Principes sur lesquels reposent les moyens et le succès de la méthode.

1° Le terrain devient plus fertile quand il est travaillé, remué et exposé à l'influence de l'air : c'est une vérité sur laquelle il ne peut y avoir de doute. Planter en bois des terrains qui n'ont été améliorés par aucun labour, c'est presque toujours travailler en pure perte.

2° La croissance d'un arbre isolé est bien plus vigoureuse que celle d'un arbre de la même espèce qui croît au milieu d'un bois (1). Des comparaisons nombreuses prouvent que l'on pourra couper à 60 ans les

(1) Tout le monde est à portée de reconnaître que les taillis qui ne forment que des boqueteaux d'un demi-hectare ou d'un quart d'hectare rendent le double des taillis qui croissent au fond d'un grand massif serré.

arbres que l'on coupait à 120 ans dans les forêts, sans que le produit du bois diminue.

3° On obtient des productions plus abondantes en alternant la culture des différentes espèces de plantes.

Il est certain que si une terre épuisée par des récoltes successives de blé est plantée en bois, et qu'elle reste quarante ans dans cet état, les céréales y croitront avec plus de force qu'auparavant, et sans engrais pendant longtemps.

Il est bien reconnu que l'on replanterait en vain des arbres fruitiers et des vignes dans un endroit où il en existait d'autres peu de temps auparavant.

On peut rapporter un fait important à l'appui des principes posés par M. Cotta. Lorsque dans l'Inde la terre est épuisée par des récoltes d'indigo, on plante des arbres uniquement pour lui rendre la fécondité qu'elle a perdue; au défaut des arbres, on couvre les champs qui sont usés de plants de lianes dont les branches rampantes conservent la fraîcheur de la terre. Tout ce qui couvre le sol a la propriété d'en conserver la fertilité. Un tas de pierres placé au pied d'un arbre en accélère l'accroissement.

§ 3.

Exemples à l'appui de la méthode.

Le département du Nord n'a presque point de forêts; cependant, il possède assez de bois parce que l'on élève des arbres dans les champs. Nous avons déjà parlé de l'état agricole et forestier de cette riche province.

En Souabe, en Franconie, les champs offrent un aspect, magnifique parce qu'ils sont mélangés d'arbres.

Dans les États de Siegen, de Darmstadt, et dans d'autres pays, on cultive le blé en pratiquant des essarts au milieu des forêts.

Cette culture offre cependant incomparablement moins d'avantage que notre culture combinée. En effet, on n'a dans ces contrées pauvres qu'une seule récolte, ou deux au plus, que l'on obtient à grande peine sur un mauvais terrain couvert de baliveaux, tandis que l'association des cultures donnera un grand nombre de bonnes récoltes avec moins de travail qu'il n'y en a dans les essarts, où il faut piocher la terre au lieu de la labourer.

Dans plusieurs parties de l'Allemagne, on trouve des plantations de pins faites depuis quelque temps. Il en est une, âgée de soixante-dix ans, dans laquelle aucun plant n'a manqué. Les tiges n'ont de branches qu'à soixante-dix ou quatre-vingts pieds de hauteur. Cette forêt, qui est plantée régulièrement, a, d'après les observations et les calculs de M. Hartig, un avantage très-important sur les forêts de même âge et de même nature qui ne sont pas plantées symétriquement : c'est de fournir au moins un tiers de bois de plus que celle-ci. (Le rapport de leurs produits respectifs est de six mille cinq cent cinquante à neuf mille cent cinquante.)

On fait des rapprochements d'où l'on induit que des pins plantés régulièrement à une distance de douze pieds de Dresde (pied de vingt-huit centimètres) donneront, à quarante-quatre ans (moitié de l'âge auquel on coupe ces arbres ordinairement), plus de volume que n'en donneraient des arbres de la même espèce âgés de quatre-vingt-huit ans, qui croissent dans une forêt ordinaire.

On est dans l'usage, en Prusse, de défricher, de labourer et de cultiver en blé de grandes étendues de forêts. Cette culture dure deux ou trois ans ; ensuite on sème des graines forestières. Les cultivateurs y trouvent une assez grande ressource pour payer leur fermage, et même pour labourer le terrain au moment où il doit recevoir la semence forestière qu'ils fournissent en partie.

En Poméranie, on exploite par places des arbres de vingt ans dans une forêt de pins ; et, après plusieurs récoltes de blé, le terrain est abandonné pour être ensemencé par le bois voisin.

§ 4.

Avantages de cette méthode.

1° Un arbre, dans la première moitié de sa vie, a beaucoup moins besoin d'espace que lorsqu'il commence à atteindre sa grosseur, et l'on peut, sans lui nuire, cultiver d'autres plantes dans l'espace qu'il doit occuper un jour.

Tant que les tiges sont encore petites, on peut utiliser pour ainsi dire tout le terrain où elles se trouvent. On obtient ainsi des produits que ne peut donner le système actuel. On récolte continuellement du blé, du fourrage et du bois ; tandis que, dans les forêts ordinaires, ce n'est que de loin en loin que l'on revient exploiter les bois dans le même endroit.

2° Quand la culture des céréales devient moins profitable par l'accroissement des arbres, alors succède le pâturage des bestiaux dans les lieux fertiles en herbages. Ce pâturage ne peut nuire aux arbres, puisqu'ils sont déjà grands, et même l'on peut, sans inconvénient, y admettre les moutons. Une augmentation de pâtures est très-importante, car c'est une addition d'engrais pour les terres.

Il est reconnu qu'un terrain labouré produit de l'herbe de bonne qualité, et en quantité beaucoup plus considérable que celle qui est produite par une prairie naturelle ou artificielle, dépourvue de fraîcheur ou d'ombrage ; car, dans les terrains qui ne sont pas naturellement humides, l'herbe ne vient pas bien, à moins qu'il n'y ait une plantation d'arbres. C'est ce que l'on peut observer dans les vergers. Ainsi des plantations bien combinées donneraient de la fertilité à des terrains secs et stériles.

La force productive d'une terre usée par une longue culture n'est point épuisée aussi longtemps qu'un arbre peut y croître. Les pins réussissent dans des terrains usés et entièrement amaigris.

3° Lorsque les fourrages sont rares, on peut enlever une partie des feuilles des arbres pour en nourrir les troupeaux, ce qui aura une double utilité : celle d'émonder les arbres et celle de procurer de la nourriture au bétail. Les aiguilles des arbres résineux servent d'engrais ; celles des mélèzes, surtout, sont excellentes.

4° Le chêne et le hêtre, par l'influence de la culture et de l'isolement, produiront beaucoup plus de glands et de faînes que dans les forêts ordinaires.

On peut planter des noyers, des pommiers, des poiriers, qui, après avoir donné longtemps des fruits pour les hommes et pour les animaux, fournissent des bois lorsqu'on les coupe. Un champ d'arbres fruitiers est, sans contredit, ce qui rapporte le plus grand produit. Le prétendu dommage que ces arbres causent aux champs ne repose que sur des préjugés.

5° Lorsque les produits agricoles seront diversi-
fiés, les mauvaises récoltes seront moins à craindre.
Si les céréales manquent, on a les fruits des arbres ;
si l'un et l'autre manquent, on a l'herbe pour nourrir
le bétail, et, avec le prix du bétail, on achète du blé.

On aurait pu faire observer, à cette occasion, que
c'est moins la cherté du blé qui est fâcheuse que le
défaut de moyens d'en acheter. Il n'y a jamais de
disette lorsque les communications sont établies d'un
pays à l'autre, parce que les récoltes ne manquent
pas en même temps partout ; mais il faut procurer
du travail aux ouvriers, et faire naître des produits
échangeables contre du blé.

6° Si l'on plante dans des champs bien labourés
des pins de cinq ans et si on les préserve du bétail,
ils acquerront, dans l'espace de sept à huit ans, une
telle force, que les animaux ne pourront presque plus
leur nuire.

Mais les arbres plantés dans des pâturages incultes
sont presque toujours endommagés par le bétail ou
même par les bergers ; et, si l'on y interdit le parcours, l'herbe est perdue, et la plantation est exposée
aux dégâts. Il en est autrement en traitant ces terrains d'après les principes de la culture combinée,
parce que toutes les parties de terres incultes peuvent
être livrées au parcours.

7° L'odieuse restriction des droits de propriété relativement aux défrichements cessera. Les lois prohi-
bitives deviendront superflues, car on aimera mieux
cultiver des bois dans les terres où ils conviendront
que d'autres plantes qui rapporteraient moins.

S'il y a des forêts qu'il serait avantageux de cultiver en céréales, il y a beaucoup de terres qui seraient propres à être plantées en bois en suivant les principes de notre méthode, d'après lesquels les plantations seraient bien moins dispendieuses que celles qui se font ordinairement.

L'association de cultures pourrait donc s'établir immédiatement dans les places vagues des bois, lesquelles sont immenses dans plusieurs provinces, et ne peuvent se repeupler par des plantations immédiates, parce que le sol est durci, couvert de mousse et rebelle à la culture, et qu'il faudrait le labourer pendant plusieurs années pour le rendre un peu fertile.

8° Dans les forêts proprement dites, le même régime s'étend à des terrains de natures diverses ; mais, dans notre système, chaque partie du sol sera utilisée de la manière la plus convenable ; le plus petit espace sera planté du bois qui lui conviendra, et chaque espèce d'arbres sera à sa place.

9° La température sera adoucie; car les contrées qui souffrent des vents du nord et de nord-ouest obtiendront par les plantations un abri salutaire. Les terrains légers, secs, épuisés seront améliorés par le voisinage des arbres qui donnent un ombrage modéré ; les mauvais champs rapporteront quelque chose, puisqu'ils seront convertis en bois au lieu de rester en friche.

10° Un avantage capital, c'est que le terrain des parties de forêt récemment défrichées pourra être utilisé sans engrais pendant trois ans et même plus longtemps. Il en résultera pour l'agriculture une addition de paille et fourrages.

Le résultat total sera une plus grande quantité de

produits en grains, fruits, pâturages, bestiaux et bois, et par conséquent une augmentation de la richesse générale ; un plus grand nombre de mains laborieuses seront employées. Le paysage sera embelli par la plantation des arbres ; le climat même en sera amélioré sous le rapport de la température, de l'échauffement du sol et de l'air environnant, et sous le rapport de la fertilité.

11° Qui ne voit que les forces végétales de la terre sont presque entièrement perdues dans les premières années d'un taillis, qu'elles ne sont prodiguées que pour s'entre-détruire ? Le luxe de la végétation est en pure perte ; car les dix-neuf vingtièmes des brins doivent périr inutiles, et ne font que nuire à l'accroissement des autres. La culture combinée assure l'avantage d'employer utilement toute la force végétale sans en rien perdre.

12° L'un des avantages de la disposition des bois en petits massifs groupés autour des habitations, c'est de tirer parti des plus petits bois, que l'on coupe pour faire des fagots, des liens, des harts, des appuis pour la vigne ou pour les légumes, etc. Il n'est pas rare d'en couper tous les ans pour 15 à 30 fr. par hectare dans les taillis qui ont plus de dix ans. C'est augmenter le revenu de moitié. Ces petits brins sont, en effet, perdus dans les grandes forêts, les frais de transport à des distances éloignées étant trop considérables.

13° C'est l'augmentation et l'amélioration des produits matériels qui font la richesse publique et particulière. La nouvelle méthode peut seule encourager les propriétaires à cultiver et à entretenir les forêts de manière à obtenir le maximum des produits. L'économie forestière actuelle est telle qu'il y a nécessité de se servir, pour le chauffage, de bois propres à la charpente ; mais la culture combinée appropriera les productions aux besoins.

§ 5.

Objections contre la méthode de la culture combinée, et réponses à ces objections.

Première objection. Les arbres isolés ont beaucoup plus de branches et moins de valeur que les autres.

Réponse. Par notre méthode, on a beaucoup plus de facilité d'avoir des arbres meilleurs sous ce rapport que dans les forêts ordinaires ; car, parmi des milliers de pins venus en masse, à peine en trouvera-t-on un qui donne des planches sans nœud, parce que l'on n'a pas pris le soin d'enlever les branches mortes, et qu'elles restent plusieurs années sur la tige ; mais, par un élagage bien fait, on obtient des planches tout à fait lisses et sans nœud. D'ailleurs il faut quelques arbres gros et courts pour certains emplois, et ils sont même plus chers que les autres.

Les arbres isolés sont plus durs, plus durables, plus denses que les arbres venus en massif.

Deuxième objection. Par l'application de cette méthode, le climat et le terrain doivent se détériorer à la longue ; car l'influence du soleil diminuée, les vapeurs retenues, le sol refroidi seraient autant d'inconvénients inévitables.

Réponse. C'est ce qui arrive dans les forêts où le bon terrain se revêt de gazon, où le mauvais se couvre de bruyères et de mousse. Il en est autrement par notre méthode ; car, plus on travaille le sol, plus on le remue, plus les mauvaises herbes disparaissent, et par là le terrain, exposé à l'action des météores, ne cesse de s'améliorer. Il y a une foule d'exemples de forêts défrichées où le bois ne pouvait pas venir, et dont le sol porta des fruits lorsqu'il fut exposé à l'air. La culture combinée a pour but de ménager les influences favorables, d'écarter celles qui sont nuisibles, et de répartir les arbres et les céréales de manière à obtenir les plus grands produits possibles, de rendre de l'humidité aux terres desséchées, d'ouvrir des clairières dans les forêts trop humides, de cultiver des fourrages dans les lieux où le blé ne viendrait pas bien : ainsi cette culture, qui cesse lorsque les arbres sont trop grands, ne peut exercer qu'un effet salutaire.

Troisième objection. Le travail et les frais seront trop considérables ; et, déduction faite, il restera peu ou il ne restera point de profit.

Réponse. Ces travaux et ces frais entrent dans notre plan. Il y aura des salaires pour la classe ouvrière et du profit pour les propriétaires.

Quatrième objection. Les terres labourables déjà existantes sont bien loin d'avoir l'engrais nécessaire; il vaudrait mieux les améliorer que d'en défricher de nouvelles. En Saxe même, les terres cultivées reçoivent à peine les deux tiers de l'engrais qui leur est nécessaire. Par conséquent, la culture combinée produirait moins de grains et de bois au lieu d'en rendre davantage.

Réponse. Cette objection pourrait avoir quelque valeur si la production des engrais n'augmentait pas dans la même proportion que l'agrandissement des champs cultivés.

Le terrain reposé des forêts a bien moins besoin d'engrais que les champs ordinaires; il peut même s'en passer assez longtemps. On en aurait à peine besoin dans des terres qui rapporteraient et se reposeraient alternativement. L'épuisement ne serait jamais à craindre.

Cinquième objection. On ne doit souffrir aucun arbre dans les terres labourées : ces grands végétaux y sont toujours nuisibles; leur voisinage épuise singulièrement les céréales. Par conséquent, il ne faut point de champ dans les forêts.

Le blé vient quelquefois très-beau sous les arbres répandus au milieu des champs, mais c'est lorsque les troupeaux se sont reposés sous leur ombre.

On ne pourrait, dans cette culture combinée, labourer les champs en travers, labour qui est cependant d'une grande utilité pour extirper les herbes, et notamment le chiendent.

Réponse. Il ne s'agit donc que d'avoir assez d'engrais pour que la culture soit profitable dans les champs bordés d'arbres. Dans beaucoup de contrées de l'Allemagne, on aurait même pu ajouter de la France, les terres sont partagées en si petits morceaux, que des labours croisés ne peuvent avoir lieu.

D'ailleurs, si l'on supporte l'inconvénient des lisières couvertes d'arbres, on a le profit de la culture. En rejetant une chose utile, vous évitez, à la vérité, les désavantages qui la suivent; mais vous vous privez aussi des bénéfices qu'elle procurerait. Il y a une infinité de choses qu'il n'est possible d'obtenir qu'à certaines conditions.

On pourrait croire que l'une des principales raisons qui ont fait naître les objections qu'on vient de lire est que les forestiers imaginent que l'on veut soumettre toutes les forêts à la culture combinée, tandis que les agriculteurs croient, de leur côté, qu'il s'agit de garnir d'arbres tous les champs propres à produire du blé. Rien n'est plus opposé à l'esprit de la méthode, qui est d'agir lentement et avec discernement.

§ 6.

Modifications proposées par M. Gablenz.

On destinerait exclusivement à la culture des arbres la plus grande partie des terres qui ne sont pas bonnes pour l'agriculture, et qui sont susceptibles de la culture forestière. Quelques emplacements choisis seraient destinés aux arbres fruitiers.

Tout terrain qui est propre à la culture combinée des céréales et des fourrages serait alternativement cultivé en blé, en prairies artificielles et en bois.

Un propriétaire de champs et de bois posséderait de la manière suivante :

Supposons qu'il ait cent arpents tant en bois qu'en terrain cultivé ; il les partagera en vingt-quatre ou trente portions égales ; il en destinera douze à quinze à la culture des blés et des fourrages, et douze à quinze à la culture des bois. A la fin de la période de la culture des champs, il sèmera des graines forestières avec de l'orge ou de l'avoine.

On exploitera des bois de douze à quinze ans ; ensuite on les défrichera, et l'on cultivera le terrain pendant quinze ans sans engrais. Ensuite on le remettra en bois. C'est à peu près ce qui se pratique en Poméranie (1).

On trouve dans l'ouvrage de M. Cotta des plaintes sur la dévastation des forêts, qui est représentée comme un fléau plus redoutable que la guerre et la famine, maux très-grands sans doute, mais passagers; tandis que les désastres des forêts s'accroissent avec le temps. Les peuples rétrograderont dans la civilisation si l'on ne remédie pas au défaut de bois par la culture combinée. On cite une partie de la province prussienne de Lithau qui s'appauvrit déjà, parce qu'il y a dans les forêts royales de vastes cantons qui ne portent plus de bois, et dont le terrain demeuré inculte serait excellent pour des prairies et pour des blés.

Les habitants vont couper au loin du bois en fraude, quoiqu'ils sachent d'avance qu'ils seront arrêtés aux postes des gardes, et qu'ils seront obligés de payer l'amende.

Il est impossible de remédier à ce désordre d'une manière efficace autrement qu'en créant des bois à leur portée, ou en leur procurant des moyens de payer celui dont ils ont besoin. Ces moyens, ils ne peuvent les trouver que dans le travail ou dans les productions que ce travail fera naître.

Voilà, en substance, cette méthode dont la publication a excité en Allemagne le plus vif intérêt.

(1) Cette culture ne serait pas trop praticable pour les bois feuillus, attendu qu'un taillis venu de semences rapporte beaucoup moins que celui qui est crû sur de bonnes souches.

Elle nous paraît susceptible d'être appliquée immédiatement en France.

Tous les terrains qui sont épuisés par une longue culture devraient être plantés en bois; le pin aurait la préférence dans les localités où l'on voudrait un jour rendre ces terrains à l'agriculture, parce que ses aiguilles, donnant un excellent engrais, rendent à la terre sa fertilité première.

En terminant ce chapitre nous ferons remarquer que ce système de culture ne présente de grands avantages que pour les terres qui, ne conservant pas un degré d'humidité suffisant, seraient infertiles sans le secours des engrais ou des amendements, à moins qu'elles ne restassent périodiquement en jachères; mais leur étendue forme au moins le tiers de la surface totale du royaume.

CINQUIÈME PARTIE.

DE L'ESTIMATION DES BOIS

ET

DE L'EXPLOITATION DES COUPES.

CHAPITRE PREMIER.

ESTIMATION.

Les usages auxquels on emploie les bois varient selon les localités; ils changent avec les temps; ils sont soumis à beaucoup d'autres influences. Ainsi, dans une année où les récoltes des vignobles sont très-abondantes, on destinera une grande quantité de chênes à fabriquer des tonneaux; dans les années, au contraire, où les vignes sont stériles, les arbres sont débités en planches, ou même en bûches pour le chauffage.

Le degré de rareté d'une espèce d'arbres en porte le prix au-dessus du prix moyen. Le hêtre est inférieur au chêne sous tous les rapports d'utilité; cependant il se vend aussi cher que ce dernier bois dans quelques localités, où celui ci est très-commun, et le hêtre très-rare.

L'érable et les arbres fruitiers se vendent très-bien dans le voisinage des villes, où ils sont employés à faire des meubles; mais, dans les campagnes, ils sont placés au dernier rang des bois d'œuvre.

Le peuplier, le tremble et le bouleau ont, comme bois de charpente, une valeur quadruple de celle qu'ils auraient comme bois de chauffage.

Nous donnerons d'abord un tableau qui représentera la gradation de la valeur du pied cube métrique de chêne, pris pour unité.

CLASSE.	CIRCONFÉ-RENCE moyenne des arbres.	HAUTEUR de la tige.	VALEUR du pied cube métrique.	EMPLOIS dont les bois sont susceptibles.
	pieds métriques.	pieds métr.	fr. c.	
1	9	40	4	
2	9	36	3 50	
3	8	36	3	
4	7	36	2 50	Constructions maritimes.
5	6	32	2 25	Constructions civiles.
6	6	30	2	Ouvrages de fente, comme merrain, latte, boissellerie.
7	6	28	1 75	
8	5 1/2	30	1 60	
9	5 1/2	28	1 50	
10	5	30	1 40	
11	4 1/2	28	1 30	
12	4	27	1 20	
13	3 1/2	25	1 10	Charpente, sciage.
14	3	22	1	
15	2 1/2	22	95	
16	2 1/2	22	90	
17	2	22	85	
18	1 1/2	21	75	Menue charpente et chauffage.
19	1 1/2	20	55	
20	1	»	30	
21	3/4	»	20	Chauffage et charbon.
22	1/2	»	15	

Nous ne pousserons pas plus loin cette table ; il suffit de faire voir que plus les dimensions du bois sont faibles, moins le pied cube est cher, et d'indiquer le terme moyen de la progression décroissante.

Une observation essentielle à faire est qu'un stère de bois de chauffage composé de petites bûches contient beaucoup de vides, et ne pèse guère que moitié d'un stère de grosses bûches. Pour apprécier le prix du bois de menu chauffage, il serait beaucoup plus exact de le peser que de le mesurer.

Les bois légers, suivant M. Dumas, s'emploient avec avantage toutes les fois que l'on a besoin de communiquer une température élevée à des objets éloignés du foyer, comme dans les verreries, les fabriques de porcelaine, etc.

Futaie.

Ce n'est qu'après avoir procédé au cubage de tous les arbres que l'on peut connaître leur véritable valeur ; on doit d'abord reconnaître à quel usage ils sont propres, et s'assurer s'ils sont bien sains.

On estime comme du bois de chauffage les arbres viciés en totalité ; quant à ceux qui ne sont que cariés dans une partie de leur tige, ceux qui n'ont qu'une gélivure, ce qui n'empêche pas qu'une portion ne soit propre aux ouvrages de fente, on en distingue la portion viciée de celle qui est saine, ou bien l'on prend un terme moyen.

Lorsque la tige d'un chêne est garnie de petites feuilles, on doit présumer que le bois est rouge, mais on peut s'en assurer à l'aide d'une tarière, et l'on reconnaît non-seulement si le bois est bon, mais s'il y a beaucoup d'aubier.

En général, on reconnaît au premier aspect les défectuosités des arbres : une écorce gâtée, des branches cassées et des cicatrices, des chancres, des loupes, des bourrelets, des trous formés par des insectes ou par des oiseaux, un feuillage terne, sont des vices qui indiquent qu'il est temps d'abattre les arbres.

Les gerçures longitudinales dans l'écorce indiquent une gélivure intérieure.

Pour apprécier la valeur du pied cube des arbres que l'on voudra évaluer, il ne sera pas nécessaire de faire autant de classes qu'il y en a dans le tableau que nous venons de donner ; il sera facile de s'assurer par des recherches locales combien vaut, par exemple, un chêne de dix pouces d'équarrissage sur vingt-cinq pieds de longueur ; on estimera plus cher le pied cube des arbres plus gros que celui-là, et moins cher le pied cube des arbres plus petits.

Si l'on peut connaître la valeur des plus gros arbres et celle des plus petits, il est facile de remplir l'évaluation des classes intermédiaires, en se servant du tableau que nous venons de donner.

On suppose que la grosseur est prise au milieu de la tige, et pour l'obtenir assez exactement on la mesure à quatre pieds du sol, et l'on retranche un pouce par pied de hauteur pour arriver au point que l'on juge former le milieu de la longueur de la tige.

L'exactitude de l'estimation dépend du soin avec lequel on aura établi les éléments du calcul, qui sont d'un côté le cubage, et de l'autre la valeur du pied cube de chaque espèce et de chaque classe de bois, valeur absolument locale et variable ; mais on peut appliquer avec succès les connaissances générales que l'on a acquises dans les lieux où l'art de travailler le bois est perfectionné, pour en tirer parti dans les lieux où cet art est encore imparfait.

La valeur des bois de différentes espèces qui ne sont propres qu'au chauffage ou à fabriquer du charbon est proportionnelle à leur pesanteur spécifique; ainsi le prix d'un stère de chêne est à celui d'un stère de tremble comme huit est à cinq; ce rapport changerait si l'on brûlait des bois parfaitement secs, et l'on y gagnerait pour tous les bois blancs.

Mais cette valeur relative n'est plus la même pour les bois de service; le hêtre, qui est lourd, n'étant pas propre à la charpente, se vend moins cher que le sapin, qui est plus léger. Une poutre de sapin ou de peuplier, qui est placée à l'abri et hors du contact d'un mur humide, dure presque aussi longtemps qu'une poutre de chêne; mais le prix de ce dernier bois est toujours fort élevé, parce qu'il résiste aux injures de l'air, qu'il supporte de lourds fardeaux sans se rompre, et qu'il est propre à une infinité d'usages.

Lorsque nous parlons du pied cube, nous entendons le pied métrique. Il faut deux pieds cubes sept dixièmes pour former un décistère. Le stère contient vingt-sept pieds cubes métriques.

Nous évaluerons toujours les bois en les supposant livrés dans la forêt où ils se vendent.

Les prix que nous donnerons ne peuvent être considérés que comme des quantités variables selon les temps et les localités. Nous proposons des exemples, et non des règles.

La valeur d'une coupe se compose de la somme totale des produits qu'elle peut rendre, déduction faite des frais d'exploitation et fabrication. Il faut encore déduire le bénéfice du marchand, qui doit s'élever du quart au tiers de la valeur de la coupe, parce qu'il représente, 1° l'intérêt des fonds qu'il engage dans l'achat de la coupe et les frais d'exploitation, intérêt calculé d'après les délais qu'il faut donner aux acheteurs; 2° le salaire d'un commis; 3° les pertes résultant des mauvaises créances; 4° le profit ordinaire d'une entreprise industrielle.

Bois de charpente.

La solidité d'un prisme inscrit dans un cylindre est à celle du cylindre comme 240 est à 377, mais la perte de l'écorce et de l'aubier réduit la solidité effective d'un arbre équarri à moitié de celle du même arbre en grume.

Un chêne de douze pouces d'équarrissage sur vingt-huit pieds de longueur se vend 2 fr. le pied cube. Un tel arbre est propre à faire un tirant dans une charpente. Un baliveau dont le volume est d'un pied cube se vend 60 centimes.

Les frais d'équarrissage se calculent à peu près ainsi qu'il suit pour le chêne :

De cinq à dix pouces d'équarrissage, 5 centimes le pied courant;

De dix à douze pouces, 7 centimes et demi le pied courant;

De treize à seize pouces, 20 centimes le pied courant.

Les bois courbes sont très-recherchés pour faire des roues d'usine, des cintres et des pièces de navire. On les évalue comme bois de première classe, et même plus cher lorsqu'ils sont très-rares. Ce motif doit engager à en réserver dans les coupes.

Lorsque le pied cube de sapin vaut 1 fr., le pied cube de chêne vaut 1 fr. 50 c.

Il faut six ou sept ans pour dessécher les arbres qui ont plus de quatre pieds de tour.

Pour conserver les bois, il faut qu'ils soient équarris ou au moins écorcés presque immédiatement après l'abatage, qu'ils ne soient pas en contact avec le sol ni entre eux, et qu'ils soient placés dans un lieu très-aéré et abrité s'il est possible.

Charronnage.

Un timon de charrette en bois de chêne, de treize pieds de longueur sur seize à dix-sept pouces de tour, se vend 1 fr. 50 centimes.

Un essieu de charme vaut 2 fr. Il doit avoir au milieu de sa longueur cinq pouces d'équarrissage brut. Il a un pied cube et deux dixièmes de solidité.

Tous les autres bois de charronnage se vendent au pied cube.

Branchages des futaies.

Dans une futaie surtaillis, la tête d'un chêne d'un mètre de tour rend environ deux décistères de bois de chauffage.

Celle d'un chêne de quinze décimètres de tour rend ordinairement six décistères.

Celle d'un chêne de dix-huit décimètres rend quinze décistères.

Celle d'un chêne de deux mètres de tour rend deux stères, terme moyen.

Dans une forêt de sapins en haute futaie, on évalue les branchages à deux stères par arbre, si ces arbres ont de quatre à huit pieds de tour.

Le rapport entre le volume des branches et le volume de la tige est bien différent selon que l'arbre croit dans un état serré ou dans un état isolé.

On évalue les branches d'un arbre qui croit sur un taillis, lorsque la futaie est médiocrement nombreuse et passablement élevée, à trente stères pour dix stères équarris, ou pour seize à dix-huit stères en grume.

Le stère de bois de copeaux provenant de l'équarrissage des arbres se vend aux trois cinquièmes du prix du stère de bois rondin.

Prix du transport des tiges d'arbres.

Dans les pays coupés de routes et de chemins où les voitures peuvent passer, le prix moyen du transport des gros bois est de 3 fr. par stère et par lieue, mais ce prix diminue progressivement à mesure de l'augmentation des distances.

Planches.

Un stère de bois de chêne équarri rend ordinairement 300 pieds de planches qui valent, à raison de 12 cent. le pied, 36 fr.

Dans un bloc de quinze pieds de longueur sur un pied d'équarrissage, dont la solidité est d'un demistère, on tirera dix planches de douze à treize lignes d'épaisseur ; ce qui fera 150 pieds de planches.

Nous ne comprenons pas les *dosses* ou planches prises hors de l'équarrissage ; mais cette partie n'est pas non plus comprise dans le cubage.

On calcule que le stère en grume rend 180 pieds de planches, y compris les dosses.

Les frais de sciage, pour les scies à la main, se calculent ainsi qu'il suit :

La façon pour le sciage du chêne est de 45 fr. par 1,000 pieds courants, ou de quatre à cinq centimes par pied de sciage assorti, savoir :

Un tiers en chevrons, lambris et travots ;

Un tiers en planches ;

Un tiers en plateaux de deux à deux pouces et demi d'épaisseur.

Le sciage des plateaux de trois à quatre pouces d'épaisseur coûte 10 centimes le pied courant.

Le sciage du sapin coûte 35 francs par 1,000 pieds courants, ou 3 centimes et demi par pied courant.

Le sciage du peuplier ne coûte que 3 centimes le pied courant.

Les planches de sapin se fabriquent ordinairement dans des scieries mues par un cours d'eau, dont le travail est de moitié moins cher que celui des scies à bras.

Ces planches ont ordinairement douze pieds de longueur, un pied de largeur et onze lignes ou un pouce d'épaisseur ; elles se vendent, en sortant de la scierie, 12 fr. la douzaine.

Les travots de sapin de trois à quatre pouces d'équarrissage, sur douze pieds de longueur, se vendent de même 12 fr. la douzaine.

MERRAIN.

Pour les futailles destinées à contenir des liquides, on emploie généralement du merrain de chêne ; on commence à fabriquer du merrain scié au lieu de merrain fendu, ce qui procure une grande économie de bois; nous ne parlerons ici que de l'usage du bois fendu.

On fabrique du merrain de châtaignier, mais en petite quantité.

Le bouleau et le saule servent à faire des futailles pour encaquer les harengs.

Dimension du merrain de Bourgogne.

NOMS DES PIÈCES.	LONGUEUR.	LARGEUR.	ÉPAISSEUR.
	pouces.	pouces.	lignes.
Fonds.	21	4	11
Douves.	35	4	11

On compte ordinairement un pouce pour l'épaisseur.

Le millier marchand se compose de 2,575 pièces, savoir 858 pièces de fonds et 1,717 douves.

La façon coûte de 60 à 70 fr. le millier.

Le prix de transport du millier de merrain est de 4 fr. par lieue.

Il faut observer que le merrain de feuillettes se vend entre la moitié et les deux tiers du prix du merrain de tonneau, et qu'il est composé de 3,750 pièces.

Dans ce dernier, les pièces au-dessous de quatre pouces de largeur ne comptent que sur le pied de trois pièces pour deux.

Il faut de quinze à vingt stères de bois en grume pour fabriquer un millier de merrain à tonneaux, suivant que le chêne se fend plus ou moins bien.

Le prix en est très-variable; il s'élève ou descend entre 450 fr. et 750 fr. le millier.

Pour composer le millier de merrain dont nous avons donné les dimensions ci-dessus, il faut

858 pièces de fonds, qui cubent chacune 0,01904, ce qui fait en tout. . . . . 1 stère 634

Et 1717 douves qui cubent chacune 0,02777, ce qui fait en tout 4   768

Solidité du millier façonné. 6   402

Ce calcul fait voir qu'il n'entre dans le merrain qu'un tiers de la solidité totale du bois façonné, et que les morceaux de rebut auxquels on donne un autre emploi, l'aubier, l'écorce et les copeaux, forment les deux autres tiers.

Le bois des massifs de haute futaie se fend mieux ordinairement que celui des futaies surtaillis, mais ce dernier est plus sain.

Lorsque les arbres d'un massif sont en partie gâtés, il faut 25 stères en grume pour fabriquer un millier de merrain, terme moyen.

Le merrain de châtaignier ne vaut que les deux tiers du merrain de chêne.

On fabrique 96 tonneaux dans un millier de merrain composé de 2,575 pièces (tonneau de 226 litres).

Un millier de merrain à *feuillettes* composé de 2,500 pièces suffit pour fabriquer 85 *feuillettes* de 113 litres chacune.

Bois propre à faire des bateaux.

Pour un bateau de dimension moyenne propre à la navigation des grandes rivières, on emploie 670 pieds cubes de bois, cubés comme si les arbres d'où les planches proviennent étaient équarris. La longueur d'un tel bateau est d'environ 24 mètres et sa largeur de 4 mètres et demi dans le milieu.

Bois propre à faire des meubles.

Le noyer se débite en plateaux de trois pouces d'épaisseur. Les branches servent à faire des sabots.

Le pied cube d'une tige de noyer bien saine vaut 4 à 5 fr., et quelquefois davantage.

On paye au même prix le bois d'érable lorsque l'arbre est assez gros pour fabriquer des meubles, le bois de plane, sorbier et cormier propre à faire des manches, des rabots et d'autres outils ou des instruments.

LATTES POUR LES COUVERTURES EN TUILES.

Dimensions de la latte de chêne.

	LONGUEUR	LARGEUR.	EPAISSEUR.	SOLIDITÉ.
	pouces.	lignes.	lignes.	pouces.
Petite latte. . . .	42	15 1/2	3 6/10	17
Grande latte. . . .	48	16	3	17

Ce qui fait 105 lattes au pied cube, ou 3,150 lattes au stère équarri.

Le millier est composé de 20 bottes de chacune 50 lattes.

Le prix moyen de la latte est de 16 fr. le millier pris dans la forêt ; la latte d'aubier ne vaut que les trois cinquièmes de ce prix.

La façon coûte 5 fr. le mille.

Le prix du transport est de 5 fr. pour dix lieues.

La latte de sapin pour les couvertures en tuiles se vend 11 fr. le millier pris à la forêt. La façon est de 2 fr. Le produit net est donc de 9 fr. le mille.

Les frais de transport sont de 4 fr. le mille pour dix lieues.

Sabots.

Une grosse de sabots de hêtre assortie est composée de treize douzaines ou 156 paires, dont

Trois douzaines de paires de sabots d'homme,
Huit douzaines de paires de sabots de femme,
Deux douzaines de paires de sabots d'enfant.

Les blocs ont les dimensions suivantes :

	LONGUEUR. pouces.	CIRCONFÉRENCE pouces.
Sabots d'homme	12	18
Sabots de femme	9	15
Sabots d'enfant.	5	8

Le prix de la façon est de 20 fr. la grosse. Un ouvrier fait de dix à quinze paires de sabots par jour.

Quelques ouvriers fabriquent les sabots en partageant par moitié, si on leur fournit le bois à l'atelier.

Le prix de la grosse prise au lieu de la fabrication est de 36 fr.

Il faut un stère environ de bois en grume pour une grosse de sabots.

Un bloc de treize pouces de diamètre fournit cinq sabots sur la hauteur moyenne d'un pied, ce qui fait 146 paires ou une grosse pour quatre décistères et demi ou neuf décistères en grume.

Mais il y a beaucoup de bois de rebut, parce que les nœuds gâtent les sabots.

Les meilleurs sabots se font en hêtre, aune, bouleau, saule, peuplier et tremble.

Taillis.

Un taillis de 25 ans, composé de chêne, hêtre,

charme et bois blanc, peuplé de baliveaux modernes, peut rendre par hectare :

Dans un excellent sol, 240 stères de bois ;

Dans un bon sol, 180 stères ;

Dans un sol médiocre, 120 stères ;

Dans un mauvais sol, 75 stères.

Si les taillis s'exploitent à un autre âge, on peut calculer la différence d'après notre table d'accroissement.

Quand on connaît le produit total, on le divise, d'après les usages de la contrée, ou d'après d'autres combinaisons, en bois de chauffage, en bois propre à faire du charbon, en bois de fente pour les cercles, les échalas, et en beaucoup d'autres classes.

Les bois de chauffage, et propres uniquement à faire du charbon, sont moins chers que ceux qui servent aux usages que nous allons détailler, ou à d'autres semblables.

Emplois divers des taillis.

Les échalas, qui sont des brins de coudre, cornouiller, charme, épine, propres à soutenir la vigne, se vendent à raison de 50 centimes le cent ; il faut déduire 15 cent. pour la façon.

La fascine, propre à faire des parois dans les bâtiments construits en bois et en terre, se vend 1 fr. 20 cent. le cent : il faut en déduire 35 cent. pour la façon.

Les petites perches de cinq pouces à cinq pouces et demi de tour, pour couvrir en chaume les bâtiments, se vendent chacune 10 cent.

Les perches de neuf pouces de tour, propres à faire des chevrons dans les bâtiments couverts en chaume, se vendent 20 cent. chacune.

Les brins droits et flexibles servent à faire des cercles de tonneaux. On met 24 cercles dans une *couronne*, qui se vend ordinairement 1 fr. 50 cent. ou 2 fr. On paye 5 cent. par douzaine de perches pour les couper et 35 cent. au cerclier pour la façon.

Les meilleurs cercles sont ceux de châtaignier, bouleau, coudre et cornouiller.

Les échalas de sept pieds de hauteur, en chêne, pour les hautes vignes de la vallée du Rhin, se vendent 30 fr. le cent.

Les piquets pour les haies mortes se vendent 5 fr. le cent. La façon est de 75 cent.

Les échalas de chêne fendu, pris dans la forêt, se vendent de 1 fr. 50 cent. à 2 fr. le cent. La façon est de 40 cent. le cent.

Le tremble sert aussi à fabriquer de bons échalas de fente.

On tire 2,200 échalas de 4 pieds de longueur dans un moule de 64 pieds cubes, qui se vend pour cet usage moitié de plus qu'il ne se vendrait pour le chauffage, parce qu'il faut choisir les plus belles bûches.

Voici la manière d'écorcer les arbres pour en tirer du tan :

Le premier soin de celui qui dirige l'exploitation est de veiller à ce que les ouvriers soient munis de bons outils pour faire les incisions longitudinales, opérer la section verticale, et enlever les bandes d'écorce avec le plus de précision et de rapidité possible.

Lorsque l'écorce est adhérente au bois, on peut la frapper avec un *maillet* pour aider la séparation ; mais ce moyen ne doit être employé que dans le cas de nécessité, car la percussion a pour effet de noircir l'écorce dans l'intérieur et de la déprécier aux yeux de l'acheteur.

L'écorcement des petites branches a lieu par un moyen expéditif : elles sont divisées en billes de deux pieds et demi à trois pieds de longueur, ensuite posées sur un bloc à côté duquel se rangent les ouvriers munis de maillets ; ils réunissent plusieurs de ces brins de bois en une poignée, et frappent dessus jusqu'à ce que l'écorce soit enlevée d'un bout à l'autre.

Il est essentiel de bien faire sécher l'écorce ; on la dispose, dans cette vue, sur de petits chevalets dans un lieu aéré de la forêt ; les petits tas sont posés de manière à former un plan incliné sur lequel glisse la pluie ; au bout de quatre jours on les retourne en les remuant de manière à exposer chaque partie au grand air.

Au bout de huit à dix jours de beau temps, on enlève l'écorce pour la placer dans un hangar ou dans un magasin, de manière qu'elle soit exposée à un courant d'air. Si elle reste au grand air, il faut couvrir les tas avec de la paille, des roseaux, de la bruyère ou du genêt. On doit craindre la fermentation qui pourrait s'introduire dans quelque partie du tas et occasionner en s'étendant une perte considérable. La couleur de l'écorce est généralement considérée comme le signe le plus certain de sa valeur.

Le bouleau, le mélèze et le saule doivent être pelés en avril.

Dans le Nord, on emploie pour le tan l'écorce du sapin, de l'orme et du bouleau ; mais l'épiderme doit être enlevé et rejeté. Monteath a remarqué qu'elle se détache facilement avec la main, lorsqu'on a eu la précaution d'opérer, au mois de mars, une incision longitudinale dans l'écorce des bouleaux qui devaient être écorcés au printemps suivant.

L'écorce de bouleau est ordinairement divisée en petits morceaux d'environ trois pouces de longueur, que l'on vend ensuite soit au poids, soit à la mesure de capacité.

Un taillis de 18 à 20 ans bien peuplé de chêne rend environ 700 bottes d'écorce par hectare. La botte a trois pieds et demi de longueur sur trois pieds et demi de tour ; elle pèse environ 28 livres, ce qui fait 1960 livres d'écorce (environ 980 kilogrammes) par hectare.

Un double stère de chêne donne neuf à dix bottes d'écorce ; le cent de bottes se vend 100 francs. La façon est de 18 à 20 francs.

Dans le Morvan, on donne aux bottes d'écorce 6 pieds 2 pouces de longueur sur 4 pieds 2 pouces de circonférence. On les entoure de quatre liens. Chaque botte ou faix pèse 80 livres environ, selon qu'elle est plus ou moins serrée.

La façon de la botte est de 45 cent., et le prix moyen est de 3 francs.

On peut employer pour le tan l'écorce des chênes de trois à quatre pieds de tour, si l'on ôte l'épiderme ; mais cette écorce ne vaut que la moitié de celle du taillis.

L'écorce des jeunes frênes et de quelques autres arbres, étant broyée, est une bonne nourriture pour le bétail.

Bois de chauffage.

Dans la forêt de Fontainebleau, le stère de grosses bûches de chêne ou de hêtre vaut 14 francs.

Le stère de petit bois vaut 10 francs.

Le brigot, qui est composé de mauvaises branches,

de bois pourri ou gâté par des piqûres d'insectes, vaut 5 fr. le stère.

Dans le département du Haut-Rhin et dans le Jura, le stère de bois de sapin destiné au chauffage vaut 7 fr., tandis que le stère de chêne ou de hêtre destiné au même usage vaut 10 francs.

Dans les forêts dont les débouchés ne sont pas difficiles, le stère de grosses bûches de chêne ou de charme vaut 9 fr. et le stère de petites bûches vaut 5 fr.

On fait des fagots et des bourrées avec du bois de toute grosseur, depuis six lignes jusqu'à trois ou quatre pouces de tour. Ceux dans lesquels il entre de gros brins sont beaucoup plus chers que les autres. La façon du cent de fagots varie de 1 fr. à 1 fr. 80 cent.

Un stère de bois de chauffage de châtaignier ne vaut que les deux tiers d'un stère de bois de chêne.

En général, le hêtre se vend un cinquième de moins que le chêne ;

Le tremble　　》　un tiers ;　　　》

Le bouleau　　》　un quart ;　　　》

Le charme se vend presque aussi cher que le chêne.

Dans le midi de la France, le bois de chêne vert se vend, lorsqu'il est sec, 2 fr. 40 cent. les 100 kilogr.

Le même poids de bois de pins et de peuplier se vend de 1 fr. à 1 fr. 10.

Le bois de chêne sec se vend 2 francs les 100 kilog.; et, comme le stère pèse environ 450 kilog., le prix du stère de bois de chêne est de 9 fr. dans ces contrées déboisées.

Ces prix sont ceux des lieux de consommation et comprennent, par conséquent, les frais de transport.

Le bois de chauffage ne coûte que 2 fr. le stère dans

le Limousin et dans quelques départements du Sud et de l'Ouest, où il n'existe presque point de forêts proprement dites.

Le bois d'orme employé au chauffage se vend presque partout un peu plus cher que le bois de chêne à dimensions égales.

Le pied cube de bois de service, essence de chêne, se vend moitié plus que le pied cube de bois de pin ou sapin à dimensions à peu près égales.

Chaux.

Dans les contrées où la pierre calcaire est abondante, on fabrique 200 tonneaux de chaux avec sept à huit milliers de fagots de ramilles. Le tonneau contient deux hectolitres et demi de chaux. Le chaufournier prend 75 cent. par tonneau pour son salaire.

Le prix du tonneau de chaux livré au fourneau est de 2 fr. 75 cent.

L'emploi de la chaux comme amendement dans les terres argileuses et granitiques procure les plus heureux résultats. On pourrait en fabriquer beaucoup avec les épines et les brins traînants qui se perdent dans les taillis.

Frais de transport des bois taillis.

Dans les mauvais chemins, accessibles cependant aux voitures, on donne 1 fr. 50 cent. par lieue pour un stère de bois de chauffage.

Dans les chemins passables, on donne 1 fr. 20 cent. par stère.

Charbon.

Le poids du pied cube de charbon varie de seize à

vingt livres, ce qui fait dix-huit livres, terme moyen.

Le stère d'un bois taillis âgé de dix-huit ans rend de huit à neuf pieds cubes de charbon.

Le stère d'un bois âgé de dix-huit à trente ans rend de dix à onze pieds cubes de charbon.

Un stère de petit bois de chêne renferme, déduction faite des vides, environ seize pieds cubes de bois plein; et, le poids moyen du bois sec étant de quarante livres le pied cube, le stère pèse 640 livres; et comme il rend dix pieds cubes de charbon, terme moyen, on a 180 livres de charbon pour 640 livres de bois sec, ou dix-huit livres pour 64 pieds cubes.

Il faut trois mois d'été pour dessécher le bois destiné à la carbonisation. C'est à l'imperfection ordinaire de ce desséchement qu'on doit attribuer les faibles produits dont on a lieu de se plaindre fréquemment lorsqu'on fait fabriquer du charbon.

En Prusse, dans le Brandebourg, on fait du charbon pour les forges avec des souches et des racines d'arbres.

On évite soigneusement de laisser la moindre parcelle de bois sec ou pourri dans les fourneaux à charbon.

Les bûches doivent être coupées à la scie; car l'entaille faite à la cognée produit une fente, la bûche s'enflamme et se réduit en cendres.

Le succès de l'opération tient ordinairement à l'observation de la règle suivante : Les intervalles entre les bûches du fourneau doivent être à peu près égaux; car, s'il y a un espace vide un peu trop grand, la combustion s'y établit, ce qui diminue la quantité de charbon. Pour éviter cet inconvénient, le charbonnier doit couper en plusieurs morceaux les bûches courbes et en placer les morceaux de manière à régulariser les espaces intermédiaires.

Frais de carbonisation.

Il en coûte, pour convertir en charbon un double stère de bois,

1° La façon de couper le bois et de le mettre en cordes, qui est par double stère de 1 fr. 10 c., ci 1 fr. 10 c.

2° La façon de dresser les fourneaux, et de les couvrir de feuilles et de terre   20

3° Le salaire du charbonnier.   15

           Total. 1   45

On paye, en outre, au charbonnier, 1 fr. 50 cent. pour chaque place neuve d'un fourneau.

Nous porterons à 1 fr. 50 cent. par double stère les frais d'abatage et de carbonisation.

Les petits fourneaux coûtent un peu plus en proportion que les gros, mais ils sont cuits plus tôt.

Frais de transport.

Les frais de transport du charbon par des voitures sont gradués ainsi qu'il suit :

A trois quarts de lieue, il en coûte 90 cent. par stère de charbon ;

A une lieue, il en coûte 1 fr. 20 cent. ;

A une lieue et demie, il en coûte 1 fr. 60 cent. ;

A deux lieues, il en coûte 1 fr. 80 cent. ;

Et par lieue, pour une distance de deux à sept lieues, il en coûte 64 cent. par stère de charbon, ou 16 cent. par tonneau.

Dans les chemins très-difficiles, il faut ajouter un quart à ces frais.

Le transport du charbon à dos de chevaux ou de mulets coûte 1 fr. par lieue pour chaque stère, ou 25 cent. par tonneau. Chaque cheval porte dix pieds cubes de charbon dans un sac.

Prix du charbon.

Un double stère de bois dur rendra dix-huit pieds cubes de charbon, ou deux tonneaux et demi environ (le tonneau d'un quart de stère).

Le prix du double stère de bois sur pied est de 8 fr., ci. . . . . 8 fr.

L'abatage et le dressage de ce double stère coûtent 1 fr. 10 cent., ci. . . . . 1 10 c.

Les frais de carbonisation, non compris l'abatage et le dressage des cordes, sont de 40 cent., ci. 40

Le transport à une distance moyenne de 5 lieues coûte, pour deux tonneaux et demi, 2 fr., ci.. 2

Les faux frais sont de 50 cent., ci. 50

Total. 12 00

Le prix du tonneau de charbon de bois dur (qui forme un quart de stère) revient, par conséquent, à 4 fr. 80 cent.

Le charbon vaut, sur les ports de la Saône voisins des forêts, 3 fr. 60 cent. le tonneau ; ce charbon provient en partie de bois blanc.

Rapports des valeurs.

La pesanteur spécifique des charbons et leur valeur

sont à peu près proportionnelles à la pesanteur spécifique des bois verts avec lesquels ils sont fabriqués ;
mais il y a des variations relatives aux divers degrés
de dessiccation auxquels les bois ont été soumis.

Il est avantageux de séparer les bois blancs des
bois durs, parce que chacune de ces deux classes
comporte différents degrés de desséchement et de
cuisson.

Consommation d'un haut fourneau et d'une forge.

Pour fabriquer 1,000 kilog. de fonte de fer, il faut
de 150 à 200 pieds cubes de charbon, suivant le mode
de construction du haut fourneau, suivant la qualité
du minerai que l'on y emploie, et suivant la nature
des charbons.

Ceux qui proviennent de bois blanc rendent peu de
produits dans ces usines.

Le meilleur charbon pour fondre le minerai de fer
est celui d'un taillis de chêne âgé de vingt à trente-
cinq ans.

Supposons que la consommation soit de 175 pieds
cubes de charbon par 1,000 kilog., ce qui est un terme
moyen entre les quantités que nous venons d'exprimer ; ces 175 pieds cubes sont le produit de 20 stères de
bois : ainsi, pour fabriquer un million de kilogrammes de fonte, il faut 20,000 stères de bois.

Le minerai que l'on emploie dans les hauts fourneaux de Bourgogne, Champagne et Franche-Comté,
pèse de 100 à 130 livres le pied cube lorsqu'il est bien
lavé.

Il faut 1,350 kilog. de fonte pour fabriquer
1,000 kilog. de fer dans une forge à marteau. La

quantité de charbon que l'on emploie à cette fabrication est de 270 pieds cubes.

Ainsi la fabrication d'un millier de kilog. de fer par les anciens procédés exige 506 pieds cubes de charbon, savoir :

1° Pour fabriquer les 1,350 kilog. de fonte destinés à être convertis en fer, 236 pieds cubes (en proportion de 175 pieds cubes pour 1,000 kilog.), ci . . . 236 k.

2° Pour réduire ces 1,350 kilog. de fonte en fer , il faut 270 pieds cubes, ci 270

Total. 506

Le charbon de bois dur sert à fabriquer la fonte ; le charbon de bois blanc sert à forger le fer, mais ce dernier emploi sera de plus en plus restreint par la substitution de la houille au charbon de bois dans le travail de la réduction de la fonte en fer.

Prix de la houille.

Pour établir des comparaisons entre l'emploi du bois, celui du charbon de bois et celui de la houille, nous allons donner ici quelques prix relatifs à ce dernier combustible.

Le transport de la houille, dans des voitures, coûte 12 cent. par hectolitre et par lieue.

L'hectolitre, qui pèse quatre-vingt-dix kilogrammes, coûte 1 fr. 50 c. sur la mine, si le charbon est de première qualité. Le rebut coûte 75 cent. l'hectolitre.

Deux hectolitres de houille, soumis à une espèce de carbonisation, rendent trois hectolitres de coke.

De la qualité comparative des bois.

Un grand nombre d'expériences ont été faites sur

la pesanteur spécifique des diverses espèces de bois. Le tableau suivant indique la moyenne de cette pesanteur d'après les observations de Varennes-Fenille, de Hartig et d'un ancien auteur.

ESSENCES.	PESANTEUR du bois, par pied cube vert.	PESANTEUR du bois, par pied cube sec.	VOLUME perdu par le dessèchement	OBSERVATION.
	livres.	livres.	centièmes.	
Aubépine........	69	56	12	
Aune..........	62	36	8	
Bouleau........	67	46	11	
Buis..........	80	69	»	Un arbre de 221 ans n'avait que 5 pouces de diamètre.
Charme........	66	53	26	
Châtaignier......	68	44	6	
Chêne pédonculé. .	79	48	7	
Chêne-vert (yeuse).	85	69	9	
Cormier........	80	68	9	
Erable........	61	51	6	
Faux acacia....	59	52	20	
Frêne.........	64	49	8	
Hêtre.........	68	49	26	
Hippocastane....	62	37	7	
If...........	60	40	8	
Marseau (saule). .	80	60	3	
Mélèze........	»	39	»	
Merisier.......	62	55	3	
Mûrier blanc....	81	46	13	
Noyer.........	60	45	5	
Orme.........	76	48	8	
Peuplier d'Italie. .	63	28	4	
Peuplier noir....	62	28	18	
Pin sylvestre....	68	39	8	
Platane........	77	51	19	
Poirier sauvage...	79	50	8	
Sapin argenté....	65	37	»	
Saule blanc.....	70	32	7	
Sycomore......	64	49	11	
Tilleul........	56	36	24	
Tremble.......	55	35	21	
Ypréau........	54	38	26	

D'après les expériences que j'ai faites, le pied cube *vert* de thuya pèse quarante-huit livres un dixième.

Le pin Weymouth, à demi sec, pèse vingt-neuf livres le pied cube.

Les résultats obtenus par les forestiers qui se sont occupés de déterminer la pesanteur spécifique des bois peuvent fournir quelques inductions utiles :

1° Pour les bois lourds qui croissent dans un même terrain, le retrait est en raison de la diminution de la pesanteur spécifique.

2° Les bois résineux perdent proportionnellement plus de volume que les autres par l'effet de l'écoulement ou de l'évaporation des fluides qu'ils contenaient.

3° Le bois des pays chauds est spécifiquement plus lourd que celui des pays froids ou tempérés.

4° L'effet produit au feu est à peu près en raison directe de la pesanteur spécifique des bois après la dessiccation, et en raison inverse du volume perdu par la dessiccation.

5° Le jeune bois pèse beaucoup moins que celui des arbres plus âgés.

6° Le bois des branches est moins lourd que celui du tronc.

Suivant M. Dumas, la portion d'eau libre que les bois verts contiennent s'élève à quarante centièmes. Exposés à l'air, ils en abandonnent une partie ; mais ils en retiennent toujours une quantité qui équivaut, en général, au quart ou au cinquième de leur poids. Une très-haute température la leur enlève ; mais, exposés de nouveau à l'air, ils ne tardent pas à la reprendre en grande partie.

L'analyse qu'il a donnée du bois séché à l'air présente le résultat suivant :

Carbone	38	48
Eau combinée	35	52
Eau libre	25	»
Cendre	1	»
	100	»

Le bois coupé en séve est celui qui brûle le mieux.

Comparaison de la chaleur produite par différents combustibles.

Soixante livres de bois sec donnent dix-huit livres de charbon ; mais la chaleur produite par la quantité donnée de charbon est plus grande que celle produite par le même poids de bois sec dans le rapport de 1089 à 600.

Soixante livres de bois sec produisent, dans la combustion, la même chaleur que trente-trois livres de charbon, tandis que carbonisées elles ne rendent que dix-huit livres de charbon.

Il y a donc une grande perte à brûler du charbon au lieu de bois sec toutes les fois que l'emploi du premier conviendrait aussi bien que celui du second.

Le rapprochement que nous venons de faire démontre combien le défaut de routes et de chemins commodes est nuisible à l'accroissement de la richesse industrielle ; on voit quelle perte il en résulte dans les lieux où l'on est obligé de réduire le bois en charbon dans les coupes, faute de moyens de transport.

Le charbon de bois, la houille de première qualité et le coke rendent, à égalité de poids, la même quantité de chaleur.

Il est avantageux de consommer de la houille au lieu de coke toutes les fois que cela est praticable sans inconvénient.

Des souches et des racines.

Les souches mortes, les souches des arbres résineux, celles des arbres et arbrisseaux que l'on veut expulser d'une forêt, donnent des produits qui ne sont point à dédaigner dans les lieux où le bois n'est pas très-abondant et où les frais d'extraction ne sont pas considérables ; elles fournissent un excellent chauffage, car leur pesanteur spécifique est plus forte que celle des tiges.

Les forêts résineuses, les massifs de futaie, donnent beaucoup de souches ; mais les arbres des futaies sur-taillis ont de plus fortes racines que ceux des futaies en massifs.

On peut fabriquer d'excellent charbon avec des souches ; mais il est préférable de les vendre pour le chauffage, si les frais de transport ne sont pas trop coûteux.

L'enlèvement des souches à demi pourries prévient la propagation de beaucoup d'insectes et d'animaux nuisibles ; en arrachant ces souches, on donne au sol une espèce de culture favorable aux semis naturels.

On s'abstient de cet arrachement dans les pentes des montagnes.

Des machines ont été inventées pour enlever les troncs, mais jusqu'ici elles ont eu peu d'utilité. C'est le levier qui fournit le meilleur moyen et le plus facile.

Si l'on arrache un taillis dans lequel se trouvent des futaies surtaillis, on aura par hectare 110 stères de souches et de racines, terme moyen.

Dans les exploitations ordinaires des bois feuillus, on trouve par hectare environ deux stères de souches mortes.

CHAPITRE II.

MENUS PRODUITS DES FORÊTS.

I.

De la feuille des arbres.

La feuille de la plupart des arbres est une nourriture excellente pour les bestiaux, et surtout pour les moutons.

On la récolte en Bourgogne en exploitant les taillis ou en élaguant les arbres, depuis la fin du mois de juillet jusqu'au commencement d'octobre.

On assemble les rameaux ou menues branches en fagots de dix-huit pouces à deux pieds de tour. On les place convenablement pour les faire sécher en plein air, et il suffit de deux jours s'il y a du soleil, et de quatre jours si le ciel est couvert de nuages. Il faut avoir l'attention de ne pas laisser mouiller les fagots, s'il est possible; l'on évite, par cette précaution, que la feuille noircisse et s'altère. Lorsqu'ils sont suffisamment séchés, on les place dans une grange ou dans un hangar, où la feuille peut se conserver une année entière.

Un hectare de taillis rend au moins 2,500 fagots de feuillage, qui valent 40 francs le mille, tout façonnés et pris dans la coupe; il faut déduire 8 fr. par mille pour la façon; le produit en est, par conséquent, de 32 fr. le mille, ce qui fait 80 fr. par hectare.

La meilleure feuille est celle du frêne, érable, tilleul, orme, platane, tremble, cormier. Les moutons préfèrent de beaucoup la feuille fraîche à la feuille sèche, et celle-ci au meilleur foin.

Les feuilles de chêne, de charme, de saule, mélangées, sont assez bonnes; mais les feuilles de hêtre ne plaisent pas aux moutons, à moins qu'on ne les cueille quand elles commencent à jaunir.

En Toscane, on donne la feuille des peupliers aux génisses. Dans la Lombardie et le pays de Naples, on plante des arbres qui soutiennent la vigne, procurent du bois pour le chauffage et de la feuille pour les bestiaux. On la cueille au mois de septembre, et on la renferme dans des creux ou dans des tonneaux ; on la couvre de branchages et de terre pour la préserver du contact de l'air, et la conserver fraîche toute l'année. On la place toujours dans un lieu sec.

En Suisse, on fait sécher des feuilles de noisetier, d'orme, de bouleau et de saule, pour nourrir les bestiaux et les moutons pendant une grande partie de l'année.

Un des meilleurs moyens de tirer parti de la feuille des bois pour les moutons est de pratiquer, depuis le mois de juin au mois d'octobre, des nettoiements dans les taillis.

On peut enlever les feuilles après leur chute dans les forêts situées dans des terres fertiles ou des vallées, sans aucun risque de faire tort à l'accroissement des arbres; les aiguilles des pins, des mélèzes et des autres arbres résineux sont un excellent engrais, parce qu'elles contiennent beaucoup d'oxygène. Cet engrais devient un terreau très-épais et très-compacte dans une période assez courte. La méthode de culture combinée, proposée par M. Cotta, repose principalement sur cette propriété des plantes résineuses.

On a soin, dans le Maine, de ramasser les feuilles des arbres, et de les mélanger avec la paille pour en faire de la litière et de l'engrais.

Les feuilles et l'extrémité des branches servent à fabriquer de la potasse dans les lieux où l'on n'en peut tirer parti autrement.

II.

De la chasse.

La chasse est un exercice presque héroïque dans la vie sauvage, et très-utile dans un pays nouvellement cultivé. Parcourir des plaines sans bornes ; s'enfoncer hardiment dans des forêts presque impénétrables ; traverser à la nage des rivières, des lacs ; endurer le froid et la faim ; poursuivre des bêtes féroces ; détruire les animaux venimeux ; affronter des dangers de toute espèce, c'est assurément une noble occupation.

La chasse avait encore un but d'utilité dans le moyen âge, lorsque les récoltes étaient exposées aux ravages des bêtes sauvages, lorsque les plus faibles animaux, les lièvres même et les lapins, causaient de grands dommages aux cultivateurs. Le chasseur secondait leurs travaux en protégeant les moissons contre des animaux destructeurs ; mais, grâce à des efforts répétés jusqu'à nos jours, le nombre des bêtes fauves est tellement réduit, qu'elles n'occasionnent plus guère de dégât. On en est même venu au point de chercher à les propager pour avoir le plaisir de les chasser ; tant il est difficile de surmonter l'instinct et l'habitude de la destruction !

On conçoit qu'il est agréable de voir le cerf, le daim,

le chevreuil, se promener dans un parc : ce sont des hôtes qui, dans une vaste propriété, sont parfaitement à leur place ; leur beauté, leurs courses légères, animent le paysage ; mais quelques familles de ces animaux suffisent, et le grand nombre des individus de chaque espèce n'ajoute rien à l'agrément.

Aujourd'hui le goût de la chasse est bien affaibli. La plupart des grands propriétaires chargent des mercenaires du soin de fournir leur table de gibier. La campagne leur procure des récréations plus intéressantes : faire planter des arbres ; construire et soigner une serre remplie de plantes précieuses ; améliorer les champs, les vignes, les troupeaux ; ouvrir des canaux d'irrigation ou de desséchement ; bâtir ou réparer des usines : voilà, si l'on a bien calculé les moyens d'exécution, des occupations tout à fait dignes d'hommes qui réunissent à une grande activité et à de l'instruction cette élévation d'idées qui porte à s'occuper de choses utiles et importantes.

En général, si l'on veut voir prospérer les jeunes plants, il faut prévenir la multiplication du gibier. Il suffit qu'il y en ait assez pour procurer un aliment agréable au propriétaire, des récréations aux citadins qui vont passer quelques jours dans les champs, et de l'exercice aux jeunes gens. Ce goût des courses champêtres s'allie très-bien à celui de l'agriculture, et nul n'est plus propre qu'un ardent chasseur à devenir un habile cultivateur forestier. Il acquiert, en parcourant les bois, une foule de notions pratiques sur les arbres et sur la manière de les traiter.

Comme objet de revenu, la chasse mérite peu d'attention : car, dans la plupart des forêts, elle ne pourrait guère se louer plus de 15 à 30 cent. par hectare.

CHAPITRE III.

ESTIMATION DU SOL D'UN BOIS ET DE LA VALEUR DES JEUNES TAILLIS.

Au premier aperçu, on pourrait croire que tous les terrains forestiers qui sont susceptibles d'être cultivés en céréales, en prairies, en vignes, devraient être évalués au même prix que les terres, les prairies et les vignes du voisinage dont le sol est de même nature et à la même exposition ; mais la difficulté d'exploiter de nouveaux terrains lorsque les engrais manquent déjà à ceux qui sont en culture, les dépenses nécessaires pour construire les bâtiments, pour faire les travaux d'assainissement, pour se procurer les instruments aratoires et tout ce qui est utile dans une exploitation agricole, sont autant de causes qui maintiennent la valeur des terrains forestiers au-dessous de celle des terres arables dont le sol est identique.

Cette différence s'affaiblit et tend à disparaître pour les petits bois situés dans une contrée bien peuplée, à portée des villages, et dont le défrichement et la mise en valeur n'exigeraient qu'un faible capital.

Pour évaluer le sol d'un bois, il faut estimer d'abord le produit dont il est susceptible.

On suppose qu'il est couvert d'un taillis qui s'exploite périodiquement, et on estime le sol environ les deux tiers de la valeur du taillis âgé de vingt ans.

On peut toujours supposer que les bois sont mis en coupes réglées, de manière qu'ils rendent, tous les ans, un certain revenu ; et, une fois que ce revenu est connu, il est facile d'estimer le bois en masse; on obtient ensuite la valeur distincte du sol nu en déduisant de cette masse la valeur du taillis.

Ce n'est pas tout : il faut encore que l'aménagement auquel on suppose que le bois est soumis soit passablement combiné : car, dans les bois mal aménagés, le revenu ordinaire présente à peine l'intérêt à trois pour cent de la seule valeur des taillis et des futaies; le sol ne produit point de rente, tandis qu'il en donne une assez considérable si le bois est bien cultivé.

Ces estimations, qui varient avec la quotité des impôts fonciers et des frais de garde, peuvent être vérifiées de la manière suivante :

Supposons qu'un taillis de vingt-cinq ans vaille 625 fr. l'hectare, et que le sol soit évalué 250 fr. En calculant sur l'intérêt à quatre pour cent, on aura, vingt-cinq ans après l'époque de l'exploitation de la coupe,

1° Une coupe qui vaudra . . . . 625 fr.
2° Le sol évalué 250
____
875

Déduisant les charges annuelles, évaluées 5 fr. par hectare, et s'élevant, avec les intérêts composés, à 208
____
Il reste net 667

Mais si, au lieu d'acheter ce fonds de bois, je place mes 250 fr. à quatre pour cent avec intérêts cumulés pendant vingt-cinq ans, j'aurai 666 fr. 40 cent., c'est-à-dire la même valeur que si j'achetais un bois, d'où je conclus que le sol est bien évalué à 250 fr. l'hectare.

Supposons qu'un fonds de bois puisse rapporter 750 fr. par hectare à l'expiration de chaque période de vingt ans, combien vaut le sol en calculant l'intérêt au taux de quatre pour cent par an?

On reconnaîtra bientôt qu'il vaut 630 fr.

En effet, le propriétaire trouvera au bout de vingt ans,

1° La coupe évaluée . . . . 750 fr.
2° Le sol estimé 630

Total 1,380

Or la somme de 630 fr., placée à intérêt composé pendant vingt ans, à quatre pour cent, s'élève à 1,379 fr. 70 cent.; la valeur réelle du sol est donc de 630 fr. l'hectare, à quelques centimes près.

Dans la même proportion et en calculant sur le même pied de quatre pour cent, le sol d'un bois dont la coupe produirait 1,000 fr. tous les vingt ans doit être évalué 840 fr.

En prenant pour base l'intérêt à trois pour cent, nous obtiendrons un résultat bien différent.

Le sol d'un bois dont la coupe rapporterait 1,000 fr. par hectare, tous les vingt-quatre ans, vaut, à ce taux, 968 fr.

Le sol d'un bois dont la coupe rapporterait 1,000 fr. l'hectare à l'âge de vingt ans vaut 1,250 fr., car au bout de vingt ans on aura,

1° La coupe évaluée . . . . 1,000 fr.
2° Le sol évalué 1,250

Total 2,250

Mais en plaçant la somme de 1,250 fr. à trois pour

cent, pendant vingt ans, avec intérêts composés, on aurait obtenu le même capital de 2,250 fr.

Si, actuellement, nous prenons l'intérêt au taux de trois et demi pour cent, nous trouverons que la valeur du sol est à peu près égale au produit de la coupe faite lorsque le taillis a atteint l'âge de vingt ans.

Si cette coupe rapporte 1,000 fr. le sol doit être évalué 1,010 fr.; effectivement, à l'expiration des vingt années on aura :

1° La coupe évaluée. . . . . 1,000 fr.
2° Le sol estimé. 1,010

Total. 2,010

Et si, au lieu d'acquérir le sol, on eût placé la somme de 1,010 fr. à intérêts composés, au taux de trois et demi pendant vingt ans, on eût obtenu le même capital de 2,010 fr.

On ne doit pas perdre de vue une règle qui est suivie pour les estimations des biens ruraux en général : c'est que, dans la balance des appréciations diverses relatives à chaque objet, on doit toujours tendre à augmenter la valeur du sol s'il est de bonne qualité, et à la diminuer, s'il est maigre, infertile et mal situé.

Nous placerons à la fin de ce volume des tables d'intérêts composés qui serviront à faire des calculs analogues à ceux que nous venons de présenter.

Il nous reste à parler de l'estimation des jeunes taillis.

Nous avons reconnu qu'ils croissent à peu près suivant la loi des carrés des nombres naturels, en sorte que le taillis de cinq ans ne vaut que le quart du taillis de dix ans. Mais on ne coupe pas ordinairement un taillis de cinq ans ; il y a du profit à le laisser croître ; par conséquent, il faut l'estimer plus cher que si on l'exploitait à cinq ans.

La valeur des taillis non exploitables se calcule ordinairement d'après une proportion arithmétique, en sorte que si le bois s'exploite à vingt ans, et que sa valeur, à cet âge, soit de 400 fr., le taillis d'un an est estimé 20 fr., celui de deux ans 40 fr., celui de trois ans 60 fr., et ainsi de suite.

Ces résultats se rapprocheront assez d'une valeur calculée sur le pied de trois pour cent ; mais, si l'on veut prendre un autre taux d'intérêt, la valeur des taillis non exploitables sera d'autant plus forte que le taux de cet intérêt sera moins élevé.

Il s'agit donc de supputer ce que vaut actuellement, en réalité, une somme que l'on ne doit recevoir que dans quinze, ou dix-huit ou vingt ans, plus ou moins.

CHAPITRE IV.

DE LA SURVEILLANCE ET DE LA COMPTABILITÉ D'UNE EXPLOITATION DE COUPE DE BOIS.

Avant de commencer l'exploitation d'une coupe, on calcule le nombre de stères de bois de chauffage de chaque espèce, le nombre de stères propres à faire du charbon, la quantité des perches qui sont propres aux constructions légères, de celles qui sont destinées à faire des treillages, des palissades, des cercles : on estime la quantité de paisseaux, d'échalas, de cotrets, de fagots que peut produire la coupe.

On procède au dénombrement et à l'estimation partielle de tous les arbres destinés à être abattus, en les faisant numéroter au flanc, et en les distinguant par espèces, grosseurs et qualités : on suppute la quantité de marchandises que l'on peut en retirer, suivant la possibilité et les avantages du débit en merrains, planches, lattes, sabots, courbes pour les bateaux. On forme un tableau contenant ces détails, dans lequel on réserve une colonne à remplir à mesure que les arbres sont débités, employés ou vendus.

Ce tableau est dressé ainsi qu'il suit :

ARBRES.		TIGES.	PRIX du décistère.	VALEUR de la tige de l'arbre.	EMPLOI.	NOMS des acheteurs.	PRIX de la vente.	SOMMES reçues.	DATES des payements.
Nos.	Espèces	Cubage.							

On remet ensuite au facteur plusieurs registres cotés et paraphés, ce qui est facile et économique par le moyen de la lithographie, savoir :

1° Un journal dans lequel il inscrira, jour par jour, toutes ses ventes, tous ses marchés, ses recettes et dépenses, enfin toutes ses opérations ;

Dans les coupes considérables, on inscrit les recettes et dépenses sur un livre de caisse ;

2° Un état des ventes qui sera fait sur le modèle que nous donnerons ci-après ;

3° Un livre de comptes courants pour chaque ouvrier ou voiturier, contenant sur une page les sommes qui lui sont payées, et sur l'autre page le détail de ce qui lui est dû pour son ouvrage ;

4° Dans les grandes coupes, on ouvre un compte à

chaque espèce de marchandises, en inscrivant d'un côté ce qu'elles coûtent, y compris l'estimation des arbres ou taillis dont on les tire, les frais de fabrication et de transport, et d'un autre côté les sommes qu'elles produisent.

Tous les registres portent des numéros corrélatifs pour faciliter les recherches et les vérifications. On peut les faire relier dans le même volume, au devant duquel on place une table alphabétique des noms des débiteurs et créditeurs et des noms des diverses marchandises.

Nous allons donner quelques modèles de tableaux que le régisseur de la coupe doit remettre périodiquement à son commettant, et qui sont faits sur le modèle des registres, dont on peut les considérer comme un double.

MODÈLES

DE COMPTABILITÉ D'UNE VENTE DE COUPE.

———

1er TABLEAU.

État des ventes faites pendant le cours du mois d

Ce tableau est divisé en six colonnes :
1re colonne. Numéros du journal.
2e   id.   Date des ventes.
3e   id.   Noms, prénoms, **professions et demeures des** acheteurs.
4e   id.   Espèce des objets vendus.
5e   id.   Quantité de chaque espèce.
6e   id.   Prix des ventes.

2.e TABLEAU.

Extrait du registre de caisse pendant les mois d

1re colonne. Numéros du journal.
Numéros du livre des ouvriers.
Numéros du livre de caisse.
2e id. Date des recettes et dépenses.
3e id. Noms et demeures de ceux qui ont reçu ou payé.
4e id. Nature des recettes et dépenses.
5e id. Montant des recettes.
6e id. Montant des dépenses.

3e TABLEAU.

Tableau de la fabrication de la coupe.

1re colonne. Noms et prénoms des ouvriers.
2e id. Moules de chêne, — bois blanc, — branchages.
3e id. Bottes d'écorce.
4e id. Bottes de fascines.
5e id. Cordes de taillis, — vendues, — carbonisées.
6e id. Perches à lattes.
7e id. Bottes de harts ou liens.
8e id. Cercles, — de cuves, — de tonneaux.
9e id. Courbes pour les bateaux.
10e id. Fagots, — de taillis, — de branches d'arbres.
11e id. Stères de copeaux.
12e id. Planches, — de chêne, — de bois blanc.
13e id. Plateaux de hêtre.
14e id. Lambris. — Membrure. — Merrain.
15e id. Numéros des arbres non débités.
16e id. Valeur des bois fabriqués.

4e TABLEAU.

État de la vente des moules de gros bois provenant du taillis.

1re colonne. Numéros des moules.

2ᵉ id.   Noms et demeures des acheteurs.
3ᵉ id.   Prix de chaque moule.
4ᵉ id.   Prix total de la vente.
5ᵉ id.   Date des livraisons.
6ᵉ id.   Date des payements.
7ᵉ id.   Montant des payements.

Il est facile de dresser un état semblable pour chaque espèce de produit.

5ᵉ TABLEAU.

État relatif au charbon.

1ʳᵉ colonne. Noms des charbonniers.
2ᵉ id.   Nombre des fourneaux.
3ᵉ id.   Nombre des cordes.
4ᵉ id.   Produit par fourneau en tonneaux ou en pieds cubes.
5ᵉ id.   Lieux des livraisons.
6ᵉ id.   Noms et demeures des acheteurs.
7ᵉ id.   Quantité de charbon vendue, en tonneaux ou pieds cubes.
8ᵉ id.   Prix du tonneau.
9ᵉ id.   Prix total.
10ᵉ id.   Date des payements.
11ᵉ id.   Montant des payements.

6ᵉ TABLEAU.

Tableau récapitulatif des ventes.

Ce tableau est corrélatif au Tableau n° 3.

La première colonne contient les numéros des registres.

La seconde sert à inscrire les noms, prénoms et domiciles des acheteurs ou consommateurs.

Les autres colonnes contiennent le détail de chaque espèce de bois ou de marchandise fabriquée.

Il doit comprendre les bois qui ont été consommés par l'exploitant, le facteur et les ouvriers.

On doit y comprendre aussi la perte et le déchet, de manière que le total des bois et marchandises corresponde exactement aux additions qui se trouvent au bas du tableau n° 3.

7ᵉ TABLEAU.

État des frais d'exploitation.

1ʳᵉ colonne. Numéros du registre des ouvriers.
2ᵉ id. Numéros de la caisse.
3ᵉ id. Noms des ouvriers, charbonniers et voituriers.
4ᵉ id. Espèce des bois fabriqués ou transportés.
5ᵉ id. Charbons.
6ᵉ id. Quantité des bois et charbons.
7ᵉ id. Prix pour chaque espèce.
8ᵉ id. Prix total.
9ᵉ id. Sommes payées aux ouvriers et voituriers.
10ᵉ id. Sommes restant dues aux ouvriers et voituriers.

CHAPITRE V.

OBSERVATIONS SUR LES DROITS D'USAGE, ET SUR LE PATURAGE EN PARTICULIER.

Nous avons dit que la plus grande partie des forêts ont été détruites par le pâturage ; nous avons dit aussi que le pâturage sagement réglé était utile à l'accroissement des taillis. Il importe de fixer les idées sur ce point.

Lorsque les bestiaux parcourent les bois en tout temps, leur passage n'est qu'une grande dévastation dans laquelle ni arbres ni buissons ne sont épargnés. C'est ce que l'on voit dans les Pyrénées, les Cévennes, et plus particulièrement dans les départements de la Drôme, des Hautes et Basses-Alpes, qui reçoivent les moutons transhumants des plaines d'Arles : ces montagnes sont presque dégarnies de forêts ; les lois sont impuissantes contre cet usage pernicieux, qui n'a subsisté que parce que le pâturage rapportait plus que le bois.

Beaucoup de bois, sans être détruits, souffrent du pâturage ; on les reconnaît au premier aspect à l'inégalité dans la hauteur des brins du taillis, car ceux qui n'ont pas souffert de la dent des bestiaux sont bien plus élevés que les autres ; à la bifurcation des rameaux, qui repoussent après avoir été rongés ; à l'absence de jeunes plants, et à d'autres signes non moins équivoques.

La difficulté de mettre un frein aux abus du parcours en a fait proscrire l'usage dans un grand nombre de forêts ; on a regardé ce moyen de conservation comme le seul qui fût assuré. Rien de mieux dans les taillis où il ne croît point d'herbes ; car les jeunes pousses du bois étant le seul aliment que puissent y trouver les bestiaux, ils ne les épargnent pas.

Mais dans les forêts dont le terrain se couvre d'herbes et d'arbrisseaux, le pâturage sagement réglé détruit les ronces, les viornes et les épines ; les animaux brisent ces plantes pour s'ouvrir un passage ; ils foulent sous leurs pieds une mousse compacte qui s'opposait à la germination des graines forestières ; les jeunes plants n'étant plus étouffés au milieu des buissons se développent avec plus ou moins de force.

Les taillis nettoyés par le pâturage valent quelquefois beaucoup plus que ceux où il a été interdit. Plus le sol est fertile, plus la différence est considérable. Il en est de même de la glandée ; l'espèce de labour que les cochons donnent à la terre fait germer une infinité de graines ; mais,

ans une forêt cultivée, on n'a pas besoin d'un tel
ecours.

L'usage d'enlever le bois mort contribue aussi à ac-
élérer l'accroissement des taillis; l'extraction des brins
raînants, des épines dépérissantes et des branches
qui se dessèchent, est une espèce d'élagage informe,
favorable aux forêts.

Ces usages, ce parcours, produisent l'effet d'un nettoiement mal exécuté. Les moyens que la culture forestière indique sont bien préférables.

Au lieu de faire manger l'herbe par les bestiaux
dans les taillis très-jeunes, il faut la couper ou l'arracher, et quelquefois la brûler. Au lieu du pâturage,
qui détruit souvent les brins bien venants aussi bien
que les mauvais, au lieu de l'enlèvement irrégulier du
bois mort, il faut des cultures et des nettoiements
périodiques.

Quand on est forcé d'abandonner des taillis au parcours, il est avantageux de les faire éclaircir auparavant, parce que les bestiaux dévorent les jets qui
repoussent après l'abatage.

Il est facile de clore les taillis pour y interdire l'entrée des bestiaux après leur exploitation; il suffit de
couper d'avance les brins du pourtour de la coupe à
la hauteur d'un mètre et demi, et de ployer les branches latérales.

En résumé, 1° le pâturage est toujours pernicieux
pour le taillis dans les bois où il n'y a point d'herbe;
2° il est très-nuisible s'il n'est pas bien réglé; 3° les
bonnes espèces de bois se détruiraient bientôt dans les
taillis, s'il n'y avait ni parcours ni nettoiement;
4° l'herbe qui pousse en abondance dans les jeunes
taillis doit être utilisée.

Notre nouvelle loi forestière est d'accord sur ce point avec les principes d'une bonne administration. L'exercice des droits d'usage étant presque toujours incompatible avec la pratique de la culture forestière, un propriétaire ne doit pas hésiter à racheter les droits de pâturage, s'il peut y parvenir moyennant un prix qui ne soit pas trop onéreux. Les calculs qui vont être présentés, et qui reposent sur l'observation d'un grand nombre de faits, aideront à établir une appréciation équitable.

Dans un sol humide et frais comme celui d'un pré :

Age. Ans.	Nombre de bestiaux par 100 hectares.	Valeur du pâturage par bête et par an.	Valeur par 100 hectares.
10, 11, 12.	170	5	850
13, 14, 15.	140	4	560
16, 17, 18.	110	3	330
19, 20, 21.	70	2	140
22, 23, 24.	55	1	55
			1935

Total 1935 fr. pour un parcours de l'étendue de 500 hectares dans une forêt de 800 hectares, dont 15 coupes sont livrées au pâturage, tandis que dans les dix plus jeunes il est défendu ; le revenu par hectare est de 2 fr. 42 cent.

Dans un bois de plaine contenant 800 hectares :

Age. Ans.	Nombre de bestiaux par 100 hectares.	Valeur du pâturage par bête et par an.	Valeur par 100 hectares.
10, 11, 12.	200	2	400
13, 14, 15.	200	1 50	300
16, 17, 18.	200	1 25	250
19, 20, 21.	150	1	150
22, 23, 24.	120	1	120
			1220

Ce qui fait 1 fr. 52 cent. par hectare, pour toute l'étendue de la forêt.

Dans un bois dont le sol est d'assez bonne qualité :

Age. Ans.	Nombre de bestiaux par 100 hectares.	Valeur du pâturage par bête et par an.	Valeur par 100 hectares.
10, 11, 12.	120	4	480
13, 14, 15.	100	3	300
16, 17, 18.	70	2	140
19, 20, 21.	30	1 50	45
22, 23, 24.	25	1	25
			990

Ce qui fait par hectare 1 fr. 23 cent. annuellement pour toute l'étendue de la forêt.

Dans une forêt de 800 hectares située dans un terrain de qualité médiocre :

Age. Ans.	Nombre de bestiaux par 100 hectares.	Valeur du pâturage par bête et par an.	Valeur par 100 hectares.
10, 11, 12.	70	2 55	178 50
13, 14, 15.	54	2	108
16, 17, 18.	40	1 50	60
19, 20, 21.	30	1	30
22, 23, 24.	20	0 75	15
			391 50

Ce qui fait 49 centimes par hectare pour toute l'étendue de la forêt.

Il faut, dans l'évaluation, avoir égard à quelques circonstances : 1° à l'épaisseur du bois ; il y a plus ou moins de places vagues, ce qui influe sur la quantité d'herbe produite ; 2° à l'étendue des forêts. Pour garder cent têtes de bétail, il faut deux personnes et deux chiens ; ces frais reviennent à 700 fr. par an : il en coûte donc 7 fr. par an pour la garde d'une tête de bétail. Mais, si l'on ne peut réunir un grand nombre de bestiaux dans la même forêt, les frais sont plus élevés.

CHAPITRE VI.

DU CANTONNEMENT.

Il y a plus de cinq siècles que l'on se plaint, en France, des abus qu'entraine inévitablement l'exercice des droits d'usage ; on avait nommé un officier sous le nom de *forestier*, dont les fonctions se bornaient à la conservation du gibier et à la délivrance des bois aux usagers. Ceux-ci augmentaient la culture agraire aux dépens de l'étendue des bois, malgré les forestiers, et cela était quelquefois très-heureux. Depuis longtemps on ne s'accommode ni de faire des demandes en délivrance qui répugnent à ceux qui ont des droits acquis, ni d'acquiescer toujours à des demandes exagérées, et les propriétaires se séparent des usagers par le cantonnement.

Le cantonnement consiste à céder en toute propriété aux usagers une portion de la forêt *pour leur tenir lieu de leurs droits d'usage* (1).

Quelle est la règle à suivre dans le cas où la forêt peut à peine suffire aux besoins des usagers ?

Ce cas se rencontre assez fréquemment, car les usagers sont beaucoup plus nombreux qu'autrefois ; ils ont beaucoup plus de bestiaux ; leurs besoins de

(1) Voyez mon *Manuel des propriétaires et régisseurs de bois et forêts*, page 286.

Voyez aussi le *Manuel de l'estimateur des forêts*, par M. Noirot-Bonnet. (Ces deux ouvrages se trouvent chez Mᵐᵉ Huzard.)

toute espèce ont pris de l'extension; leurs maisons sont plus grandes, leurs instruments aratoires plus compliqués, etc.

Doit-on, dans cette hypothèse, céder aux usagers la propriété de la forêt tout entière, et en dépouiller absolument le propriétaire?

D'abord ce n'est pas à la consommation réelle qu'il faut s'attacher, mais bien à l'étendue des besoins des usagers.

En second lieu, il reste toujours au propriétaire quelques droits qu'il n'a point aliénés, ne fût-ce que le droit de chasse, celui d'extraire des mines dans le sol, etc. Il conserve la jouissance éventuelle du sol, pour le cas où la forêt serait détruite par le temps. D'ailleurs, on ne peut présumer que ses prédécesseurs n'aient pas entendu se réserver une partie notable de la propriété lorsqu'ils ont concédé les usages ou qu'ils en ont fait la reconnaissance.

Ces circonstances sont ordinairement appréciées par les tribunaux; mais il est un autre point fort important sur lequel leur attention n'a peut-être pas encore été appelée.

Une propriété foncière est estimée ordinairement à raison de trois pour cent du revenu net dont elle est susceptible.

Mais il est évident qu'un droit d'usage ne peut pas être capitalisé au même taux; car, en supposant qu'il pût être aliéné, personne ne voudrait l'acheter au taux de quatre, ni même de cinq pour cent du revenu net.

Les avantages principaux de la propriété sont refusés aux usagers; ils ne peuvent varier la culture à leur gré, ni régler l'exploitation ou l'aménagement des bois; ils sont obligés de demander la délivrance de leurs usages aux propriétaires; ils ne peuvent faire ou exiger aucune amélioration, ni empêcher que la forêt ne dégénère, ce qui arrive toujours à la longue, quel que soit le mode d'aménagement; les essences de bois soumises à l'usage finissent souvent par disparaître pour ne se reproduire que quelques siècles plus tard.

Un acquéreur voudrait donc retirer six à sept pour cent du capital qu'il mettrait dans une acquisition de droit d'usage, si elle était praticable.

Cette mesure donne la valeur réelle des droits d'usage capitalisés.

Dans la plupart des États de l'Europe, la législation n'a pas encore autorisé les propriétaires à faire cantonner les usagers. Les Allemands laissent exercer paisiblement les droits d'usage; mais tout se passe dans un ordre parfait : la saison, le jour, le mode d'exercice, sont réglés d'avance; des gardes et des militaires sont placés sur différents points de la forêt et sur les routes, pour veiller à la stricte et méthodique exécution des règlements.

Il n'en est pas de même en Angleterre, où la confusion des droits est telle, qu'il est des forêts dont le sol appartient à la couronne, le taillis à des particuliers, et le droit de parcours à des communes qui ont détruit et les taillis, et les futaies, et même les souches. Il faut un acte spécial du parlement pour régler entre les intéressés le partage de chaque forêt grevée d'usages.

CONCLUSION.

Toutes les forêts sont plus ou moins susceptibles d'améliorations ; les plus mauvais terrains peuvent produire des bois, pourvu que le sol soit assez couvert pour conserver l'humidité : les nettoiements et les éclaircies, qui font gagner du temps sur la durée de l'accroissement des arbres, qui assurent le repeuplement naturel des meilleures espèces forestières ; la substitution de celles-ci aux essences qui conviennent le moins au sol ; la formation de pépinières destinées à fournir du plant pour créer des bois dans tous les terrains peu propres à d'autres cultures et dans les plus petits espaces incultes ; tous ces travaux sont d'une exécution facile, et le succès ne peut en être douteux. Nous avons indiqué les meilleures méthodes de culture et d'aménagement ; nous nous sommes étendu sur l'estimation, parce qu'il importe de connaître et de cultiver les arbres qui donnent le plus de profit, et que le succès de la science forestière repose entièrement sur des calculs bien faits de dépenses et de produits.

Il ne nous reste plus qu'à énoncer une vérité qui ressort de tout ce que nous avons dit dans cet ouvrage : les forêts les plus productives seront celles dont les arbres seront parfaitement appropriés au sol et au genre de débit local, et dans lesquelles la plus forte somme de travail utile sera employée chaque année.

L'adoption de la culture forestière nous semble être une nécessité. Espérons qu'elle fera des progrès et qu'elle s'agrandira avec le temps.

TABLEAUX.

Tableau de la valeur des coupes de bois et des fonds de terres labourables, prés et vignes, pendant les cinq derniers siècles.

Nous avons calculé la valeur relative des fonds de terres et des coupes de bois d'après les documents que nous avons recueillis aux archives de Dijon.

Nous rapporterons une partie des ventes qui ont servi de base à nos calculs.

Les prix, exprimés en monnaies dont la valeur a subi de grandes variations, doivent être réduits à une mesure commune; nous prendrons d'abord, dans cette vue, la valeur du marc d'argent (245 grammes); mais ce métal étant devenu, par l'effet de l'exploitation des mines d'Amérique, quatre fois plus commun qu'il n'était dans le xve siècle, il faut la rapporter au poids d'une quantité déterminée de blé pour terme de comparaison. Comme la production du blé suit assez régulièrement les progrès de la population, et que la consommation en est d'un usage presque général en France, c'est au prix moyen et commun de cette denrée que nous rapporterons les prix dont nous allons nous occuper.

Nous citerons d'anciennes mesures dont nous allons faire connaître la valeur.

L'étendue de l'ancien arpent est de quarante-deux ares; mais, depuis l'année 1669, les bois ont été mesurés à l'arpent de cinquante et un ares sept centiares.

Le journal de terre contient trente-quatre ares vingt-huit centiares. La soiture de pré est de la même étendue, qui est précisément égale à celle de l'arpent de Paris.

Le setier de blé dont nous parlerons est l'ancien setier de Paris, qui pesait 240 livres (118 kilog.), et qui vaut aujourd'hui 30 fr., terme moyen.

ANNÉE 1291.

Le setier de blé valait, à cette époque, 10 sous.
Le marc d'argent était à 2 livres 18 sous.

Vente d'une grange et meix à Maisey, et ses appartenances du four de Til, ensemble de cinquante journaux de terres en treize pièces, à Maisey, Til et Lignières, dix soitures de pré auxdits finages, pour le prix de 300 livres tournois.

Cela faisait environ 600 setiers de blé. Ces immeubles se vendraient aujourd'hui 30,000 francs environ, ou 1,000 setiers de blé.

ANNÉE 1293.

Vente au duc de Bourgogne de la *tondue* de 400 arpents de bois de Nesle, c'est à savoir : 300 arpents de bois de haute forêt et 100 arpents de bois communs, à vingt ans de traite, pour le prix de 1,600 livres tournois.

Le prix de l'arpent était de 4 livres. Il vaudrait aujourd'hui 1,200 francs.

Comme le setier de blé valait 10 sous, un arpent de bois coûtait 8 setiers de blé.

En 1838, le setier de blé vaut 30 francs; il faudrait, par conséquent, 40 setiers pour acheter ce qui ne coûtait que 8 setiers en 1293.

ANNÉE 1310.

Le prix du setier de blé était de 15 sous.
Le marc d'argent était à 3 livres 8 sous.

Vente des villages de Chevigny-Saint-Sauveur et de Corcelles-en-Montvau, avec tous les droits, tailles, censives, corvées, les cens, dîmes, tierces, terres, prés, fours, moulins, bois, cours d'eau, pêche, pâturage, meix, maisons, murs et fossés, etc., etc., et quatre soitures de prés sur Chevigny, pour la somme de 1,600 livres tournois.

Vente de deux journaux de terre pour 24 livres tournois, au finage d'Ouges.

ANNÉE 1311.

Le prix du setier de blé était de 16 sous.
Le marc d'argent était de 3 livres 8 sous.

Vente d'un demi-journal de terre à Ouges pour 8 livres tournois.

Vente d'un demi-journal de terre au finage d'Ouges pour 40 sous tournois.

Vente d'un demi-journal de terre à Ouges pour 3 livres tournois.

Le prix moyen était de 9 livres 10 sous le journal, ou de 12 setiers de blé environ.

Le journal de terre, dans cette localité, vaut, en 1838, 800 fr., terme moyen, ou 27 setiers de blé environ.

Vente de trois journaux de terre au finage de Longvic pour 30 livres tournois.

Vente d'un demi-journal de terre au finage de Longvic pour 60 sous tournois.

Vente de deux journaux de terre au finage de Longvic pour 15 livres tournois.

Le prix moyen du journal de terre était de 8 livres environ, ou de 10 setiers de blé.

Le journal de terre, dans cette commune, vaut aujourd'hui 700 francs ou 23 setiers de blé.

Vente au finage de Ruffey de deux journaux et demi pour 10 livres 10 sous tournois.

Le journal de terre vaut, en 1838, 500 fr., terme moyen.

Année 1353.

Le prix du setier de blé était très-élevé parce qu'il y avait une famine; mais, en 1356, il était descendu à 12 sous.

Le marc d'argent était monté à 10 livres.

Vente de la coupe du bois appelé le Vernois d'Antilly, contenant trente arpents, à cinq ans de traite, pour 150 livres.

Cela fait 5 livres l'arpent (environ 8 setiers de blé).

En 1838, un arpent de bois, dans cette localité, vaudrait 1,500 fr. ou 50 setiers de blé.

Vente de la coupe de douze arpents de bois en la châtellenie de Vergy pour 125 livres.

Année 1367.

Le prix moyen du setier de blé était de 20 sous.

Le marc d'argent était à 6 livres.

Vente d'une fauchée de pré au finage de Flacey pour 3 fr. d'or. (Le franc d'or valait 60 sous tournois.)

Cette fauchée de pré vaudrait 600 fr. en 1838.

Vente d'un demi-journal de terre à Orgeux pour 5 florins de Florence. (Le florin valait une livre tournois.)

Ce demi-journal de terre vaut, en 1838, 250 fr. environ.

Vente d'un demi-quartier de vigne au finage de Talant pour deux florins de Florence.

Ce demi-quartier de vigne vaut environ 120 fr. en 1838.

Vente d'un meix et maison et dépendances à Fontaine-lès-Dijon pour la somme de 12 fr.

Vente d'un demi-journal de vigne à Ruffey pour 2 florins. (Le florin valait une livre tournois.)

Ce demi-journal de vigne vaudrait 5oo francs environ en 1838.

Vente d'un journal et demi de terre au finage de Longeau pour 2 florins.

Ce journal et demi de terre vaut environ 1,2oo fr. en 1838.

Vente de quatre journaux de terre au finage de Crimolois pour 16 florins.

Le journal de terre était vendu 4 setiers de blé ; aujourd'hui il vaut environ 2o setiers.

ANNÉE 1381.

Le setier de blé valait 16 sous.
Le marc d'argent était à 6 livres.

Vente de la coupe de trente arpents de bois au finage de Maisey pour 120 fr.

Cela fait 4 livres ou 5 setiers de blé l'arpent.
En 1838, un arpent semblable vaudrait environ 1,2oo fr. ou 4o setiers de blé.

ANNÉE 1383.

Vente d'une maison à Dijon, rue Saint-Nicolas, pour 3 fr. d'or.

Vente d'une maison, fonds et meix et appartenances, pour 25 fr. d'or, ladite maison sise à Dijon.

ANNÉE 1392.

Le setier de blé valait 16 sous.

Le marc d'argent était à 6 livres 15 sous.

Vente de la coupe de cent arpents de bois au finage de Maisey pour 350 fr.

Vente de la coupe de quatre-vingts arpents de bois au finage de Maisey pour 146 fr. 8 gros.

Le prix moyen était de 3 setiers de blé par arpent.

Ce prix serait aujourd'hui de 40 setiers.

ANNÉE 1402.

Le setier de blé valait 16 sous.

Le marc d'argent était à 11 livres 14 sous.

Vente d'une pièce de vigne de trois quartiers au finage de Dijon pour le prix de 10 fr. d'or. (Le franc d'or valait 20 sous tournois.)

Une vigne de cette contenance vaudrait 800 fr. environ en 1838.

ANNÉE 1404.

Le setier de blé valait 17 sous.

Le marc d'argent était à 11 livres 14 sous.

Vente de la coupe de bois de soixante arpents de bois au finage de Verdun pour 450 fr.

Le prix moyen était de 7 livres 10 sous l'arpent ou 9 setiers.

Un arpent semblable coûterait 50 setiers de blé en 1838.

ANNÉE 1407.

Vente d'un meix, maison et dépendances d'un journal de terres, de six ouvrées de vignes, au finage de Meuilley, pour 18 fr.

Vente d'un demi-journal de vignes au finage de Dijon pour 6 fr. d'or.

Une vigne de cette contenance coûterait 600 fr. environ en 1838.

Vente de trois quartiers de vigne au finage de Dijon pour 8 écus d'or. (L'écu d'or valait 3 livres tournois.)

Vente d'un journal de terre au finage d'Arc-sur-Tille pour 5 fr.

Ce journal de terre coûtait 6 setiers de blé. Aujourd'hui il coûterait 14 setiers.

Vente d'une pièce de terre de trois quartiers au finage de Varanges pour le prix de 2 florins d'or. (Le florin d'or valait 20 sous tournois.)

Ces trois quartiers de terre vaudraient aujourd'hui 600 fr.

ANNÉE 1425.

Le setier de blé valait 17 sous, terme moyen.
Le marc d'argent était à 7 livres 10 sous.

Vente de la coupe de soixante arpents de bois pour 30 fr., dans les châtellenies de Montréal et de Château-Girard.

Le prix de l'arpent n'excédait guère celui d'un demi-setier de blé. On le vendrait environ 30 setiers en 1838.

ANNÉE 1474.

Le setier de blé valait 18 sous.
Le marc d'argent était à 11 livres.

Vente de deux journaux et demi de terre pour 12 fr. à Magny-sur-Tille.

Ces deux journaux et demi de terre vaudraient aujourd'hui 1,400 fr. environ.

Vente de trois journaux de terre à Beaumont-sur-Vingeanne pour 8 fr.

Ces trois journaux de terre valent, en 1838, 1350 fr. environ, ce qui fait 400 fr. le journal.

ANNÉE 1475.

Vente de deux journaux de terre à Beaumont pour 5 fr.

Le journal coûtait environ 6 setiers de blé. Aujourd'hui il coûterait 14 setiers.

ANNÉE 1485.

Le setier de blé valait 14 sous.

Le marc d'argent était à 11 livres 10 sous.

Vente d'un demi-journal de vigne au finage de Dijon pour 13 fr.

Ce demi-journal de vigne vaudrait aujourd'hui 600 fr. environ.

ANNÉE 1531.

Le setier de blé valait 5 livres 3 sous. Trois ans après, en 1534, il était descendu à 25 sous.

Le marc d'argent était à 14 livres.

Vente de dix soitures de prés au finage de Chevigny pour 20 fr.

Cela faisait 2 fr. la soiture, ou moins d'un demi-setier de blé. Aujourd'hui la soiture se vendrait 450 fr. ou 15 setiers de blé au moins.

Vente de deux journaux de terre labourable à Bellefond pour 14 fr.

Le journal de terre valait 7 fr. ou un setier et un tiers de blé environ.

En 1838, le journal vaut 12 setiers de blé environ.

ANNÉE 1566.

Le setier de blé valait 9 livres 11 sous.

Le marc d'argent était à 18 livres.

424

Vente d'une soiture de pré à Voulaine pour 45 sous tournois.

Cette soiture de pré vaudrait aujourd'hui 8oo fr. environ.

ANNÉE 1569.

Le setier de blé valait 4 livres 10 sous.
Le marc d'argent était à 20 livres.

Vente de la coupe de cinquante-deux arpents de bois de haute futaie, châtellenie de Villers-le-Duc, pour 1,144 livres.

Cela fait 22 livres l'arpent, ou 5 setiers de blé environ.
En 1838, l'arpent coûterait 1,5oo livres ou 5o setiers de blé environ.

ANNÉE 1572.

Le setier de blé valait 5 livres 10 sous.
Le marc d'argent était à 21 livres.

Vente d'un demi-journal de terre au finage d'E-chenon pour 9 fr.

Le journal de terre vaut communément dans cette commune 1,2oo fr. en 1838.

ANNÉE 1603.

Le setier de blé valait 9 livres 16 sous, terme moyen.
Le marc d'argent était à 22 livres.

Vente de la coupe de quarante arpents de haute futaie au finage d'Argilly pour 720 livres.

Cela faisait 3o livres l'arpent, ou 3 setiers de blé environ.
Un arpent de bois, dans cette localité, vaudrait 1,5oo fr. ou 5o setiers de blé en 1838.

ANNÉE 1605.

Le setier de blé valait environ 9 livres.

Vente de la coupe de cinquante arpents de haute futaie au finage d'Argilly pour 1,050 livres.

Cela faisait 21 livres l'arpent, ou 2 setiers un tiers de blé.
Cet arpent vaudrait, en 1838, 60 setiers environ.

ANNÉE 1606.

Le setier de blé valait 8 livres 1 sou.
Le marc d'argent était à 23 livres.

Vente de la coupe de 102 arpents trois quarts et demi et trois cordes de bois au finage de Villers-le-Duc pour le prix de 4,754 livres 6 sous.

Ce qui fait 46 livres l'arpent, ou près de 6 setiers de blé.
Aujourd'hui un arpent vaudrait environ 50 setiers de blé.

ANNÉE 1619.

Le setier de blé valait 9 livres 2 sous, terme moyen.
Le marc d'argent était à 27 livres.

Vente d'un tiers de soiture de pré au finage de Pouilly pour 18 livres (2 setiers de blé environ).

Ce tiers de soiture vaudrait aujourd'hui 200 fr., environ, ou 7 setiers de blé.

ANNÉE 1621.

Vente d'un journal de terre pour 25 livres au finage de Labergement.

Ce journal de terre coûtait près de 3 setiers de blé.
Il coûterait aujourd'hui 15 setiers de blé environ.

ANNÉE 1627.

Le setier de blé valait 12 livres 8 sous, terme moyen.
Le marc d'argent était à 27 livres.

Vente de la coupe de 200 arpents de bois, moitié futaie, moitié taillis, le prix de l'arpent futaie étant de 42 livres, et l'arpent taillis de 25 livres, au finage de Villers-le-Duc, pour le prix de 6,700 livres.

L'arpent de futaie vaudrait 1,500 fr. en 1838.

ANNÉE 1633.

Le setier de blé valait 12 livres, terme moyen.
Le marc d'argent était à 27 livres.

Vente de la coupe de 94 arpents de haute futaie au finage de Villers-le-Duc pour la somme de 4,128 liv.

Cela faisait 44 livres ou près de 4 setiers de blé l'arpent.
En 1838, le prix d'un arpent semblable serait d'environ 50 setiers.

ANNÉE 1644.

Le setier de blé valait 12 livres, terme moyen.
Le marc d'argent était à 29 livres.

Vente de la coupe de 206 arpents trois quarts de bois de haute futaie au finage de Saint-Germain-de-Modéon pour la somme de 5,685 livres 12 sous 6 deniers.

L'arpent de futaie vaudrait 1,800 fr. au moins en 1838.

Vente d'un journal et demi de terre labourable au finage de Chamblanc pour 80 livres.

Le prix était de 54 livres ou de 4 setiers et demi le journal, qui coûterait environ 20 setiers de blé en 1838.

ANNÉE 1661.

Le setier de blé valait 17 livres 16 sous, terme moyen.
Le marc d'argent était à 32 livres.

Vente d'un tiers de soiture de pré au finage de Chamblanc pour 16 livres 10 sous.

Ce pré était vendu pour un setier de blé environ.
Aujourd'hui il vaudrait environ 8 setiers de blé.

ANNÉE 1664.

Le setier de blé valait 17 livres 16 sous, terme moyen.

Le marc d'argent était à 32 livres.

Vente d'un journal et demi de terres labourables au finage de Chamblanc pour 80 livres.

Le prix était de 54 livres le journal, ou de 3 setiers de blé environ.

Aujourd'hui le journal se vendrait environ 20 setiers de blé.

ANNÉE 1679.

Le blé valait 13 livres le setier.

Le marc d'argent était à 32 livres.

Vente de la coupe de 71 arpents 10 perches dans la forêt de Borne, dépendant de la châtellenie d'Argilly, pour 25 livres l'arpent, en tout 1,777 livres 10 sous.

L'arpent se vendait environ 2 setiers.

Il se vendrait 50 setiers en 1838.

ANNÉE 1685.

Vente de la coupe de 79 arpents de bois en la haute forêt d'Argilly pour 1,975 livres.

Ce qui fait 25 livres l'arpent.

L'arpent vaudrait 1,800 fr. en 1838.

ANNÉE 1692.

Le setier de blé valait 14 livres 13 sous.

Le marc d'argent était à 32 livres.

Vente de la coupe de 120 arpents de bois taillis au finage de Molesme pour 1,800 livres.

Cela fait 15 livres l'arpent.

L'arpent vaudrait environ 600 fr. en 1838.

ANNÉE 1710.

Le setier de blé valait 22 livres.
Le marc d'argent était à 43 livres.

Vente de la coupe de 45 arpents de bois de la forêt de Foulin pour 2,250 livres.

ANNÉE 1750.

Le setier de blé valait 15 livres.
Le marc d'argent était à 54 livres.

Vente à la maîtrise de Dijon de la coupe de 462 arpents 50 perches de bois pour 37,258 livres 10 sous.

Ce qui fait 80 livres l'arpent, ou 5 setiers de blé environ.
Aujourd'hui l'arpent se vendrait environ 16 setiers de blé.

ANNÉE 1751.

Vente à la maîtrise de Châtillon de la coupe de 628 arpents de bois pour 33,600 livres.

Cela faisait 53 livres l'arpent, ou trois setiers et demi de blé.
L'arpent se vendrait 10 setiers de blé environ en 1838.

Les recherches que nous avons faites sur le prix comparatif des propriétés foncières et des coupes de bois conduisent aux résultats suivants :

1° Une terre labourable contenant un journal ou un arpent de Paris (34 ares 28 centiares), qui se vendait dix setiers de blé dans le XIV siècle, se vend aujourd'hui 30 setiers de blé, terme moyen, ce qui annonce que l'agriculture rend, de nos jours, beaucoup plus de produits matériels qu'elle n'en donnait, en ces temps reculés, dans des terrains d'égale étendue et de même qualité.

2° La coupe d'un arpent de bois de haute futaie,

qui se vendait sept setiers de blé avant le xviie siècle, se vendrait aujourd'hui quarante-cinq setiers, terme moyen.

3° Le prix de la coupe d'un semblable arpent était d'environ un marc et un quart d'argent avant le xviie siècle.

4° En 1838, la coupe d'un arpent de haute futaie vaut environ 1,400 francs ou 28 marcs d'argent : par conséquent, le prix du bois a augmenté en argent, relativement aux temps anciens, dans le rapport de 1 à 22.

5° Un journal de terre qui valait 2 marcs d'argent se vendrait aujourd'hui 20 marcs, ce qui met les prix dans le rapport de 1 à 10 en argent.

Ainsi le prix des bois évalués dans les forêts a augmenté dans une proportion deux fois plus forte que celui des terres.

Cependant nous avons vu que, dans la masse de la consommation annuelle des habitants d'une grande ville, les rapports entre le prix du bois et le prix des autres objets de dépense ne sont pas changés. Cela doit être attribué principalement au perfectionnement des moyens de transporter les denrées.

Le prix des vignes ne s'est pas élevé en proportion de celui des terres arables, mais le prix des terres basses et marécageuses s'est accru dans une proportion plus forte.

Il faut aujourd'hui quatre marcs d'argent pour acheter autant de blé que l'on pouvait en avoir dans le xive pour un marc ; mais il faut vingt marcs d'argent pour acheter une coupe de bois qui n'aurait coûté qu'un marc dans ces temps reculés, et même depuis, jusqu'au xviie siècle.

Nous concluons de ces faits que la culture peut seule faire rapporter dans un terrain forestier des produits égaux en valeur à ceux que donnerait l'agriculture dans le même sol (1).

(1) L'objection que la culture des bois exigerait une main-d'œuvre dispendieuse et l'emploi d'un grand nombre d'agents se résout par un seul fait qu'il est facile de mettre sous les yeux du lecteur. On peut comparer le revenu d'une oseraie ordinaire avec le produit presque nul des osiers sauvages ; et puisque la culture de ce faible arbrisseau rembourse et les salaires d'ouvriers, et l'intérêt du capital, et la rente de la terre, comment la culture des arbres pourrait-elle être désavantageuse ? La durée de l'accroissement n'est point une cause de perte, puisque le prix du bois s'élève en proportion de cette durée, qui, au surplus, serait considérablement abrégée par la culture.

USAGE DES TABLES SUIVANTES.

PREMIÈRE TABLE.

Supposons que l'on achète le fonds d'un hectare de bois 1,500 francs, et que l'on demeure vingt-cinq ans sans en tirer de revenu : combien cette propriété coûtera-t-elle au bout de vingt-cinq ans, en comptant les intérêts cumulés de cette somme à raison de trois et demi pour cent par an ?

Je vois, par la table, qu'un franc produit, au bout de vingt-cinq ans, 2 francs 9 centimes ; je multiplie ce dernier nombre par 1,500, et j'ai 3,135 francs, somme à laquelle revient l'acquisition à la fin de la vingt-cinquième année.

DEUXIÈME TABLE.

On débourse annuellement 4 francs par hectare pour impôts et frais de garde d'une forêt. Quel sera le total des déboursés au bout de trente ans, en comptant l'intérêt cumulé à raison de 4 pour cent par an ?

Je vois à la table des déboursés annuels qu'une somme d'un franc, dépensée annuellement, produit, au bout de trente ans, une somme totale de 56 francs 4 centimes. Je multiplie ce dernier nombre par 4 ; le produit est de 224 fr. 16 centimes : en sorte que l'on a déboursé, à la fin de la trentième année, 224 francs 16 centimes, intérêts cumulés compris.

Cette table sert aussi pour les recettes annuelles.

TROISIÈME TABLE.

Supposons que je doive recevoir dans vingt ans une somme de 800 francs. A combien doit se réduire cette somme à l'époque actuelle, si l'on a égard aux intérêts cumulés, à raison de trois pour cent par an ?

Je vois dans la table qu'une somme d'un franc, que l'on ne recevra que dans vingt ans, est représentée par le nombre 0,5537 ; je multiplie ce nombre par 800, et le produit, qui est de 442 francs 96 centimes, exprime la valeur actuelle de la somme de 800 francs, qui ne doit être perçue que dans vingt ans.

PREMIÈRE TABLE.

Tableau du placement d'une somme d'un franc, avec intérêts composés pour servir à calculer le revenu des bois.

ANNÉES.	TOTAL y compris l'intérêt à 3 0/0.		TOTAL y compris l'intérêt à 3 1/2 0/0.		TOTAL y compris l'intérêt à 4 0/0.		TOTAL y compris l'intérêt à 5 0/0.	
1	1	03	1	03	1	04	1	05
2	1	06	1	07	1	08	1	10
3	1	09	1	11	1	12	1	16
4	1	12	1	15	1	16	1	21
5	1	16	1	19	1	21	1	27
6	1	19	1	23	1	26	1	34
7	1	23	1	27	1	31	1	41
8	1	27	1	31	1	37	1	47
9	1	30	1	36	1	42	1	55
10	1	34	1	41	1	48	1	63
11	1	38	1	46	1	54	1	71
12	1	42	1	51	1	60	1	79
13	1	47	1	56	1	66	1	88
14	1	51	1	62	1	73	1	97
15	1	56	1	67	1	80	2	07
16	1	60	1	73	1	87	2	18
17	1	65	1	79	1	94	2	29
18	1	70	1	85	2	02	2	40
19	1	75	1	92	2	10	2	52
20	1	80	1	98	2	19	2	65
21	1	86	2	06	2	28	2	78
22	1	91	2	13	2	36	2	92
23	1	97	2	20	2	46	3	07
24	2	03	2	28	2	56	3	22
25	2	09	2	36	2	66	3	38
26	2	15	2	44	2	77	3	55
27	2	22	2	53	2	88	3	73
28	2	28	2	62	2	99	3	92
29	2	35	2	71	3	11	4	11
30	2	42	2	80	3	24	4	32
31	2	50	2	90	3	37	4	54
32	2	57	3	00	3	51	4	76
33	2	65	3	11	3	65	5	00
34	2	73	3	22	3	79	5	25
35	2	81	3	33	3	94	5	51
36	2	90	3	45	4	10	5	79
37	2	98	3	57	4	26	6	08
38	3	07	3	69	4	43	6	38
39	3	16	3	82	4	61	6	70
40	3	26	3	95	4	80	7	04

ANNÉES.	TOTAL y compris l'intérêt à 3 0/0.	TOTAL y compris l'intérêt à 3 1/2 0/0.	TOTAL y compris l'intérêt à 4 0/0.	TOTAL y compris l'intérêt à 5 0/0.
41	3 36	4 09	4 99	7 39
42	3 46	4 24	5 19	7 76
43	3 56	4 39	5 40	8 14
44	3 67	4 54	5 61	8 54
45	3 78	4 70	5 84	8 98
46	3 89	4 87	6 07	9 43
47	4 01	5 03	6 31	9 90
48	4 13	5 21	6 57	10 40
49	4 25	5 39	6 83	10 92
50	4 38	5 58	7 10	11 46
51	4 51	5 78	7 39	12 04
52	4 65	5 98	7 68	12 64
53	4 79	6 19	7 99	13 27
54	4 93	6 40	8 31	13 94
55	5 08	6 63	8 64	14 63
56	5 23	6 86	8 99	15 37
57	5 39	7 10	9 35	16 13
58	5 55	7 35	9 72	16 94
59	5 72	7 61	10 11	17 79
60	5 89	7 88	10 52	18 68
61	6 07	8 15	10 94	19 61
62	6 25	8 44	11 38	20 59
63	6 44	8 73	11 83	21 62
64	6 63	9 04	12 30	22 70
65	6 82	9 35	12 80	23 84
66	7 03	9 68	13 31	25 03
67	7 24	10 02	13 84	26 28
68	7 46	10 37	14 39	27 60
69	7 69	10 73	14 97	32 98
70	7 91	11 11	15 57	30 42
71	8 15	11 50	16 19	81 95
72	8 40	11 90	16 84	33 54
73	8 65	12 32	17 51	35 22
74	8 91	12 75	18 21	36 98
75	9 17	13 20	18 94	38 83
76	9 45	13 66	19 70	40 77
77	9 74	14 14	20 49	42 81
78	10 03	14 63	21 31	44 95
79	10 33	15 14	22 16	47 20
80	10 64	15 67	23 05	49 56
81	10 96	16 22	23 97	52 04
82	11 29	16 79	24 93	54 64
83	11 63	17 38	25 93	57 37
84	11 97	17 98	26 96	60 24
85	12 33	18 61	28 04	63 25
86	12 70	19 27	29 16	66 42

ANNÉES.	TOTAL y compris l'intérêt à 3 0/0.		TOTAL y compris l'intérêt à 3 1/2 0/0.		TOTAL y compris l'intérêt à 4 0/0.		TOTAL y compris l'intérêt à 5 0/0.	
87	13	08	19	94	30	33	69	74
88	13	48	20	64	31	54	73	22
89	13	88	21	36	32	81	76	88
90	14	30	22	11	34	12	80	73
91	14	73	22	88	35	48	84	77
92	15	17	23	68	36	90	89	00
93	15	62	24	51	38	38	93	45
94	16	09	25	37	39	91	98	13
95	16	58	26	26	41	51	103	03
96	17	07	27	18	43	17	108	18
97	17	58	28	13	44	89	113	59
98	18	11	29	11	46	69	119	27
99	18	65	30	13	48	56	125	24
100	19	22	31	19	50	50	131	50
101	19	79	32	28	52	52	138	07
102	20	39	33	41	54	62	144	98
103	21	00	34	58	56	81	152	23
104	21	63	35	79	59	08	159	84
105	22	28	37	04	61	44	167	83
106	22	95	38	34	63	90	176	22
107	23	63	39	68	66	46	185	03
108	24	34	41	07	69	12	194	29
109	25	07	42	51	71	88	204	00
110	25	83	43	99	74	76	214	20
111	26	60	45	54	77	75	224	91
112	27	40	47	13	80	86	236	16
113	28	22	48	78	84	09	247	96
114	29	07	50	49	87	46	260	36
115	29	94	52	25	90	95	273	38
116	30	84	54	08	94	59	287	05
117	31	76	55	98	98	38	301	40
118	32	72	57	93	102	32	316	47
119	33	70	59	96	106	41	332	29
120	34	71	62	06	110	66	348	91
121	35	75	64	23	115	08	366	36
122	36	82	66	48	119	69	384	67
123	37	93	68	81	124	48	403	91
124	39	06	71	22	129	46	424	10
125	40	24	73	71	134	64	445	31
126	41	44	76	29	140	02	467	57
127	42	69	78	96	145	62	490	95
128	43	97	81	72	151	45	515	50
129	45	29	84	58	157	51	541	27
130	46	65	87	55	163	81	568	34
131	48	02	90	61	170	36	596	76
132	49	49	93	78	177	17	626	59

ANNÉES.	TOTAL y compris l'intérêt à 3 0/0.		TOTAL y compris l'intérêt à 3 1/2 0/0.		TOTAL y compris l'intérêt à 4 0/0.		TOTAL y compris l'intérêt à 5 0/0.	
133	50	97	97	06	184	26	657	92
134	52	50	100	46	191	63	690	82
135	54	08	103	98	199	29	725	36
136	55	70	107	62	207	27	761	63
137	57	37	111	38	215	56	799	71
138	59	09	115	26	224	18	839	70
139	60	86	119	32	233	15	881	68
140	62	69	123	49	242	47	925	76
141	64	57	127	82	252	17	972	05
142	66	51	132	29	262	26	1020	66
143	68	50	136	92	272	65	1071	69
144	70	56	141	71	283	66	1125	27
145	72	67	146	67	295	01	1181	54
146	74	85	151	81	306	81	1240	61
147	77	10	157	12	319	08	1302	64
148	79	41	162	62	331	84	1367	78
149	81	80	168	31	345	12	1436	17
150	84	25	174	20	358	92	1507	98

DEUXIÈME TABLE.

Tableau des déboursés annuels ou des recettes annuelles d'une somme d'un franc avec intérêts composés, pour servir à calculer les frais de garde, les impôts, etc.

ANNÉES.	TOTAL y compris l'intérêt à 3 0/0.		TOTAL y compris l'intérêt à 3 1/2 0/0.		TOTAL y compris l'intérêt à 4 0/0.		TOTAL y compris l'intérêt à 5 0/0.	
1	1	00	1	00	1	00	1	00
2	2	03	2	03	2	04	2	05
3	3	09	3	10	3	12	3	15
4	4	18	4	21	4	25	4	31
5	5	31	5	36	5	41	5	52
6	6	47	6	55	6	63	6	80
7	7	66	7	78	7	90	8	14
8	8	89	9	05	9	21	9	45
9	10	16	10	36	10	58	11	02
10	11	46	11	73	12	00	12	58
11	12	81	13	14	13	48	14	20
12	14	19	14	60	15	02	15	91
13	15	62	16	11	16	62	17	71
14	17	08	17	67	18	29	19	60
15	18	60	19	28	20	02	21	58
16	20	15	20	95	21	82	23	65
17	21	76	22	68	23	69	25	84
18	23	41	24	48	25	64	28	13
19	25	11	26	33	27	67	30	54
20	26	87	28	25	29	78	33	06
21	28	67	30	20	31	96	35	72
22	30	53	32	22	34	25	38	50
23	32	45	34	32	36	61	41	43
24	34	43	36	60	39	08	44	50
25	36	46	38	88	41	64	47	72
26	38	55	41	26	44	31	51	11
27	40	71	43	75	47	08	54	57
28	42	93	46	28	49	96	58	40
29	45	22	48	90	52	97	62	32
30	47	57	51	61	56	04	66	44
31	50	00	54	41	59	32	70	76
32	52	50	57	32	62	70	75	30
33	55	07	60	32	66	21	80	06
34	57	73	63	43	69	85	85	06
35	60	46	66	65	73	65	90	34
36	63	22	69	99	77	59	95	81
37	66	14	73	44	81	70	101	63
38	69	16	77	01	85	97	107	71
39	72	23	80	70	90	41	114	09

ANNÉES.	TOTAL y compris l'intérêt à 3 0/0.		TOTAL y compris l'intérêt à 3 1/2 0/0.		TOTAL y compris l'intérêt à 4 0/0.		TOTAL y compris l'intérêt à 5 0/0.	
40	75	40	84	52	95	02	120	80
41	78	66	88	48	99	82	127	84
42	82	02	92	58	104	82	135	23
43	85	48	96	82	110	01	142	99
44	89	04	101	21	115	41	151	14
45	92	72	105	75	121	03	159	70
46	96	50	110	45	126	87	168	66
47	100	39	115	32	132	94	178	12
48	104	40	120	35	139	76	188	02
49	108	54	125	56	145	83	198	42
50	112	79	130	96	152	62	209	35
51	117	18	136	54	159	77	220	81
52	121	69	142	32	167	16	232	85
53	126	35	148	30	174	85	245	50
54	131	14	154	49	182	84	258	77
55	136	07	160	90	191	16	272	71
56	141	15	167	53	199	80	287	35
57	146	39	174	39	208	80	302	71
58	151	78	181	50	218	15	318	85
59	157	33	188	85	227	87	335	79
60	163	05	196	45	237	99	353	58
61	168	94	204	33	248	51	372	26
62	175	01	212	48	259	45	391	87
63	181	26	220	92	270	83	412	47
64	187	70	229	65	282	66	434	09
65	194	33	238	69	294	97	456	80
66	201	16	248	04	307	77	480	63
67	208	19	257	72	321	07	505	67
68	215	44	267	74	334	42	531	95
69	222	91	278	09	349	31	559	55
70	230	59	288	82	364	29	588	53
71	238	51	299	95	379	86	618	95
72	246	67	311	45	396	05	650	90
73	255	06	323	35	412	90	684	45
74	263	72	335	67	430	41	719	67
75	272	63	348	42	448	63	756	65
76	281	81	361	61	467	57	795	48
77	291	26	375	27	487	27	836	26
78	301	00	389	40	507	77	879	07
79	311	03	404	03	529	08	924	02
80	321	36	419	17	551	24	971	23
81	332	00	434	84	574	29	1020	79
82	342	96	451	06	598	27	1072	83
83	354	25	467	85	623	19	1127	47
84	365	88	485	23	649	12	1184	84
85	377	85	503	21	676	09	1245	08

ANNÉES.	TOTAL y compris l'intérêt à 3 0/0.		TOTAL y compris l'intérêt à 3 1/2 0/0.		TOTAL y compris l'intérêt à 4 0/0.		TOTAL y compris l'intérêt à 5 0/0.	
86	390	19	521	82	704	13	1308	34
87	402	90	541	08	733	30	1374	76
88	415	98	561	02	763	63	1444	49
89	429	46	581	65	795	17	1517	72
90	443	35	603	01	827	98	1594	60
91	457	65	625	12	862	10	1675	33
92	472	38	647	99	897	59	1760	10
93	487	55	671	67	934	49	1849	11
94	503	17	696	18	972	89	1942	56
95	519	27	721	55	1012	78	2040	69
96	535	85	747	80	1054	29	2143	73
97	552	92	774	97	1097	46	2251	91
98	570	51	803	10	1142	37	2365	51
99	588	63	832	21	1189	06	2484	78
100	607	29	862	33	1237	62	2610	02
101	626	50	893	52	1288	13	2741	52
102	646	30	925	79	1340	65	2879	60
103	666	69	959	19	1395	28	3024	58
104	687	69	993	76	1452	09	3176	81
105	709	32	1029	54	1511	17	3336	65
106	731	60	1066	56	1572	62	3504	48
107	754	55	1104	91	1636	52	3680	71
108	778	18	1144	58	1702	98	3865	74
109	802	53	1185	64	1772	11	4060	03
110	827	61	1228	13	1843	99	4264	03
111	853	45	1272	12	1918	75	4478	23
112	880	04	1317	64	1996	50	4703	14
113	907	44	1364	76	2077	36	4939	30
114	935	66	1413	53	2161	45	5187	27
115	964	73	1463	99	2248	91	5447	63
116	994	67	1516	24	2339	87	5721	01
117	1025	51	1570	31	2434	46	6008	06
118	1057	28	1626	27	2532	84	6309	47
119	1089	99	1684	18	2635	16	6625	94
120	1124	03	1744	13	2741	56	6958	24
121	1158	41	1806	17	2852	23	7307	15
122	1194	16	1870	38	2967	31	7673	51
123	1230	32	1936	84	3087	01	8058	18
124	1268	92	2005	63	3211	49	8461	09
125	1307	98	2076	83	3340	95	8886	20
126	1348	22	2150	52	3475	58	9331	51
127	1389	67	2226	79	3615	61	9799	08
128	1432	36	2305	73	3761	23	10290	04
129	1476	33	2387	43	3912	68	10805	54
130	1521	62	2471	99	4070	19	11346	82
131	1568	27	2559	51	4233	99	11915	16

ANNÉES.	TOTAL y compris l'intérêt à 3 0/0.		TOTAL y compris l'intérêt à 3 1/2 0/0.		TOTAL y compris l'intérêt à 4 0/0.		TOTAL y compris l'intérêt à 5 0/0.	
132	1616	32	2650	09	4404	36	12511	91
133	1665	81	2743	84	4581	53	13138	51
134	1716	78	2840	87	4765	79	13796	44
135	1769	28	2941	30	4957	42	14487	26
136	1823	36	3045	25	5156	72	15212	62
137	1879	06	3152	84	5363	99	15974	25
138	1936	44	3264	19	5579	55	16773	96
139	1995	53	3379	44	5803	73	17613	66
140	2056	39	3498	72	6036	88	18495	34
141	2119	09	3622	17	6279	36	19421	10
142	2183	66	3749	94	6531	53	20393	17
143	2250	17	3882	19	6793	79	21413	83
144	2318	68	4019	07	7066	54	22485	52
145	2389	24	4160	73	7350	21	23610	77
146	2461	91	4307	35	7645	21	24772	33
147	2536	77	4459	11	7952	02	26032	95
148	2613	87	4616	18	8271	10	27335	60
149	2193	29	4778	74	8602	95	28703	38
150	2775	09	4947	00	8948	07	30139	55

TROISIÈME TABLE.

Tableau de la valeur actuelle d'une somme d'un franc que l'on ne percevra que dans un temps donné, eu égard aux intérêts cumulés.

NOMBRE d'années après lesquelles la somme sera perçue.	VALEUR actuelle à 3 0/0.		VALEUR actuelle à 3 1/2 0/0.		VALEUR actuelle à 4 0/0.		VALEUR actuelle à 5 0/0.	
1	0	9708	0	9662	0	9615	0	9523
2	0	9426	0	9335	0	9245	0	9070
3	0	9151	0	9019	0	8889	0	8639
4	0	8885	0	8714	0	8548	0	8227
5	0	8626	0	8419	0	8219	0	7835
6	0	8375	0	8135	0	7903	0	7462
7	0	8131	0	7860	0	7599	0	7107
8	0	7894	0	7594	0	7307	0	6768
9	0	7664	0	7337	0	7026	0	6446
10	0	7441	0	7089	0	6755	0	6139
11	0	7224	0	6849	0	6496	0	5847
12	0	7014	0	6618	0	6246	0	5568
13	0	6809	0	6394	0	6005	0	5303
14	0	6611	0	6178	0	5774	0	5051
15	0	6418	0	5969	0	5552	0	4810
16	0	6231	0	5767	0	5339	0	4581
17	0	6050	0	5572	0	5134	0	4363
18	0	5874	0	5383	0	4936	0	4155
19	0	5703	0	5201	0	4746	0	3957
20	0	5537	0	5025	0	4564	0	3768
21	0	5375	0	4855	0	4388	0	3589
22	0	5219	0	4691	0	4219	0	3418
23	0	5066	0	4533	0	4057	0	3256
24	0	4919	0	4379	0	3901	0	3100
25	0	4776	0	4231	0	3751	0	2953
26	0	4637	0	4088	0	3607	0	2812
27	0	4502	0	3950	0	3468	0	2678
28	0	4371	0	3816	0	3334	0	2551
29	0	4243	0	3687	0	3206	0	2429
30	0	4119	0	3563	0	3083	0	2314
31	0	3999	0	3442	0	2964	0	2203
32	0	3883	0	3326	0	2850	0	2098
33	0	3770	0	3213	0	2741	0	1998
34	0	3660	0	3105	0	2635	0	1903
35	0	3554	0	2999	0	2534	0	1812
36	0	3450	0	2898	0	2437	0	1726
37	0	3350	0	2800	0	2343	0	1644
38	0	3252	0	2705	0	2253	0	1566
39	0	3157	0	2614	0	2166	0	1491

NOMBRE d'années après lesquelles la somme sera perçue	VALEUR actuelle à 3 0/0.		VALEUR actuelle à 3 1 2 0 0.		VALEUR actuelle à 4 0 0.		VALEUR actuelle à 5 0 0.	
40	0	3065	0	2525	0	2083	0	1420
41	0	2976	0	2440	0	2003	0	1353
42	0	2889	0	2358	0	1926	0	1288
43	0	2805	0	2278	0	1851	0	1227
44	0	2723	0	2201	0	1780	0	1168
45	0	2644	0	2127	0	1712	0	1112
46	0	2567	0	2054	0	1646	0	1060
47	0	2492	0	1985	0	1583	0	1009
48	0	2420	0	1918	0	1522	0	0961
49	0	2349	0	1853	0	1463	0	0915
50	0	2281	0	1790	0	1407	0	0872
51	0	2214	0	1730	0	1353	0	0830
52	0	2150	0	1671	0	1300	0	0790
53	0	2087	0	1615	0	1251	0	0753
54	0	2027	0	1560	0	1203	0	0717
55	0	1967	0	1507	0	1156	0	0683
56	0	1910	0	1457	0	1112	0	0650
57	0	1854	0	1407	0	1069	0	0619
58	0	1800	0	1360	0	1028	0	0590
59	0	1748	0	1314	0	0988	0	0562
60	0	1697	0	1269	0	0950	0	0535
61	0	1647	0	1226	0	0914	0	0508
62	0	1599	0	1184	0	0879	0	0485
63	0	1553	0	1145	0	0845	0	0462
64	0	1508	0	1106	0	0812	0	0440
65	0	1464	0	1069	0	0781	0	0419
66	0	1421	0	1032	0	0751	0	0399
67	0	1380	0	0997	0	0722	0	0380
68	0	1340	0	0964	0	0694	0	0362
69	0	1300	0	0931	0	0667	0	0345
70	0	1263	0	0899	0	0642	0	0328
71	0	1226	0	0869	0	0617	0	0313
72	0	1190	0	0840	0	0593	0	0298
73	0	1155	0	0811	0	0571	0	0284
74	0	1122	0	0784	0	0549	0	0270
75	0	1089	0	0757	0	0528	0	0257
76	0	1058	0	0732	0	0507	0	0245
77	0	1027	0	0707	0	0488	0	0233
78	0	0997	0	0683	0	0469	0	0222
79	0	0968	0	0660	0	0451	0	0211
80	0	0939	0	0638	0	0434	0	0202
81	0	0912	0	0616	0	0417	0	0192
82	0	0886	0	0595	0	0401	0	0183
83	0	0860	0	0575	0	0385	0	0174
84	0	0834	0	0556	0	0371	0	0166
85	0	0810	0	0537	0	0356	0	0158

NOMBRE d'années après lesquelles la somme sera perçue.	VALEUR actuelle à 3 0/0.		VALEUR actuelle à 3 1/2 0/0.		VALEUR actuelle à 4 0/0.		VALEUR actuelle à 5 0/0.	
86	0	0787	0	0519	0	0343	0	0150
87	0	0764	0	0501	0	0329	0	0143
88	0	0742	0	0484	0	0317	0	0136
89	0	0720	0	0468	0	0305	0	0130
90	0	0699	0	0452	0	0293	0	0124
91	0	0679	0	0437	0	0281	0	0118
92	0	0659	0	0422	0	0271	0	0112
93	0	0640	0	0408	0	0260	0	0107
94	0	0621	0	0394	0	0250	0	0101
95	0	0603	0	0380	0	0240	0	0097
96	0	0585	0	0368	0	0231	0	0092
97	0	0568	0	0355	0	0222	0	0088
98	0	0552	0	0343	0	0214	0	0083
99	0	0536	0	0332	0	0205	0	0080
100	0	0520	0	0320	0	0198	0	0076
101	0	0505	0	0309	0	0190	0	0072
102	0	0490	0	0299	0	0183	0	0069
103	0	0476	0	0289	0	0176	0	0065
104	0	0462	0	0279	0	0169	0	0062
105	0	0449	0	0270	0	0163	0	0059
106	0	0436	0	0260	0	0156	0	0056
107	0	0423	0	0252	0	0150	0	0054
108	0	0410	0	0243	0	0144	0	0051
109	0	0398	0	0235	0	0139	0	0049
110	0	0387	0	0227	0	0133	0	0046
111	0	0375	0	0219	0	0128	0	0044
112	0	0364	0	0212	0	0123	0	0042
113	0	0354	0	0205	0	0118	0	0040
114	0	0344	0	0198	0	0114	0	0038
115	0	0334	0	0191	0	0109	0	0036
116	0	0324	0	0185	0	0106	0	0035
117	0	0314	0	0178	0	0101	0	0033
118	0	0305	0	0172	0	0098	0	0032
119	0	0296	0	0166	0	0094	0	0030
120	0	0288	0	0161	0	0090	0	0028
121	0	0280	0	0155	0	0086	0	0027
122	0	0272	0	0150	0	0083	0	0026
123	0	0264	0	0145	0	0080	0	0024
124	0	0256	0	0140	0	0077	0	0023
125	0	0248	0	0136	0	0074	0	0022
126	0	0240	0	0131	0	0071	0	0021
127	0	0233	0	0127	0	0068	0	0020
128	0	0226	0	0122	0	0066	0	0019
129	0	0219	0	0118	0	0063	0	0018
130	0	0213	0	0114	0	0061	0	0017
131	0	0207	0	0110	0	0058	0	0016

NOMBRE d'années après lesquelles la somme sera perçue.	VALEUR actuelle à 3 0/0.		VALEUR actuelle à 3 1/2 0/0.		VALEUR actuelle à 4 0/0.		VALEUR actuelle à 5 0/0.	
132	0	0201	0	0107	0	0056	0	0015
133	0	0196	0	0103	0	0054	0	0015
134	0	0190	0	0099	0	0052	0	0014
135	0	0185	0	0096	0	0050	0	0013
136	0	0179	0	0093	0	0048	0	0013
137	0	0174	0	0090	0	0046	0	0011
138	0	0169	0	0087	0	0044	0	0011
139	0	0164	0	0084	0	0042	0	0010
140	0	0159	0	0081	0	0041	0	0010
141	0	0155	0	0078	0	0039	0	0009
142	0	0150	0	0076	0	0038	0	0009
143	0	0146	0	0073	0	0036	0	0009
144	0	0142	0	0070	0	0035	0	0008
145	0	0137	0	0068	0	0033	0	0008
146	0	0133	0	0066	0	0032	0	0008
147	0	0129	0	0064	0	0031	0	0007
148	0	0126	0	0061	0	0030	0	0007
149	0	0122	0	0059	0	0029	0	0006
150	0	0118	0	0057	0	0028	0	0006

DU CUBAGE DES BOIS RONDS.

Lorsqu'on désire connaître le volume d'un arbre *en grume*, non équarri ni entamé sur sa circonférence et sans aucune déduction, on le considère comme un cône tronqué, on mesure sa longueur et sa grosseur moyennes. On procède ensuite comme s'il s'agissait de trouver la solidité d'un cylindre.

Cette solidité est égale à la surface du cercle multipliée par la hauteur. La surface du cercle est égale à la circonférence multipliée par la moitié du rayon.

Voici le calcul :

Supposons un arbre de 12 mètres (120 décimètres) de longueur, dont la circonférence moyenne soit de 18 décimètres.

Il faut d'abord chercher le diamètre.

Le rapport du diamètre à la circonférence étant de 7 à 22, on fera cette proportion :

CIRCONFÉRENCE.	DIAMÈTRE.		CIRCONFÉRENCE.	DIAMÈTRE.
22	: 7	::	18	: x

Le calcul donne 5,72 pour la dimension du diamètre de l'arbre.

Le rayon est de 2,86;

Le demi-rayon, de 1,43.

On multiplie 1,43 par le nombre 18, qui exprime la circonférence; le produit est 25,74.

Multipliant ce dernier nombre par 120 (longueur

de l'arbre), on a pour la solidité de cet arbre 30,888, ou 30 décistères 89 centièmes.

Si je veux trouver dans les tables la solidité en grume d'un arbre qui a, par exemple, 14 mètres (140 décimètres) de longueur sur 21 décimètres de circonférence, je cherche à la page dans laquelle se trouve en tête 21 décimètres, et je vois que le volume de cet arbre est de 49 décistères 10 centièmes de décistère.

Lorsqu'on parle du volume d'un arbre, et que l'on dit qu'il contient tant de décistères ou tant de pieds cubes, il faut s'assurer si cet arbre est rond ou équarri.

Si l'on ne s'explique pas, le cubage est fait suivant l'usage des lieux, et ordinairement l'arbre est supposé équarri. La table qui suit ne s'applique qu'aux arbres non équarris ou arbres *en grume*.

TABLE DE CUBAGE DES BOIS RONDS.

LONGUEUR. DÉCIMÈTRES.	CIRCONFÉRENCE. 4 décimètres.		CIRCONFÉRENCE. 5 décimètres.		CIRCONFÉRENCE. 6 décimètres.		CIRCONFÉRENCE. 7 décimètres.		CIRCONFÉRENCE. 8 décimètres.	
	décist.	cent.	décist.	cent.	décist.	cent.	décist.	cent.	décist.	cent.
10	0	13	0	20	0	29	0	39	0	51
15	0	19	0	30	0	43	0	58	0	76
20	0	25	0	40	0	57	0	78	1	02
25	0	32	0	50	0	72	0	98	1	27
30	0	38	0	60	0	86	1	17	1	53
35	0	44	0	70	1	00	1	37	1	78
40	0	51	0	79	1	15	1	56	2	04
45	0	57	0	89	1	29	1	76	2	29
50	0	63	0	99	1	43	1	95	2	55
55	0	70	1	09	1	58	2	15	2	80
60	0	76	1	19	1	72	2	34	3	06
65	0	83	1	29	1	86	2	54	3	31
70	0	89	1	39	2	00	2	73	3	57
75	0	95	1	49	2	15	2	93	3	82
80	1	02	1	59	2	29	3	12	4	08
85	1	08	1	69	2	43	3	32	4	33
90	1	14	1	79	2	58	3	51	4	59
95	1	21	1	89	2	72	3	71	4	84
100	1	27	1	99	2	86	3	90	5	10
105	1	33	2	09	3	01	4	10	5	35
110	1	40	2	19	3	15	4	29	5	61
115	1	46	2	28	3	29	4	49	5	86
120	1	52	2	38	3	44	4	68	6	12
125	1	59	2	48	3	58	4	88	6	37
130	1	65	2	58	3	72	5	07	6	63
135	1	71	2	68	3	87	5	27	6	88
140	1	78	2	78	4	01	5	46	7	14
145	1	84	2	88	4	15	5	66	7	39
150	1	90	2	98	4	30	5	85	7	65

TABLE DE CUBAGE DES BOIS RONDS.

LONGUEUR. décimètres.	CIRCONFÉRENCE 9 décimètres.		CIRCONFÉRENCE 10 décimètres.		CIRCONFÉRENCE 11 décimètres.		CIRCONFÉRENCE 12 décimètres.		CIRCONFÉRENCE 13 décimètres.	
	décist.	cent	décist.	cent	décist.	cent	décist.	cent.	décist.	cent
10	0	64	0	79	0	96	1	15	1	34
15	0	96	1	19	1	44	1	72	2	01
20	1	29	1	59	1	92	2	29	2	68
25	1	61	1	99	2	41	2	86	3	36
30	1	93	2	38	2	89	3	44	4	03
35	2	25	2	78	3	37	4	01	4	70
40	2	57	3	18	3	85	4	58	5	37
45	2	90	3	58	4	33	5	16	6	04
50	3	22	3	97	4	81	5	73	6	71
55	3	54	4	37	5	29	6	30	7	38
60	3	86	4	77	5	77	6	88	8	05
65	4	18	5	17	6	26	7	45	8	72
70	4	50	5	56	6	74	8	02	9	40
75	4	83	5	96	7	22	8	59	10	07
80	5	15	6	36	7	70	9	17	10	74
85	5	47	6	76	8	18	9	74	11	41
90	5	79	7	15	8	66	10	31	12	08
95	6	11	7	55	9	14	10	89	12	75
100	6	43	7	95	9	62	11	46	13	42
105	6	76	8	35	10	11	12	03	14	09
110	7	08	8	74	10	59	12	61	14	76
115	7	40	9	14	11	07	13	18	15	44
120	7	72	9	54	11	55	13	75	16	11
125	8	04	9	94	12	03	14	32	16	78
130	8	37	10	33	12	51	14	90	17	45
135	8	69	10	73	12	99	15	47	18	12
140	9	01	11	13	13	47	16	04	18	79
145	9	33	11	53	13	96	16	62	19	46
150	9	65	11	92	14	44	17	19	20	13

TABLE DE CUBAGE DES BOIS RONDS.

LONGUEUR décimètres.	CIRCONFÉRENCE 14 décimètres.		CIRCONFÉRENCE 15 décimètres.		CIRCONFÉRENCE 16 décimètres.		CIRCONFÉRENCE 17 décimètres.		CIRCONFÉRENCE 18 décimètres.	
	décist.	cent.	décist.	cent.	décist.	cent.	décist.	cent.	décist.	cent.
10	1	56	1	79	2	04	2	30	2	57
15	2	34	2	68	3	05	3	45	3	86
20	3	11	3	58	4	07	4	60	5	15
25	3	89	4	47	5	09	5	75	6	43
30	4	67	5	37	6	11	6	90	7	72
35	5	45	6	26	7	13	8	05	9	01
40	6	23	7	15	8	14	9	20	10	30
45	7	01	8	05	9	16	10	35	11	58
50	7	79	8	94	10	18	11	50	12	87
55	8	57	9	84	11	20	12	65	14	16
60	9	34	10	73	12	22	13	79	15	44
65	10	12	11	63	13	23	14	94	16	73
70	10	90	12	52	14	25	16	09	18	02
75	11	68	13	42	15	27	17	24	19	30
80	12	46	14	31	16	29	18	39	20	59
85	13	24	15	20	17	31	19	54	21	88
90	14	02	16	10	18	32	20	69	23	17
95	14	80	16	99	19	34	21	84	24	45
100	15	57	17	89	20	36	22	99	25	74
105	16	35	18	78	21	38	24	14	27	03
110	17	13	19	68	22	40	25	29	28	31
115	17	91	20	57	23	41	26	44	29	60
120	18	69	21	47	24	43	27	59	30	89
125	19	47	22	36	25	45	28	74	32	17
130	20	25	23	25	26	47	29	89	33	46
135	21	03	24	15	27	49	31	04	34	75
140	21	80	25	04	28	50	32	19	36	04
145	22	58	25	91	29	52	33	34	37	32
150	23	36	26	83	30	54	34	49	38	61

TABLE DE CUBAGE DES BOIS RONDS.

LONGUEUR. Décimètres.	CIRCONFÉRENCE. 19 décimètres		CIRCONFÉRENCE. 20 décimètres.		CIRCONFÉRENCE. 21 décimètres.		CIRCONFÉRENCE. 22 décimètres.		CIRCONFÉRENCE. 23 décimètres.	
	décist.	cent.	décist.	cent.	décist.	cent.	décist.	cent.	décist.	cent.
10	2	87	3	18	3	51	3	85	4	21
15	4	30	4	77	5	26	5	77	6	31
20	5	74	6	36	7	01	7	70	8	42
25	7	17	7	95	8	77	9	62	10	52
30	8	61	9	54	10	52	11	55	12	63
35	10	04	11	13	12	27	13	47	14	73
40	11	48	12	72	14	03	15	40	16	84
45	12	91	14	31	15	78	17	32	18	94
50	14	34	15	90	17	53	19	25	21	04
55	15	78	17	49	19	29	21	17	23	15
60	17	21	19	08	21	04	23	10	25	25
65	18	65	20	67	22	80	25	02	27	36
70	20	08	22	26	24	55	26	95	29	46
75	21	52	23	85	26	30	28	87	31	57
80	22	95	25	44	28	06	30	80	33	67
85	24	39	27	03	29	81	32	72	35	78
90	25	82	28	62	31	56	34	65	37	88
95	27	26	30	21	33	32	36	57	39	99
100	28	69	31	80	35	07	38	50	42	09
105	30	12	33	39	36	82	40	42	44	19
110	31	56	34	98	38	58	42	35	46	30
115	32	99	36	57	40	33	44	27	48	40
120	34	43	38	16	42	08	46	20	50	51
125	35	86	39	75	43	84	48	12	52	61
130	37	30	41	34	45	59	50	05	54	72
135	38	73	42	93	47	34	51	97	56	82
140	40	17	44	52	49	10	53	90	58	93
145	41	60	46	11	50	85	55	82	61	03
150	43	03	47	70	52	60	57	75	63	13

TABLE DE CUBAGE DES BOIS RONDS.

LONGUEUR. décimètres.	CIRCONFÉRENCE. 24 décimètres.		CIRCONFÉRENCE. 25 décimètres.		CIRCONFÉRENCE. 26 décimètres.		CIRCONFÉRENCE. 27 décimètres.		CIRCONFÉRENCE. 28 décimètres.	
	décist.	cent.	décist.	cent.	décist.	cent.	décist.	cent.	décist.	cent.
10	4	58	4	97	5	38	5	80	6	24
15	6	87	7	45	8	06	8	70	9	36
20	9	16	9	94	10	75	11	60	12	47
25	11	44	12	42	13	44	14	50	15	59
30	13	73	14	91	16	13	17	39	18	71
35	16	02	17	39	18	81	20	29	21	83
40	18	31	19	87	21	50	23	19	24	95
45	20	60	22	36	24	19	26	09	28	07
50	22	89	24	84	26	88	28	99	31	18
55	25	18	27	33	29	56	31	89	34	30
60	27	47	29	81	32	25	34	79	37	42
65	29	76	32	30	34	94	37	69	40	54
70	32	05	34	78	37	63	40	59	43	66
75	34	33	37	27	40	32	43	49	46	78
80	36	62	39	75	43	00	46	39	49	90
85	38	91	42	23	45	69	49	28	53	01
90	41	20	44	72	48	38	52	18	56	13
95	43	49	47	20	51	07	55	08	59	25
100	45	78	49	69	53	75	57	98	62	37
105	48	07	52	17	56	44	60	88	65	49
110	50	36	54	66	59	13	63	78	68	61
115	52	65	57	14	61	82	66	68	71	73
120	54	94	59	63	64	51	69	58	74	84
125	57	22	62	11	67	19	72	48	77	96
130	59	51	64	59	69	88	75	38	81	08
135	61	80	67	08	72	57	78	28	84	20
140	64	09	69	56	75	26	81	17	87	32
145	66	38	72	05	77	94	84	07	90	44
150	68	67	74	53	80	63	86	97	93	55

TABLE DE CUBAGE DES BOIS RONDS.

LONGUEUR. DÉCIMÈTRES.	CIRCONFÉRENCE. 29 décimètres.		CIRCONFÉRENCE. 30 décimètres.		CIRCONFÉRENCE. 31 décimètres.		CIRCONFÉRENCE. 32 décimètres.		CIRCONFÉRENCE. 33 décimètres.	
	décist.	cent.	décist.	cent.	décist.	cent.	décist.	cent.	décist.	cent.
10	6	68	7	15	7	64	8	14	8	66
15	10	03	10	73	11	46	12	22	12	99
20	13	37	14	31	15	28	16	29	17	32
25	16	71	17	89	19	10	20	36	21	66
30	20	05	21	46	22	92	24	43	25	99
35	23	40	25	04	26	74	28	50	30	32
40	26	74	28	62	30	57	32	58	34	65
45	30	08	32	20	34	39	36	65	38	98
50	33	42	35	77	38	21	40	72	43	31
55	36	76	39	35	42	03	44	79	47	64
60	40	11	42	93	45	85	48	86	51	97
65	43	45	46	51	49	67	52	94	56	31
70	46	79	50	08	53	49	57	01	60	64
75	50	13	53	66	57	31	61	08	64	97
80	53	48	57	24	61	13	65	15	69	30
85	56	82	60	82	64	95	69	22	73	63
90	60	16	64	39	68	77	73	30	77	96
95	63	50	67	97	72	59	77	37	82	29
100	66	84	71	55	76	41	81	44	86	62
105	70	19	75	13	80	24	85	51	90	96
110	73	53	78	70	84	06	89	58	95	29
115	76	87	82	28	87	88	93	66	99	62
120	80	21	85	86	91	70	97	73	103	95
125	83	56	89	44	95	52	101	80	108	28
130	86	90	93	01	99	34	105	87	112	61
135	90	24	96	59	103	16	109	94	116	94
140	93	58	100	17	106	98	114	02	121	27
145	96	92	103	75	110	80	118	09	125	61
150	100	28	107	32	114	62	122	16	129	94

TABLE DE CUBAGE DES BOIS RONDS.

LONGUEUR. DÉCIMÈTRES.	CIRCONFÉRENCE. 34 décimètres.		CIRCONFÉRENCE. 35 décimètres.		CIRCONFÉRENCE. 36 décimètres.		CIRCONFÉRENCE. 37 décimètres.		CIRCONFÉRENCE. 38 décimètres.	
	décist.	cent.	décist.	cent.	décist.	cent.	décist.	cent.	décist.	cent.
10	9	19	9	74	10	30	10	89	11	49
15	13	78	14	61	15	46	16	33	17	23
20	18	38	19	48	20	61	21	77	22	97
25	22	97	24	35	25	76	27	22	28	71
30	27	57	29	22	30	91	32	66	34	46
35	32	16	34	09	36	07	38	11	40	20
40	36	75	38	95	41	22	43	55	45	94
45	41	35	43	82	46	37	48	99	51	69
50	45	94	48	69	51	52	54	44	57	43
55	50	54	53	56	56	68	59	88	63	17
60	55	13	58	43	61	83	65	32	68	91
65	59	72	63	30	66	98	70	77	74	66
70	64	32	68	17	72	13	76	21	80	40
75	68	91	73	04	77	29	81	65	86	14
80	73	51	77	91	82	44	87	10	91	88
85	78	10	82	78	87	59	92	54	97	63
90	82	70	87	65	92	74	97	99	103	37
95	87	29	92	52	97	90	103	43	109	11
100	91	88	97	39	103	05	108	87	114	85
105	96	48	102	26	108	20	114	32	120	60
110	101	07	107	13	113	35	119	76	126	34
115	105	67	112	00	118	51	125	20	132	08
120	110	26	116	87	123	66	130	65	137	83
125	114	86	121	73	128	81	136	09	143	57
130	119	45	126	60	133	96	141	53	149	31
135	124	04	131	47	139	12	146	98	155	05
140	128	64	136	34	144	27	152	42	160	80
145	133	23	141	21	149	42	157	87	166	54
150	137	83	146	08	154	57	163	31	172	28

TABLE DE CUBAGE DES BOIS RONDS.

LONGUEUR. DÉCIMÈTRES.	CIRCONFÉRENCE. 39 décimètres.		CIRCONFÉRENCE. 40 décimètres.		CIRCONFÉRENCE. 41 décimètres.		CIRCONFÉRENCE. 42 décimètres.		CIRCONFÉRENCE. 43 décimètres.	
	décist.	cent.	décist.	cent.	décist.	cent.	décist.	cent.	décist.	cent.
10	12	09	12	72	13	37	14	03	14	71
15	18	13	19	08	20	05	21	04	22	06
20	24	18	25	44	26	73	28	06	29	41
25	30	22	31	80	33	41	35	07	36	76
30	36	27	38	16	40	10	42	08	44	12
35	42	31	44	52	46	78	49	10	51	47
40	48	36	50	88	53	46	56	11	58	82
45	54	40	57	24	60	15	63	13	66	18
50	60	45	63	60	66	83	70	14	73	53
55	66	49	69	96	73	51	77	15	80	88
60	72	54	76	32	80	20	84	17	88	24
65	78	58	82	68	86	88	91	18	95	59
70	84	63	89	04	93	56	98	20	102	94
75	90	67	95	40	100	24	105	21	110	29
80	96	72	101	76	106	93	112	22	117	65
85	102	76	108	12	113	61	119	24	125	00
90	108	81	114	48	120	29	126	25	132	35
95	114	85	120	84	126	98	133	27	139	71
100	120	90	127	20	133	66	140	28	147	06
105	126	94	133	56	140	34	147	29	154	41
110	132	99	139	92	147	03	154	31	161	77
115	139	03	146	28	153	71	161	32	169	12
120	145	08	152	64	160	39	168	34	176	47
125	151	12	159	00	167	07	175	35	183	82
130	157	17	165	36	173	76	182	36	191	18
135	163	21	171	72	180	44	189	38	198	53
140	169	26	178	08	187	12	196	39	205	88
145	175	30	184	44	193	84	203	44	213	24
150	181	35	190	80	200	49	210	42	220	59

TABLE DE CUBAGE DES BOIS RONDS.

LONGUEUR. (décimètres)	CIRCONFÉRENCE. 44 décimètres.		CIRCONFÉRENCE. 45 décimètres.		CIRCONFÉRENCE. 46 décimètres.		CIRCONFÉRENCE. 47 décimètres.		CIRCONFÉRENCE. 48 décimètres.	
	décist.	cent.	décist.	cent.	décist.	cent.	décist.	cent.	décist.	cent.
10	15	40	16	10	16	82	17	57	18	32
15	23	10	24	15	25	24	26	35	27	49
20	30	80	32	20	23	65	35	13	36	65
25	38	50	40	25	42	06	43	92	45	81
30	46	20	48	30	50	47	52	70	54	97
35	53	90	56	35	58	89	61	48	64	13
40	61	60	64	39	67	30	70	26	73	30
45	69	30	72	44	75	71	79	05	82	46
50	77	00	80	49	84	12	87	83	91	62
55	84	70	88	54	92	53	96	61	100	78
60	92	40	96	59	100	95	105	40	109	94
65	100	10	104	64	109	36	114	18	119	11
70	107	80	112	69	117	77	122	96	128	27
75	115	50	120	74	126	18	131	75	137	43
80	123	20	128	79	134	60	140	53	146	59
85	130	90	136	84	143	01	149	31	155	75
90	138	60	144	89	151	42	158	10	164	92
95	146	30	152	94	159	83	166	88	174	08
100	154	00	160	99	168	24	175	66	183	24
105	161	70	169	04	176	66	184	45	192	40
110	169	40	177	09	185	07	193	23	201	56
115	177	10	185	14	193	48	202	01	210	73
120	184	80	193	19	201	89	210	80	219	89
125	192	50	201	23	210	31	219	58	229	05
130	200	20	209	28	218	72	228	36	238	21
135	207	90	217	33	227	13	237	14	247	37
140	215	60	225	38	235	54	245	93	256	54
145	223	30	233	43	243	95	254	71	265	70
150	231	00	241	48	252	37	263	49	274	86

TABLE DE CUBAGE DES BOIS RONDS.

LONGUEUR. DÉCIMÈTRES.	CIRCONFÉRENCE. 49 décimètres.		CIRCONFÉRENCE. 50 décimètres.		LONGUEUR. DÉCIMÈTRES.	CIRCONFÉRENCE. 49 décimètres.		CIRCONFÉRENCE. 50 décimètres.	
	décist.	cent.	décist.	cent.		décist.	cent.	décist.	cent.
10	19	10	19	89	85	162	33	169	04
15	28	65	29	83	90	171	88	178	99
20	38	19	39	77	95	181	43	188	93
25	47	74	49	72	100	190	98	198	87
30	57	29	59	66	105	200	53	208	82
35	66	84	69	61	110	210	07	218	76
40	76	39	79	55	115	219	62	228	71
45	85	94	89	49	120	229	17	238	65
50	95	49	99	44	125	238	72	248	59
55	105	04	109	38	130	248	27	258	54
60	114	59	119	32	135	257	82	268	48
65	124	13	129	27	140	267	37	278	42
70	133	68	139	21	145	276	92	288	37
75	143	23	149	16	150	286	47	298	31
80	152	78	159	10					

TABLES MÉTRIQUES

Le cubage des arbres équarris se fait partout de la même manière; mais le mode de cuber les arbres d'après leur circonférence varie suivant les localités.

Les méthodes les plus usitées sont celles-ci :

On prend le cinquième de la circonférence pour avoir le côté de l'équarrissage; ainsi un arbre de 16 décimètres de circonférence a 32 centimètres d'équarrissage.

A Paris, on déduit le sixième de la circonférence, et on prend le quart du reste pour avoir le côté de l'équarrissage, ce qui s'appelle cuber *au sixième déduit.*

Dans d'autres localités, on ne retranche qu'un dixième ou un douzième de la circonférence, et on prend le quart du reste pour avoir le côté du carré.

Ailleurs on prend pour côté du carré le quart de la circonférence, sans aucune déduction.

Nous avons placé au-devant de nos tables de cubage un tableau qui exprime le rapport de la circonférence au côté de l'équarrissage pour chaque manière de cuber les arbres.

Supposons que l'on veuille connaître le cubage au sixième déduit d'un arbre qui a 18 décimètres de circonférence moyenne sur 11 mètres de longueur, on trouve d'abord dans le tableau que le côté de l'équarrissage de cet arbre est de 37 centimètres, et l'on trouve ensuite dans les tables que cet arbre a un cubage de 15 décistères 5 centièmes.

Si l'on a un certain nombre d'arbres à cuber, on en dressera un tableau dans la forme suivante :

CIRCONFÉ-RENCE moyenne.	LONGUEUR.		ÉQUARRISSAGE au 5e.	CUBAGE de chaque arbre.		NOMBRE d'arbres.	CUBAGE total.	
décimètres.	mètres.		centimètres.	décist.	cent.		décist.	cent.
12	9		24	5	18	25	129	50
14	8	5	28	6	66	14	93	24
16	11		32	11	26	9	101	34
18	12	5	36	16	20	3	48	60
20	7		40	11	20	2	22	40
21	13	5	42	23	81	2	47	62
						TOTAL. . .	442	70

Les longueurs des arbres sont cotées dans nos tables par demi-mètres, comme elles le sont par pieds de roi dans les anciennes tables ; on aura rarement besoin d'obtenir une précision plus grande que celle d'un demi-mètre sur la longueur ; cependant supposons, par exemple, que l'on veuille connaître, avec une exactitude rigoureuse, la solidité d'un arbre de 11 mètres 2 décimètres de longueur sur un équarrissage de 43 centimètres.

On prend d'abord le nombre correspondant à la

longueur de 11 mètres, et on a 20 décimètres 34 centièmes, ci. 20   34

On ajoutera pour une longueur de
2 décimètres le dixième du cubage de
2 mètres de longueur. 00   37

Le cubage total est de.. 20   71

S'il y avait 3 décimètres de longueur à ajouter, on prendrait le dixième du cubage d'une pièce de bois de 3 mètres de longueur, et ainsi pour toute autre fraction du mètre.

Nous avons choisi pour unité le décistère, parce qu'il se rapproche, par son volume, de la solive (mesure de 3 pieds cubes), qui est la mesure ancienne la plus usitée pour le cubage des bois de charpente.

Un décistère équivant à 0,97246 de solive ancienne, ou à 2 pieds cubes 917 millièmes.

Cette solive vaut, en décistères, 1,02832.

Manière de cuber un arbre équarri, sans le secours des tables.

On multiplie l'un par l'autre les deux nombres qui expriment les côtés de l'équarrissage, et on multiplie le produit par la longueur.

Premier exemple. — Supposons un arbre qui a 20 centimètres d'équarrissage sur chacune de ses faces, et 9 mètres de longueur; on multiplie 20 par 20, le produit est 400; on multiplie ce produit par 9; le résultat est 3 décistères 60 centièmes.

Second exemple. — Supposons un arbre qui a d'équarrissage 27 centimètres sur 32 centimètres, et dont la longueur est de 11 mètres 4 décimètres. On multiplie 27 par 32, le produit est 864; on multiplie ce produit par 114; le cubage de l'arbre est 98496 ou 9 solives 85 centièmes.

Table servant à indiquer le prix d'un arbre en grume, suivant qu'il est cubé au cinquième déduit ou au sixième déduit, ou de toute autre manière.

Nous supposons un arbre qui est cubé successivement d'après les différentes méthodes usitées, et nous exprimons en décistères et en décimales le volume que donne chacun de ces cubages successifs.

Ainsi, cubé au cinquième déduit, cet arbre a un volume de 10 décistères.

Cubé au sixième déduit, on trouve 10 décistères 857 millièmes de décistère.

Cubé au douzième déduit, il donne 13 décistères 133 millièmes.

Enfin, sans déduction, il donne 15 décistères 625 millièmes.

Les prix sont dans un ordre inverse.

Si je dois vendre ce même arbre cubé au cinquième déduit, au prix de 10 francs le décistère, je ne le vendrai que 9 francs 24 centimes le décistère, s'il est cubé au sixième déduit.

Je le vendrai 8 francs 10 centimes le décistère, s'il est cubé au neuvième déduit.

Je le vendrai 7 francs 90 centimes le décistère, s'il est cubé au dixième déduit.

Il vaut, dans la même proportion, 7 francs 61 cen-

times le décistère, au douzième déduit, et 6 francs
40 centimes le décistère, lorsqu'il est cubé sans déduction, c'est-à-dire en prenant pour côté du carré
le quart de la circonférence.

On aura rarement besoin du nombre de décimales
qui figurent dans la table suivante; on pourra supprimer les dernières, surtout lorsque les quantités
seront peu importantes.

| MODE | VOLUME | | PRIX | | |
DE CUBAGE.	OU SOLIDITÉ.		DU DÉCISTÈRE.		
	décist.	décim.	fr.	cent.	déc.
Au cinquième déduit.	10	0000	10	00	00
Au sixième déduit.	10	8576	9	21	01
Au neuvième déduit.	12	3432	8	10	16
Au dixième déduit.	12	6563	7	90	12
Au douzième déduit. . . .	13	1332	7	61	43
Sans déduction.	15	6250	6	40	

TABLEAU

INDIQUANT LE RAPPORT ENTRE LA CIRCONFÉRENCE ET L'ÉQUARRISSAGE DES ARBRES.

CIRCONFÉRENCE.	ÉQUARRISSAGE au 5e déduit.	ÉQUARRISSAGE au 6e déduit.	ÉQUARRISSAGE au 8e déduit.	ÉQUARRISSAGE au 10e déduit.	ÉQUARRISSAGE au 12e déduit.	ÉQUARRISSAGE au quart de la circonférence.
décimètres.	centimèt.	centimèt.	centimètr.	centimèt.	centimèt.	centimèt.
5	10	10	11	11	11	13
6	12	13	13	13	14	15
7	14	15	16	16	16	18
8	16	17	18	18	18	20
9	18	19	20	20	21	23
10	20	21	22	22	23	25
11	22	23	24	25	25	27
12	24	25	26	27	28	30
13	26	27	29	29	30	32
14	28	29	31	32	32	35
15	30	31	33	34	34	37
16	32	33	36	36	37	40
17	34	35	38	38	39	42
18	36	37	40	41	41	45
19	38	39	42	43	44	47
20	40	42	44	45	46	50
21	42	44	47	47	48	52
22	44	46	49	50	50	55
23	46	48	51	52	53	57
24	48	50	53	54	55	60
25	50	52	56	56	57	62
26	52	54	58	59	60	65
27	54	56	60	61	62	67
28	56	58	62	63	64	70
29	58	60	64	65	66	72
30	60	63	67	68	69	75
31	62	65	69	70	71	77
32	64	67	71	72	73	80
33	66	69	73	74	76	82
34	68	71	76	77	78	85
35	70	73	78	79	80	87
36	72	75	80	81	83	90
37	74	77	82	83	85	92
38	76	79	84	85	87	95
39	78	81	87	88	89	97
40	80	83	89	90	92	100
41	82	85	91	93	94	102
42	84	87	93	95	97	105

TABLES DE CUBAGE.

ÉQUARRISSAGE.

LONGUEUR. DÉCIMÈTRES.	CENTIMÈTRES. 1		CENTIMÈTRES. 2		CENTIMÈTRES. 3		CENTIMÈTRES. 4		CENTIMÈTRES. 5	
	décist.	mill.	décist.	mill.	décist.	mill.	décist.	mill.	décist.	mill.
10	0	001	0	004	0	009	0	016	0	025
15	0	001	0	006	0	013	0	024	0	037
20	0	002	0	008	0	018	0	032	0	050
25	0	002	0	010	0	022	0	040	0	062
30	0	003	0	012	0	027	0	048	0	075
35	0	003	0	014	0	031	0	056	0	087
40	0	004	0	016	0	036	0	064	0	100
45	0	004	0	018	0	040	0	072	0	112
50	0	005	0	020	0	045	0	080	0	125
55	0	005	0	022	0	049	0	088	0	137
60	0	006	0	024	0	054	0	096	0	150
65	0	006	0	026	0	058	0	104	0	162
70	0	007	0	028	0	063	0	112	0	175
75	0	007	0	030	0	067	0	120	0	187
80	0	008	0	032	0	072	0	128	0	200
85	0	008	0	034	0	076	0	136	0	212
90	0	009	0	036	0	081	0	144	0	225
95	0	009	0	038	0	085	0	152	0	237
100	0	010	0	040	0	090	0	160	0	250
105	0	010	0	042	0	094	0	168	0	262
110	0	011	0	044	0	099	0	176	0	275
115	0	011	0	046	0	103	0	184	0	287
120	0	012	0	048	0	108	0	192	0	300
125	0	012	0	050	0	112	0	200	0	312
130	0	013	0	052	0	117	0	208	0	325
135	0	013	0	054	0	121	0	216	0	337
140	0	014	0	056	0	126	0	224	0	350
145	0	014	0	058	0	130	0	232	0	362
150	0	015	0	060	0	135	0	240	0	375

TABLES DE CUBAGE.

ÉQUARRISSAGE.

LONGUEUR. DÉCIMÈTRES.	CENTIMÈTRES. 6		CENTIMÈTRES. 7		CENTIMÈTRES. 8		CENTIMÈTRES. 9		CENTIMÈTRES. 10	
	décist.	mill.	décist.	cent.	décist.	cent.	décist.	cent.	décist.	cent.
10	0	036	0	04	0	06	0	08	0	10
15	0	054	0	07	0	09	0	12	0	15
20	0	072	0	09	0	12	0	16	0	20
25	0	090	0	12	0	16	0	20	0	25
30	0	108	0	14	0	19	0	24	0	30
35	0	126	0	17	0	22	0	28	0	35
40	0	144	0	19	0	25	0	32	0	40
45	0	162	0	22	0	28	0	36	0	45
50	0	180	0	24	0	32	0	40	0	50
55	0	198	0	26	0	35	0	44	0	55
60	0	216	0	29	0	38	0	48	0	60
65	0	234	0	31	0	41	0	52	0	65
70	0	252	0	34	0	44	0	56	0	70
75	0	270	0	36	0	48	0	60	0	75
80	0	288	0	39	0	51	0	64	0	80
85	0	306	0	41	0	54	0	68	0	85
90	0	324	0	44	0	57	0	72	0	90
95	0	342	0	46	0	60	0	76	0	95
100	0	360	0	49	0	64	0	81	1	00
105	0	378	0	51	0	67	0	85	1	05
110	0	396	0	53	0	70	0	89	1	10
115	0	414	0	56	0	73	0	93	1	15
120	0	432	0	58	0	76	0	97	1	20
125	0	450	0	61	0	80	1	01	1	25
130	0	468	0	63	0	83	1	05	1	30
135	0	486	0	66	0	86	1	09	1	35
140	0	504	0	68	0	89	1	13	1	40
145	0	522	0	71	0	92	1	17	1	45
150	0	540	0	73	0	96	1	21	1	50

TABLES DE CUBAGE.

ÉQUARRISSAGE.

LONGUEUR. décimètres.	CENTIMÈTRES. 11		CENTIMÈTRES. 12		CENTIMÈTRES. 13		CENTIMÈTRES. 14		CENTIMÈTRES. 15	
	décist.	cent.	décist.	cent.	décist.	cent.	décist.	cent.	décist.	cent.
10	0	12	0	14	0	16	0	19	0	22
15	0	18	0	21	0	25	0	29	0	33
20	0	24	0	28	0	33	0	39	0	45
25	0	30	0	36	0	42	0	49	0	56
30	0	36	0	43	0	50	0	58	0	67
35	0	42	0	50	0	59	0	68	0	78
40	0	48	0	57	0	67	0	78	0	90
45	0	54	0	64	0	76	0	88	1	01
50	0	60	0	72	0	84	0	98	1	12
55	0	66	0	79	0	92	1	07	1	23
60	0	72	0	86	1	01	1	17	1	35
65	0	78	0	93	1	09	1	27	1	46
70	0	84	1	00	1	18	1	37	1	57
75	0	90	1	08	1	26	1	47	1	68
80	0	96	1	15	1	35	1	56	1	80
85	1	02	1	22	1	43	1	66	1	91
90	1	08	1	29	1	52	1	76	2	02
95	1	14	1	36	1	60	1	86	2	13
100	1	21	1	44	1	69	1	96	2	25
105	1	27	1	51	1	77	2	05	2	36
110	1	33	1	58	1	85	2	15	2	47
115	1	39	1	65	1	94	2	25	2	58
120	1	45	1	72	2	02	2	35	2	70
125	1	51	1	80	2	11	2	45	2	81
130	1	57	1	87	2	19	2	54	2	92
135	1	63	1	94	2	28	2	64	3	03
140	1	69	2	01	2	36	2	74	3	15
145	1	75	2	08	2	45	2	84	3	26
150	1	81	2	16	2	53	2	94	3	37

TABLES DE CUBAGE.

LONGUEUR. DÉCIMÈTRES.	CENTIMÈTRES. 16.		CENTIMÈTRES. 17.		CENTIMÈTRES. 18.		CENTIMÈTRES. 19.		CENTIMÈTRES. 20.	
	décist.	cent.	décist.	cent.	décist.	cent.	décist.	cent.	décist.	cent.
10	0	25	0	28	0	32	0	36	0	40
15	0	38	0	43	0	48	0	54	0	60
20	0	51	0	57	0	64	0	72	0	80
25	0	64	0	72	0	81	0	90	1	00
30	0	76	0	86	0	97	1	08	1	20
35	0	89	1	01	1	13	1	26	1	40
40	1	02	1	15	1	29	1	44	1	60
45	1	15	1	30	1	45	1	62	1	80
50	1	28	1	44	1	62	1	80	2	00
55	1	40	1	58	1	78	1	98	2	20
60	1	53	1	73	1	94	2	16	2	40
65	1	66	1	87	2	10	2	34	2	60
70	1	79	2	02	2	26	2	52	2	80
75	1	92	2	16	2	43	2	70	3	00
80	2	04	2	31	2	59	2	88	3	20
85	2	17	2	45	2	75	3	06	3	40
90	2	30	2	60	2	91	3	24	3	60
95	2	43	2	74	3	07	3	42	3	80
100	2	56	2	89	3	24	3	61	4	00
105	2	68	3	03	3	40	3	79	4	20
110	2	81	3	17	3	56	3	97	4	40
115	2	94	3	32	3	72	4	15	4	60
120	3	07	3	46	3	88	4	33	4	80
125	3	20	3	61	4	05	4	51	5	00
130	3	32	3	75	4	21	4	69	5	20
135	3	45	3	90	4	37	4	87	5	40
140	3	58	4	04	4	53	5	05	5	60
145	3	71	4	19	4	69	5	23	5	80
150	3	84	4	33	4	86	5	41	6	00

TABLES DE CUBAGE.

LONGUEUR DÉCIMÈTRES.	CENTIMÈTRES. 21.		CENTIMÈTRES. 22.		CENTIMÈTRES. 23.		CENTIMÈTRES. 24.		CENTIMÈTRES. 25.	
	décist.	cent.	décist.	cent.	décist.	cent.	décist.	cent.	décist.	cent.
10	0	44	0	48	0	52	0	57	0	62
15	0	66	0	72	0	79	0	86	0	93
20	0	83	0	96	1	05	1	15	1	25
25	1	10	1	21	1	32	1	44	1	56
30	1	32	1	45	1	58	1	72	1	87
35	1	54	1	69	1	85	2	01	2	18
40	1	76	1	93	2	11	2	30	2	50
45	1	98	2	17	2	38	2	59	2	81
50	2	20	2	42	2	64	2	88	3	12
55	2	42	2	66	2	90	3	16	3	43
60	2	64	2	90	3	17	3	45	3	75
65	2	86	3	14	3	43	3	74	4	06
70	3	08	3	38	3	70	4	03	4	37
75	3	30	3	63	3	96	4	32	4	68
80	3	52	3	87	4	23	4	60	5	00
85	3	74	4	11	4	49	4	89	5	31
90	3	96	4	35	4	76	5	18	5	62
95	4	18	4	59	5	02	5	47	5	93
100	4	41	4	84	5	29	5	76	6	25
105	4	63	5	08	5	55	6	04	6	56
110	4	85	5	32	5	81	6	33	6	87
115	5	07	5	56	6	08	6	62	7	18
120	5	29	5	80	6	34	6	91	7	50
125	5	51	6	05	6	61	7	20	7	81
130	5	73	6	29	6	87	7	48	8	12
135	5	95	6	53	7	14	7	77	8	43
140	6	17	6	77	7	40	8	06	8	75
145	6	39	7	01	7	67	8	35	9	06
150	6	61	7	26	7	93	8	64	9	37

TABLES DE CUBAGE.

LONGUEUR. décimètres.	ÉQUARRISSAGE.									
	CENTIMÈTRES. 26.		CENTIMÈTRES. 27.		CENTIMÈTRES. 28.		CENTIMÈTRES. 29.		CENTIMÈTRES. 30.	
	décist.	cent.	décist.	cent.	décist.	cent.	décist.	cent.	décist.	cent.
10	0	67	0	73	0	78	0	84	0	90
15	1	01	1	09	1	17	1	26	1	35
20	1	35	1	45	1	56	1	68	1	80
25	1	69	1	83	1	96	2	10	2	25
30	2	02	2	18	2	35	2	52	2	70
35	2	36	2	55	2	74	2	94	3	15
40	2	70	2	91	3	13	3	36	3	60
45	3	04	3	28	3	52	3	78	4	05
50	3	38	3	64	3	92	4	20	4	50
55	3	71	4	00	4	31	4	62	4	95
60	4	05	4	37	4	70	5	04	5	40
65	4	39	4	73	5	09	5	46	5	85
70	4	73	5	10	5	48	5	88	6	30
75	5	07	5	46	5	88	6	30	6	75
80	5	40	5	83	6	27	6	72	7	20
85	5	74	6	19	6	66	7	14	7	65
90	6	08	6	56	7	05	7	56	8	10
95	6	42	6	92	7	44	7	98	8	55
100	6	76	7	29	7	84	8	41	9	00
105	7	09	7	65	8	24	8	83	9	45
110	7	43	8	01	8	62	9	25	9	90
115	7	77	8	38	9	01	9	67	10	35
120	8	11	8	74	9	40	10	09	10	80
125	8	45	9	11	9	80	10	51	11	25
130	8	78	9	47	10	19	10	93	11	70
135	9	12	9	84	10	58	11	35	12	15
140	9	46	10	20	10	97	11	77	12	60
145	9	80	10	57	11	36	12	19	13	05
150	10	14	10	93	11	76	12	61	13	50

TABLES DE CUBAGE.

ÉQUARRISSAGE.

LONGUEUR. DÉCIMÈTRES.	CENTIMÈTRES. 31.		CENTIMÈTRES. 32.		CENTIMÈTRES. 33.		CENTIMÈTRES. 34.		CENTIMÈTRES. 35.	
	décist.	cent.	décist.	cent.	décist.	cent.	décist.	cent.	décist.	cent.
10	0	96	1	02	1	08	1	15	1	22
15	1	44	1	53	1	63	1	73	1	83
20	1	92	2	04	2	17	2	31	2	45
25	2	40	2	56	2	72	2	89	3	06
30	2	88	3	07	3	26	3	46	3	67
35	3	36	3	58	3	81	4	04	4	28
40	3	84	4	09	4	35	4	62	4	90
45	4	32	4	60	4	90	5	20	5	51
50	4	80	5	12	5	44	5	78	6	12
55	5	28	5	63	5	98	6	35	6	73
60	5	76	6	14	6	53	6	93	7	35
65	6	24	6	65	7	07	7	51	7	96
70	6	72	7	16	7	62	8	09	8	57
75	7	20	7	68	8	16	8	67	9	18
80	7	68	8	19	8	71	9	24	9	80
85	8	16	8	70	9	25	9	82	10	41
90	8	64	9	21	9	80	10	40	11	02
95	9	12	9	72	10	34	10	98	11	63
100	9	61	10	24	10	89	11	56	12	25
105	10	09	10	75	11	43	12	13	12	86
110	10	57	11	26	11	97	12	71	13	47
115	11	05	11	77	12	52	13	29	14	08
120	11	53	12	28	13	06	13	87	14	70
125	12	01	12	80	13	61	14	45	15	31
130	12	49	13	31	14	15	15	02	15	92
135	12	97	13	82	14	70	15	60	16	53
140	13	45	14	33	15	24	16	18	17	15
145	13	93	14	84	15	79	16	76	17	76
150	14	41	15	36	16	33	17	34	18	37

TABLES DE CUBAGE.

ÉQUARRISSAGE.

LONGUEUR. DÉCIMÈTRES.	CENTIMÈTRES. 36.		CENTIMÈTRES. 37.		CENTIMÈTRES. 38.		CENTIMÈTRES. 39.		CENTIMÈTRES. 40.	
	décist.	cent.	décist.	cent.	décist.	cent.	décist.	cent.	décist.	cent.
10	1	29	1	36	1	44	1	52	1	60
15	1	94	2	05	2	16	2	28	2	40
20	2	59	2	73	2	88	3	04	3	20
25	3	24	3	43	3	61	3	80	4	00
30	3	88	4	10	4	33	4	56	4	80
35	4	53	4	79	5	05	5	32	5	60
40	5	18	5	47	5	77	6	08	6	40
45	5	83	6	16	6	49	6	84	7	20
50	6	48	6	84	7	22	7	60	8	00
55	7	12	7	52	7	94	8	36	8	80
60	7	77	8	21	8	66	9	12	9	60
65	8	42	8	89	9	38	9	88	10	40
70	9	07	9	58	10	10	10	64	11	20
75	9	72	10	26	10	83	11	40	12	00
80	10	36	10	95	11	55	12	16	12	80
85	11	01	11	63	12	27	12	92	13	60
90	11	66	12	32	12	99	13	69	14	40
95	12	31	13	00	13	71	14	44	15	20
100	12	96	13	69	14	44	15	21	16	00
105	13	60	14	37	15	16	15	97	16	80
110	14	25	15	05	15	88	16	73	17	60
115	14	90	15	74	16	60	17	49	18	40
120	15	55	16	42	17	32	18	25	19	20
125	16	20	17	11	18	05	19	01	20	00
130	16	84	17	79	18	77	19	77	20	80
135	17	49	18	48	19	49	20	53	21	60
140	18	14	19	16	20	21	21	29	22	40
145	18	79	19	85	20	93	22	05	23	20
150	19	44	20	53	21	66	22	81	24	00

TABLES DE CUBAGE.

ÉQUARRISSAGE.

LONGUEUR. DÉCIMÈTRES.	CENTIMÈTRES. 41.		CENTIMÈTRES. 42.		CENTIMÈTRES. 43.		CENTIMÈTRES. 44.		CENTIMÈTRES. 45.	
	décist.	cent.	décist.	cent.	décist.	cent.	décist.	cent.	décist.	cent.
10	1	68	1	76	1	84	1	93	2	02
15	2	52	2	64	2	77	2	90	3	03
20	3	36	3	52	3	69	3	87	4	05
25	4	20	4	41	4	62	4	84	5	06
30	5	04	5	29	5	54	5	80	6	07
35	5	88	6	17	6	47	6	77	7	08
40	6	72	7	05	7	39	7	74	8	10
45	7	56	7	93	8	32	8	71	9	11
50	8	40	8	82	9	24	9	68	10	12
55	9	24	9	70	10	16	10	64	11	13
60	10	08	10	58	11	09	11	61	12	15
65	10	92	11	46	12	01	12	58	13	16
70	11	76	12	35	12	94	13	55	14	17
75	12	60	13	23	13	86	14	52	15	18
80	13	44	14	11	14	79	15	48	16	20
85	14	28	14	99	15	71	16	45	17	21
90	15	13	15	87	16	64	17	42	18	22
95	15	97	16	75	17	56	18	39	19	23
100	16	81	17	64	18	49	19	36	20	25
105	17	65	18	52	19	41	20	32	21	26
110	18	49	19	40	20	33	21	29	22	27
115	19	33	20	28	21	26	22	26	23	28
120	20	17	21	16	22	18	23	23	24	30
125	21	01	22	05	23	11	24	20	25	31
130	21	85	22	93	24	03	25	16	26	32
135	22	69	23	81	24	96	26	13	27	33
140	23	53	24	69	25	88	27	10	28	35
145	24	37	25	57	26	81	28	07	29	36
150	25	21	26	46	27	73	29	04	30	37

TABLES DE CUBAGE.

ÉQUARRISSAGE.

LONGUEUR. décimètres.	CENTIMÈTRES. 46.		CENTIMÈTRES. 47.		CENTIMÈTRES. 48.		CENTIMÈTRES. 49.		CENTIMÈTRES. 50.	
	décist.	cent.	décist.	cent.	décist.	cent.	décist.	cent.	décist.	cent.
10	2	11	2	20	2	30	2	40	2	50
15	3	17	3	31	3	45	3	60	3	75
20	4	23	4	41	4	60	4	80	5	00
25	5	29	5	52	5	76	6	00	6	25
30	6	34	6	62	6	91	7	20	7	50
35	7	40	7	73	8	06	8	40	8	75
40	8	46	8	83	9	21	9	60	10	00
45	9	52	9	94	10	36	10	80	11	25
50	10	58	11	04	11	52	12	00	12	50
55	11	63	12	14	12	67	13	20	13	75
60	12	69	13	25	13	82	14	40	15	00
65	13	75	14	35	14	97	15	60	16	25
70	14	81	15	46	16	12	16	80	17	50
75	15	87	16	56	17	28	18	00	18	75
80	16	92	17	67	18	43	19	20	20	00
85	17	98	18	77	19	58	20	40	21	25
90	19	04	19	88	20	73	21	60	22	50
95	20	10	20	98	21	88	22	80	23	75
100	21	16	22	09	23	04	24	01	25	00
105	22	21	23	19	24	19	25	21	26	25
110	23	27	24	29	25	34	26	41	27	50
115	24	33	25	40	26	49	27	61	28	75
120	25	39	26	50	27	64	28	81	30	00
125	26	45	27	61	28	80	30	01	31	25
130	27	50	28	71	29	95	31	21	32	50
135	28	56	29	82	31	10	32	41	33	75
140	29	62	30	92	32	25	33	61	35	00
145	30	68	32	03	33	40	34	81	36	25
150	31	74	33	13	34	56	36	01	37	50

TABLES DE CUBAGE.

ÉQUARRISSAGE.

LONGUEUR. DÉCIMÈTRES.	CENTIMÈTRES. 51.		CENTIMÈTRES. 52.		CENTIMÈTRES. 53.		CENTIMÈTRES. 54.		CENTIMÈTRES. 55.	
	décist.	cent.	décist.	cent.	décist.	cent.	décist.	cent.	décist.	cent.
10	2	60	2	70	2	80	2	91	3	02
15	3	90	4	05	4	21	4	37	4	53
20	5	20	5	40	5	61	5	83	6	05
25	6	50	6	76	7	02	7	29	7	56
30	7	80	8	11	8	42	8	74	9	07
35	9	10	9	46	9	83	10	20	10	58
40	10	40	10	81	11	23	11	66	12	10
45	11	70	12	16	12	64	13	12	13	61
50	13	00	13	52	14	04	14	58	15	12
55	14	30	14	87	15	44	16	03	16	63
60	15	60	16	22	16	85	17	49	18	15
65	16	90	17	57	18	25	18	95	19	66
70	18	20	18	92	19	66	20	41	21	17
75	19	50	20	28	21	06	21	87	22	68
80	20	80	21	63	22	47	23	32	24	20
85	22	10	22	98	23	87	24	78	25	71
90	23	40	24	33	25	28	26	24	27	22
95	24	70	25	68	26	68	27	70	28	73
100	26	01	27	04	28	09	29	16	30	25
105	27	31	28	39	29	49	30	61	31	76
110	28	61	29	74	30	89	32	07	33	27
115	29	91	31	09	32	30	33	53	34	78
120	31	22	32	44	33	70	34	99	36	30
125	32	51	33	80	35	11	36	45	37	81
130	33	81	35	15	36	51	37	90	39	32
135	35	11	36	50	37	92	39	36	40	83
140	36	41	37	85	39	32	40	82	42	35
145	37	71	39	20	40	73	42	28	43	86
150	39	01	40	56	42	13	43	74	45	37

TABLES DE CUBAGE.

LONGUEUR. décimètres.	ÉQUARRISSAGE.								
	CENTIMÈTRES. 56		CENTIMÈTRES. 57		CENTIMÈTRES. 58		CENTIMÈTRES. 59		CENTIMÈTRES. 60
	décist.	cent.	décist.	cent.	décist.	cent.	décist.	cent.	décist.	cent.
10	3	13	3	24	3	36	3	48	3	60
15	4	70	4	87	5	04	5	22	5	40
20	6	27	6	49	6	72	6	96	7	20
25	7	84	8	12	8	41	8	70	9	00
30	9	40	9	74	10	09	10	44	10	80
35	10	97	11	37	11	77	12	18	12	60
40	12	54	12	99	13	45	13	92	14	40
45	14	11	14	62	15	13	15	66	16	20
50	15	68	16	24	16	82	17	40	18	00
55	17	24	17	86	18	50	19	14	19	80
60	18	81	19	49	20	18	20	88	21	60
65	20	38	21	11	21	86	22	62	23	40
70	21	95	22	74	23	54	24	36	25	20
75	23	52	24	36	25	23	26	10	27	00
80	25	08	25	99	26	91	27	84	28	80
85	26	65	27	61	28	59	29	58	30	60
90	28	22	29	24	30	27	31	32	32	40
95	29	79	30	86	31	95	33	06	34	20
100	31	36	32	49	33	64	34	81	36	00
105	32	92	34	11	35	32	36	55	37	80
110	34	49	35	73	37	00	38	29	39	60
115	36	06	37	36	38	68	40	03	41	40
120	37	63	38	98	40	36	41	77	43	20
125	39	20	40	61	42	05	43	51	45	00
130	40	76	42	23	43	73	45	25	46	80
135	42	33	43	86	45	41	46	99	48	60
140	43	90	45	48	47	09	48	73	50	40
145	45	47	47	11	48	77	50	47	52	20
150	47	04	48	73	50	46	52	21	54	00

TABLES DE CUBAGE.

LONGUEUR. DÉCIMÈTRES.	ÉQUARRISSAGE. CENTIMÈTRES. 61.		CENTIMÈTRES. 62.		CENTIMÈTRES. 63.		CENTIMÈTRES. 64.		CENTIMÈTRES. 65.	
	décist.	cent.	décist.	cent.	décist.	cent.	décist.	cent.	décist.	cent.
10	3	72	3	84	3	96	4	09	4	22
15	5	58	5	76	5	95	6	14	6	33
20	7	44	7	68	7	93	8	19	8	45
25	9	30	9	61	9	92	10	24	10	56
30	11	16	11	53	11	90	12	28	12	67
35	13	02	13	45	13	89	14	33	14	78
40	14	88	15	37	15	87	16	38	16	90
45	16	74	17	29	17	86	18	43	19	01
50	18	60	19	22	19	84	20	48	21	12
55	20	46	21	14	21	82	22	52	23	23
60	22	32	23	06	23	81	24	57	25	35
65	24	18	24	98	25	79	26	62	27	46
70	26	04	26	90	27	78	28	67	29	57
75	27	90	28	83	29	76	30	72	31	68
80	29	76	30	75	31	75	32	76	33	80
85	31	62	32	67	33	73	34	81	35	91
90	33	48	34	59	35	72	36	86	38	02
95	35	34	36	51	37	70	38	91	40	13
100	37	21	38	44	39	69	40	96	42	25
105	39	07	40	36	41	67	43	00	44	36
110	40	93	42	28	43	65	45	05	46	47
115	42	79	44	20	45	64	47	10	48	58
120	44	65	46	12	47	62	49	15	50	70
125	46	51	48	05	49	61	51	20	52	81
130	48	37	49	97	51	59	53	24	54	92
135	50	23	51	89	53	58	55	29	57	03
140	52	09	53	81	55	56	57	34	59	15
145	53	95	55	73	57	55	59	39	61	26
150	55	81	57	66	59	53	61	44	63	37

TABLES DE CUBAGE.

LONGUEUR. Décimètres.	CENTIMÈTRES. 66.		CENTIMÈTRES. 67.		CENTIMÈTRES. 68.		CENTIMÈTRES. 69.		CENTIMÈTRES. 70.	
	décist.	cent.	décist.	cent.	décist.	cent.	décist.	cent.	décist.	cent.
10	4	35	4	48	4	62	4	76	4	90
15	6	53	6	73	6	93	7	14	7	35
20	8	71	8	97	9	24	9	52	9	80
25	10	89	11	22	11	56	11	90	12	25
30	13	06	13	46	13	87	14	28	14	70
35	15	24	15	71	16	18	16	66	17	15
40	17	42	17	95	18	49	19	04	19	60
45	19	60	20	20	20	80	21	42	22	05
50	21	78	22	44	23	12	23	80	24	50
55	23	95	24	68	25	43	26	18	26	95
60	26	13	26	93	27	74	28	56	29	40
65	28	31	29	17	30	05	30	94	31	85
70	30	49	31	42	32	36	33	32	34	30
75	32	67	33	66	34	68	35	70	36	75
80	34	84	35	91	36	99	38	08	39	20
85	37	02	38	15	39	30	40	46	41	65
90	39	20	40	40	41	61	42	84	44	10
95	41	38	42	64	43	92	45	22	46	55
100	43	56	44	89	46	24	47	61	49	00
105	45	73	47	13	48	55	49	99	51	45
110	47	91	49	37	50	86	52	37	53	90
115	50	09	51	62	53	17	54	75	56	35
120	52	27	53	86	55	48	57	13	58	80
125	54	45	56	11	57	80	59	51	61	25
130	56	62	58	35	60	11	61	89	63	70
135	58	80	60	60	62	42	64	27	66	15
140	60	98	62	84	64	73	66	65	68	60
145	63	16	65	09	67	04	69	03	71	05
150	65	34	67	33	69	36	71	41	73	50

TABLES DE CUBAGE.

ÉQUARRISSAGE.

LONGUEUR. DÉCIMÈTRES.	CENTIMÈTRES. 71.		CENTIMÈTRES. 72.		CENTIMÈTRES. 73.		CENTIMÈTRES. 74.		CENTIMÈTRES. 75.	
	décist.	cent.	décist.	cent.	décist.	cent.	décist.	cent.	décist.	cent.
10	5	04	5	18	5	32	5	47	5	62
15	7	56	7	77	7	99	8	21	8	43
20	10	08	10	36	10	65	10	95	11	25
25	12	60	12	96	13	32	13	69	14	06
30	15	12	15	55	15	98	16	42	16	87
35	17	64	18	14	18	65	19	16	19	68
40	20	16	20	73	21	31	21	90	22	50
45	22	68	23	32	23	98	24	64	25	31
50	25	20	25	92	26	64	27	38	28	12
55	27	72	28	51	29	30	30	11	30	93
60	30	24	31	10	31	97	32	85	33	75
65	32	76	33	69	34	63	35	59	36	56
70	35	28	36	28	37	30	38	33	39	37
75	37	80	38	88	39	96	41	07	42	18
80	40	32	41	47	42	62	43	80	45	00
85	42	84	44	06	45	29	46	54	47	81
90	45	36	46	65	47	96	49	28	50	62
95	47	88	49	24	50	62	52	02	53	43
100	50	41	51	84	53	29	54	76	56	25
105	52	93	54	43	55	95	57	49	59	06
110	55	45	57	02	58	61	60	23	61	87
115	57	97	59	61	61	28	62	97	64	68
120	60	49	62	20	63	94	65	71	67	50
125	63	01	64	80	66	61	68	45	70	31
130	65	53	67	39	69	27	71	18	73	12
135	68	05	69	98	71	94	73	92	75	93
140	70	57	72	57	74	60	76	66	78	75
145	73	09	75	16	77	27	79	40	81	56
150	75	61	77	76	79	93	82	14	84	37

TABLES DE CUBAGE.

LONGUEUR. DÉCIMÈTRES.	ÉQUARRISSAGE.								
	CENTIMÈTRES. — 76		CENTIMÈTRES. — 77		CENTIMÈTRES. — 78		CENTIMÈTRES. — 79		CENTIMÈTRES. — 80	
	décist.	cent.	décist.	cent.	décist.	cent.	décist.	cent.	décist.	cent.
10	5	77	5	92	6	08	6	24	6	40
15	8	66	8	89	9	12	9	36	9	60
20	11	55	11	85	12	16	12	48	12	80
25	14	43	14	82	15	21	15	60	16	00
30	17	32	17	78	18	25	18	72	19	20
35	20	21	20	75	21	29	21	84	22	40
40	23	10	23	71	24	33	24	96	25	60
45	25	99	26	68	27	37	28	08	28	80
50	28	88	29	64	30	42	31	20	32	00
55	31	76	32	60	33	46	34	31	35	20
60	34	65	35	57	36	50	37	44	38	40
65	37	54	38	53	39	54	40	56	41	60
70	40	43	41	50	42	58	43	68	44	80
75	43	32	44	46	45	63	46	80	48	00
80	46	20	47	43	48	67	49	92	51	20
85	49	09	50	39	51	71	53	04	54	40
90	51	98	53	36	54	75	56	16	57	60
95	54	87	56	32	57	79	59	28	60	80
100	57	76	59	29	60	84	62	41	64	00
105	60	64	62	25	63	88	65	53	67	20
110	63	53	65	21	66	92	68	65	70	40
115	66	42	68	18	69	96	71	77	73	60
120	69	31	71	14	73	00	74	89	76	80
125	72	20	74	11	76	05	78	01	80	00
130	75	08	77	07	79	09	81	13	83	20
135	77	97	80	04	82	13	84	25	86	40
140	80	86	83	00	85	17	87	36	89	60
145	83	75	85	97	88	21	90	49	92	80
150	86	64	88	93	91	26	93	61	96	00

TABLES DE CUBAGE.

ÉQUARRISSAGE.

LONGUEUR. DÉCIMÈTRES.	CENTIMÈTRES. 81		CENTIMÈTRES. 82		CENTIMÈTRES. 83		CENTIMÈTRES. 84		CENTIMÈTRES. 85	
	décist.	cent.	décist.	cent.	décist.	cent.	décist.	cent.	décist.	mill.
10	6	56	6	72	6	88	7	05	7	22
15	9	84	10	08	10	33	10	58	10	83
20	13	12	13	44	13	77	14	11	14	45
25	16	40	16	81	17	22	17	64	18	06
30	19	68	20	17	20	66	21	16	21	67
35	22	96	23	53	24	11	24	69	25	28
40	26	24	26	89	27	55	28	22	28	90
45	29	52	30	25	31	00	31	75	32	51
50	32	80	33	62	34	44	35	28	36	12
55	36	08	36	98	37	88	38	80	39	73
60	39	36	40	34	41	33	42	33	43	35
65	42	64	43	70	44	77	45	86	46	96
70	45	92	47	06	48	22	49	39	50	57
75	49	20	50	43	51	66	52	92	54	18
80	52	48	53	79	55	11	56	44	57	80
85	55	76	57	15	58	55	59	97	61	41
90	59	04	60	51	62	00	63	50	65	02
95	62	32	63	87	65	44	67	03	68	63
100	65	61	67	24	68	89	70	56	72	25
105	68	89	70	60	72	33	74	08	75	86
110	72	17	73	96	75	77	77	61	79	47
115	75	45	77	32	79	22	81	14	83	08
120	78	73	80	68	82	66	84	67	86	70
125	82	01	84	04	86	11	88	20	90	31
130	85	29	87	41	89	55	91	72	93	92
135	88	57	90	77	93	00	95	25	97	53
140	91	85	94	13	96	44	98	78	101	15
145	95	13	97	49	99	89	102	31	104	76
150	98	41	100	86	103	33	105	84	108	37

RÉDUCTION DES MESURES

POUR LE BOIS DE CHAUFFAGE.

Le bois de chauffage se vend au stère, qui n'est autre chose qu'un mètre cube, ou au double stère, qui est un solide de deux mètres de longueur sur un mètre de hauteur et un mètre pour la longueur de la bûche.

Le décastère est un solide composé de 10 stères.

Une voie de Paris équivaut à un stère 920 millièmes.

Un stère équivaut à 521 millièmes de la voie de Paris.

Pour connaître le rapport du stère avec les cordes ou voies de toutes dimensions, il suffit de réduire en nouvelles mesures les pieds et pouces qui expriment les dimensions de ces cordes ou voies.

Exemple : Une corde de bois a 8 pieds de couche, 4 pieds de hauteur et 32 pouces pour la longueur de la bûche.

Je me sers d'abord d'une table de réduction des anciennes mesures en nouvelles :

8 pieds équivalent à 2 mètres 599 millièmes.

4 pieds équivalent à 1   299

32 pouces équivalent à 0   866

En multipliant ces 3 nombres l'un par l'autre on trouve que la solidité est de 2,924 ou 2 stères $\frac{924}{1000}$.

TABLE

DES MATIÈRES.

—

SECONDE PARTIE.

TROISIÈME PARTIE.

QUATRIÈME PARTIE.

CINQUIÈME PARTIE.

FIN.